Management Reporting

Andreas Taschner

Management Reporting

Erfolgsfaktor internes Berichtswesen

Springer Gabler

Prof. Dr. Andreas Taschner
ESB Business School
Hochschule Reutlingen
Reutlingen, Deutschland

ISBN 978-3-8349-3370-6
ISBN 978-3-8349-3823-7 (eBook)
DOI 10.1007/978-3-8349-3823-7

Die Deutsche Nationalbibliothek verzeichnet diese Publikation in der Deutschen Nationalbibliografie; detaillierte bibliografische Daten sind im Internet über http://dnb.d-nb.de abrufbar.

Springer Gabler

Lektorat: Anna Pietras/Renate Schilling

Gedruckt auf säurefreiem und chlorfrei gebleichtem Papier.

Springer Gabler ist eine Marke von Springer DE. Springer DE ist Teil der Fachverlagsgruppe Springer Science+Business Media
www.springer-gabler.de

Vorwort

Das interne Berichtswesen bzw. Management Reporting bildet in den allermeisten Unternehmen einen festen Bestandteil des unternehmerischen „Werkzeugkastens“: Je größer das Unternehmen (und damit je ausgeprägter die Arbeitsteilung und folglich die Notwendigkeit zum gegenseitigen Informationsaustausch), desto mehr Berichte werden erstellt. Dabei haftet dem Management Reporting nur allzu oft das Stigma eines „notwendigen Übels“ an: Berichte werden ungern erstellt und häufig auch ungern gelesen. Man kokettiert damit, „noch rasch den lästigen Monatsbericht erstellen“ zu müssen oder umgekehrt „diesen regelmäßig auf den Schreibtisch flatternden Zahlensalat“ kurz zu überfliegen, bevor man sich wieder wichtigeren Dingen zuwenden kann.

Woher kommt es, dass das interne Berichtswesen bei vielen Beteiligten ein dermaßen „ungeliebtes Kind“ zu sein scheint? Wäre es so nutzlos wie manchmal gerne behauptet, so hätten doch viele kluge Köpfe bereits lange die Arbeit mit Berichten eingestellt. Kann ihre dermaßen weite Verbreitung nur auf alten, nicht mehr hinterfragten Gewohnheiten in weiten Teilen der Unternehmen begründet sein? Oder leistet das Instrument des internen Berichtswesens vielleicht doch einen wichtigen Beitrag zum Unternehmenserfolg? Aber warum wird es dann offenbar häufig missverstanden?

Die Antwort könnte darin liegen, dass das Management Reporting in der Familie der Controllinginstrumente weder durch bahnbrechende Theorien und mitreißende neue Konzepte glänzen, noch durch spektakuläre Erfolgs- oder Misserfolgsgeschichten aus der Unternehmenspraxis auf sich aufmerksam machen kann. Vielmehr stellt es ein „Arbeitstier“ sowohl des Controllings als auch des Management dar: es fällt wenig auf, solange es seinen Dienst (einigermaßen) erfüllt. Das bedeutet jedoch nicht, dass das interne Berichtswesen eine „theoriefreie Zone“ der Betriebswirtschaftslehre darstellt und dass eine besonders gelungene - oder eben misslungene - Umsetzung des Berichtswesens ohne Konsequenzen auf den Unternehmenserfolg bliebe.

Erstaunlicherweise hat das Thema aber bisher relativ geringen Widerhall in der theoretischen Diskussion gefunden. Im Vergleich zu seiner Bedeutung in der unternehmerischen Praxis genießt das Management Reporting einen eher geringen Stellenwert in der wissenschaftlichen Literatur. Über die Gründe kann trefflich spekuliert werden. Möglicherweise wird das Thema von manchen Autoren für nicht anspruchsvoll genug befunden (ein Trugschluss, wie dieses Buch zeigen möchte) oder man vertraut darauf, die dabei auftretenden Probleme auch ad hoc und ohne eine vorherige vertiefte Beschäftigung mit dem Thema lösen zu können (riskant, wie in diesem Buch ebenfalls noch dargestellt werden soll).

Das vorliegende Buch möchte dem Instrument des Management Reporting den Platz einräumen, der ihm nach Meinung des Verfassers gebührt: als ein Instrument, das sehr wohl eine theoretische Basis besitzt und diese auch benötigt. Ein Instrument, das viele Stolperfallen und Tücken aufweist, welche gehörig „Sand ins Getriebe“ eines Unternehmens bringen können. Ein Instrument, welches bei richtiger und bewusster Anwendung aber auch einen großen Beitrag zur Erreichung der Unternehmensziele leisten kann. Das vorliegende Buch verfolgt deshalb mehrere Zielsetzungen. Der Leser soll nach der Lektüre

1. verstanden haben, dass die unbestreitbare praktische Relevanz des Management Reporting mehr als berechtigt ist. In der Tat kann die Bedeutung des Berichtswesens kaum überschätzt werden.
2. einen fundierten Überblick gewonnen haben, welche Gestaltungsdimensionen zur Verfügung stehen, um das Instrument des Berichtswesens bewusst und zielgerichtet einzusetzen.
3. die potentiellen Fehlerquellen im Management Reporting kennen und Maßnahmen zu ihrer Vermeidung treffen können.

Aus dieser Aufzählung wird deutlich, dass unterschiedliche Lesergruppen einen Nutzen aus dem Buch ziehen können: Sowohl der Praktiker, der selbst mit der Erstellung und/oder Nutzung von Berichtsinformation beschäftigt ist, als auch der interessierte Neuling (z.B. Studierende), der sich mit den verschiedenen Facetten des Themas erst vertraut machen möchte, werden hoffentlich auf ihre Kosten kommen.

Um keine falschen Erwartungen zu wecken: Perfekte Berichte wird man auch nach der Lektüre des Buches nicht erstellen – einfach, weil es perfekte Berichte nicht geben kann. Aber auch das wird im Folgenden noch näher ausgeführt …

Und auch dieses Buch ist natürlich weit davon entfernt, perfekt zu sein. Fehler und Irrtümer, Auslassungen oder Missverständnisse gehen auf die Kappe des Autors. Für Hinweise und Verbesserungsvorschläge durch die Leser bin ich sehr dankbar. Sie erreichen mich unter andreas.taschner@reutlingen-university.de.

Reutlingen, im Juli 2012

Andreas Taschner

Inhaltsverzeichnis

Vorwort .... **V**

Begriffe in der Management Reporting-Enzyklopädie .... **XI**

1 Einleitung **1**
1.1 Problemdarstellung 1
1.2 Aufbau des Buches 2
1.3 Wie man dieses Buch nutzen kann 4

2 Information und Unternehmen **5**
2.1 Information als Basisressource des Handelns 5
2.1.1 Was ist „Information"? 6
2.1.2 Semiotische Betrachtungsebenen von Information 9
2.1.3 Der idealtypische Informationsprozess 13
2.2 Informationsbedarf und Informationsangebot 16
2.3 Information im Unternehmen 24
2.3.1 Der Umgang mit Information im Unternehmen - Informationsmanagement 25
2.3.2 Die Bedeutung von Information im Controlling 29

3 Management Reporting als Teil des Informationsmanagements **33**
3.1 Management Reporting als innerbetriebliche Versorgung mit Führungsinformation 33
3.1.1 Begriffsabgrenzung des Management Reporting 35
3.1.2 Management Reporting als Prozess 39
3.2 Gestaltungsdimensionen des Management Reporting – Überblick 43
3.3 „Optimales Reporting" – ein unerreichbarer Traum 53

4 „Wozu" – Zwecke und Aufgaben von Berichten **57**
4.1 Berichtszwecke bestimmen die Berichtsarten 57
4.1.1 Berichtszwecke – die Nutzung von Berichtsinformation 57
4.1.2 Berichtsarten 61
4.1.2.1 Standardberichte 62
4.1.2.2 Abweichungsberichte 63
4.1.2.3 Bedarfsberichte 64
4.1.3 Einflussfaktoren auf Berichtszwecke und Berichtsarten 66
4.2 Berichtszwecke und Berichtsarten im Konzern 69
4.3 Verhaltensbeeinflussung durch Reporting 75

5 "Was" – Inhalte von Berichten **79**
5.1 Ermittlung des Informationsbedarfs 79
5.2 Informationsquellen im Management Reporting 86

5.3 Von den Quellen zu den Berichtsinhalten ... 97
5.3.1 Transformation der Inputdaten ... 97
5.3.2 Spezifität und Universalität der Berichtsinhalte ... 102
5.3.3 Aussagekategorien in Berichten, Modalitäten ... 106
5.3.4 Strukturierung und Anordnung der Berichtsinhalte ... 109
5.4 Inhaltseigenschaften von Berichtsinformation ... 115
5.4.1 Inhaltseigenschaften einzelner Informationsobjekte ... 118
5.4.2 Eigenschaften der Gesamtheit der Berichtsinhalte ... 121
5.4.3 Eigenschaften der Berichtsinformation in Bezug zu Aufgabe und Adressat ... 130
5.4.4 Interdependenzen zwischen Inhaltseigenschaften ... 134
5.5 „Informationswert" – ein (un)brauchbarer Maßstab? ... 135

6 „Wie" – Umsetzung des Management Reporting ... 139
6.1 Formale Gestaltungsoptionen von Berichten ... 139
6.1.1 Umfang, Informationsselektion ... 140
6.1.2 Informationsanordnung ... 143
6.1.3 Handhaben von Beziehungen zwischen Informationsobjekten ... 145
6.1.4 Einsatz unterschiedlicher Darstellungsformen ... 147
6.1.4.1 Tabellen als Darstellungsform von Berichtsinformation ... 149
6.1.4.2 Der Einsatz von Grafiken im Management Reporting ... 153
6.1.4.3 Kombinierte Darstellung von Zahlen und Grafiken ... 157
6.1.4.4 Information durch Text ... 160
6.2 IT-Unterstützung im Berichtswesen ... 162
6.2.1 IT-Unterstützung in den Informationsprozessphasen ... 164
6.2.2 Arten der IT-Unterstützung im Management Reporting ... 169
6.2.3 Ausgewählte Beispiele einer IT-Unterstützung ... 172
6.2.3.1 Management Reporting mit Tabellenkalkulationsprogrammen am Beispiel Microsoft Excel ... 172
6.2.3.2 Berichtssysteme ... 174
6.2.3.3 Business Intelligence Systeme und Management Reporting ... 177
6.2.4 Wissensmanagementsysteme – „Reporting reloaded"? ... 180
6.3 Störungen im Berichtswesen ... 182
6.3.1 Der Mensch als Störquelle im Reportingprozess ... 182
6.3.2 Mögliche Störstellen im Berichtswesen ... 184
6.3.3 Verhaltenspsychologische Ursachen für Störungen im Management Reporting 187
6.3.3.1 Heuristiken und Verzerrungen in der Phase „Identifikation des Informationsbedarfs" ... 189
6.3.3.2 Heuristiken und Verzerrungen in der Phase „Identifikation der Informationsquellen" ... 196
6.3.3.3 Heuristiken und Verzerrungen in der Phase „Informationsgewinnung" ... 197
6.3.3.4 Heuristiken und Verzerrungen in der Phase „Informationsverarbeitung und Aufbereitung" ... 199
6.3.3.5 Heuristiken und Verzerrungen in der Phase „Informationsspeicherung" ... 204
6.3.3.6 Heuristiken und Verzerrungen in der Phase „Informationsübermittlung" ... 204

6.3.3.7 Heuristiken und Verzerrungen in der Phase „Informationsverwendung" 208
6.3.4 Zur Vermeidbarkeit von Störungen 212

7 „Wann" – die zeitliche Dimension von Berichten 215
7.1 Berichtszyklen und Berichtszeiträume 215
7.2 Berichtszeitpunkte, Aktualität 219
7.3 Dauer des Reportingprozesses 221

8 „Wer" – Beteiligte an Berichten 225
8.1 Beteiligte im Management Reporting 225
8.1.1 Ersteller 225
8.1.2 Nutzer 227
8.1.3 Andere Beteiligte 229
8.2 Organisation des Berichtswesens 230
8.2.1 Aufbauorganisation des Berichtswesens 230
8.2.2 Ablauforganisation des Berichtswesens 233
8.3 Shared Service Center (SSC) im Management Reporting: "Reporting Factory" . 235

9 Fazit und Ausblick 239

Literaturverzeichnis 241

Begriffe in der Management Reporting-Enzyklopädie

Bericht	38
Berichtssystem	71
Berichtsvorlage („Template“)	114
Berichtszyklus und Berichtszeitraum	215
Business Intelligence	177
Controlling	30
Data Warehouse	178
Flash Report	220
Heuristik	187
Information Overload	206
Information	7
Informationsbedarf (objektiver)	17
Informationsbedarf (subjektiver, „Informationsbedürfnis“)	17
Informationsbestand	23
Informationsgrad	23
Informationsmanagement	27
Informationspfad	97
Informationsquelle	86
Informationswert	136
Innerbetriebliches Berichtswesen	37
Integriertes Reporting	93
Management Reporting	38
Management-Cockpit	159
Meta-Information	128
Modalität von Information	106
One-Page Reporting	142
Pivot-Tabellen	152
Redundanz	121
Semiotik und semiotische Ebenen	12
Störungen des Berichtswesens	185
Transformation von Information	98

1 Einleitung

Bevor der Leser auf die Reise in die Tiefen und Untiefen des Management Reporting geführt wird, gilt es zunächst zu klären, ob diese Reise überhaupt notwendig ist (Ist Management Reporting überhaupt wert, näher betrachtet zu werden?) und welche Stationen diese Reise aufweist. Wer sein Ziel und den Weg dorthin bereits am Beginn der Reise kennt, wird diese schließlich bewusster aufnehmen und einen größeren Nutzen daraus ziehen können.

1.1 Problemdarstellung

Was gibt es einfacheres, als einen Bericht über etwas bereits Geschehenes oder selbst Vollbrachtes zu schreiben? Schließlich sind die Fakten ja alle bekannt, man muss es nur mehr aufschreiben und anderen zugänglich machen. Lohnt das Berichtswesen überhaupt die vertiefende Betrachtung sowohl aus einem theoretischen als auch einem praktischen Blickwinkel? Die Antwort lautet: Ja!

In Unternehmen müssen fortlaufend Entscheidungen getroffen, Alternativen verglichen, Maßnahmen identifiziert, Ergebnisse bewertet oder Pläne erstellt und wieder revidiert werden. Unternehmerisches Handeln ist wesentlich von der Qualität und der Vollständigkeit der verfügbaren Information abhängig. Asser stellt deshalb völlig zu Recht fest, „...dass der einfachste und wirkungsvollste Weg, Management-Aktionen zu beeinflussen, der ist, den Strom der Informationen zu kontrollieren, der den einzelnen Positionen zufließt. Das heißt, die Information ist ein Faktor, der bestimmt, was ein Manager tun kann und was er nicht tun kann, welche Entscheidungen er zu treffen vermag, welche Pläne er aufstellen und welche korrektiven Maßnahmen er einleiten kann."[1] Die Informationsversorgung wird in dieser Sichtweise zu einem zentralen Erfolgsfaktor im Unternehmen: „Ein Individuum ohne Information kann keine Verantwortung übernehmen, ein Individuum, das Informationen bekommt, kann nicht anders, als Verantwortung zu übernehmen."[2]

Eine wesentliche (wenn nicht sogar die wesentlichste) Informationsquelle für die meisten Führungshandelnden stellt dabei häufig das interne Berichtswesen dar: In regelmäßigen Abständen – und bei Bedarf auch dazwischen – erhalten die mit Führungsaufgaben betrauten Unternehmensmitglieder (Geschäftsführung, Bereichs- oder Abteilungsleiter, Projektmanager, Key Account Manager, etc.) Berichte über wesentliche Ereignisse, Vorkommnisse und Entwicklungen innerhalb und außerhalb des Unternehmens. Auf Grund seiner großen Bedeutung ist das interne Berichtswesen[3] in der Praxis ein Hauptaufgabengebiet des Con-

---

1 Asser 1974, S. 655

2 Peters 1991, zitiert nach Waniczek 2002, S. 13

3 Eine genauere begriffliche Eingrenzung und definitorische Klassifikation der verschiedenen Bezeichnungen erfolgt in Kapitel 3.1.1.

trolling als typischer Unterstützungsfunktion der Unternehmensleitung. Löst das Controlling die Aufgabe der Informationsversorgung gut (schlecht), so werden auch die Informationsempfänger ihre Aufgaben tendenziell besser (schlechter) erfüllen können. Die Versorgung des Managements (auf allen Ebenen) mit Information ist ein zentraler Erfolgsfaktor und das Berichtswesen nimmt hier wiederum eine zentrale Position ein.[4]

Die Erfüllung dieser Aufgabe ist aber selbst alles andere als trivial. Das Management Reporting birgt eine Reihe von unterschiedlichen Problemen, welche die Informationsversorgungsfunktion beeinträchtigen oder sogar gänzlich scheitern lassen können:[5]

- falsche oder qualitativ schlechte Information,
- unpassende Analysen der Information und/oder falsche Schlussfolgerungen,
- mangelhafte Darstellung und Aufbereitung der Information,
- unpassende Weiterleitung und Kommunikation der Information,
- falsches Timing,
- etc.

Diese beispielshafte Auflistung ist keineswegs vollständig. In Verlauf des Buches wird eine Vielzahl möglicher Probleme und Schwierigkeiten (und natürlich auch Ansätze zum Umgang mit diesen) behandelt werden. Zunächst ist es wichtig, sich eine Tatsache vor Augen zu halten: Man kann im Management Reporting vieles falsch machen – mit gravierenden Folgen für den Erfolg des Unternehmens insgesamt. Man kann aber auch vieles richtig machen – dabei will dieses Buch den Leser unterstützen.

1.2 Aufbau des Buches

Das Management Reporting ist ein theoretisch durchaus anspruchsvolles und in der Praxis äußerst facettenreiches Betätigungsfeld. Das Buch gliedert das Thema deshalb entlang der großen Gestaltungsdimensionen des Berichtswesens:

- **Kapitel 2 - „Information und Unternehmen":** Hier wird der Informationsbegriff selbst in seinen verschiedenen Ausprägungen beleuchtet und der Informationsprozess allgemein beschrieben. Außerdem wird detailliert aufgezeigt, welche Rolle Information allgemein in Unternehmen spielt.
- **Kapitel 3 – „Management Reporting als Teil des Informationsmanagements":** Neben einer Begriffsabgrenzung wird der Leser mit den wesentlichen Gestaltungsdimensionen des Management Reporting kurz vertraut gemacht. Diese Gestaltungsdimensionen bilden die Struktur für die nachfolgenden Kapitel.
- **Kapitel 4 – „Wozu":** Dieser Abschnitt beschreibt die verschiedenen Berichtszwecke und daraus abgeleitete Arten von Berichten. Der Hauptzweck jeder Information (und damit

[4] Vgl. Weber/Schaier/Strangfeld 2005, S. 9
[5] Vgl. dazu auch Waniczek 2009, S. 18ff.

auch eines jeden Berichts) liegt in der Beeinflussung des Verhaltens ihrer Empfänger. Deshalb wird hier dargestellt, auf welche Art und Weise Berichtsinformation das Verhalten ihrer Empfänger beeinflusst.

- **Kapitel 5 – „Was“:** Hier wird auf die Inhalte von Management Reports eingegangen und beschrieben, mit welchen Operationen Berichtsinformation generiert werden kann und welche Eigenschaften diese Berichtsinformation aufweist.
- **Kapitel 6 – „Wie“:** Der Abschnitt klärt, was es bei der formalen Gestaltung von Berichten zu beachten gilt, welche Rolle moderne IT-Systeme bei der Berichtserstellung spielen und welche Störungen der „Faktor Mensch“ im Berichtsprozess auslösen kann.
- **Kapitel 7 – „Wann“:** Diese Ausführungen gehen auf Berichtszyklen, Berichtszeitpunkte und die Dauer des Berichtsprozesses ein.
- **Kapitel 8 – „Wer“:** Im abschließenden Kapitel werden organisatorische Aspekte der Management Reporting behandelt. Die Beteiligten und ihre Rollen werden beschrieben sowie aufbau- und ablauforganisatorische Themen behandelt. Zusätzlich wird auf die Möglichkeit eingegangen, ein Management Reporting in Form eines Shared Service Center zu organisieren.
- **Kapitel 9 – „Fazit und Ausblick“:** Ist genau das, was die Kapitelüberschrift erwarten lässt...

Neben dem kapitelweise aufgebauten Text finden sich in allen Kapiteln zwei weitere Textarten:

Konkret: Empirische Ergebnisse, Fallstudien und Praxisbeispiele

Zur Verdeutlichung und besseren Veranschaulichung der beschriebenen Konzepte und Probleme werden im Text regelmäßig unter der Überschrift „Konkret: ...“ Praxisbezüge hergestellt. Dies können Ergebnisse empirischer Untersuchungen ebenso sein wie einzelne Fallstudien und vereinfachte Praxisbeispiele. Diese Einschübe sind einheitlich im Stil dieses Absatzes formatiert, um sie auch beim raschen Durchblättern des Textes einfach auffindbar zu machen.

Management Reporting-Enzyklopädie:

Begriffsdefinitionen

Wichtige, für das Verständnis des Management Reporting zentrale Begriffe werden jeweils in hervorgehobenen Textabschnitten erklärt. Sie bilden zusammengenommen eine kleine „Management Reporting-Enzyklopädie“. Allerdings sind die Begriffe nicht alphabetisch geordnet, sondern jeweils an den inhaltlich passendsten Textstellen eingefügt, sodass sie unmittelbar zum Verständnis des gelesenen Abschnittes beitragen. Das Nachschlagen einzelner Begriffe ist durch das Begriffsverzeichnis am Buchanfang ebenso einfach möglich.

1.3 Wie man dieses Buch nutzen kann

Die Struktur des Buches und die Gestaltung seiner Textteile erlauben dem Leser prinzipiell drei verschiedene Arten der Nutzung:

1. Nutzung als Lehrbuch, um sich mit dem Thema „Management Reporting" umfassend vertraut zu machen. In diesem Falle ist das „klassische" Lesen Kapitel für Kapitel in der vorgegebenen Reihenfolge am zielführendsten.

2. Nutzung zur Vertiefung einzelner Problembereiche. Leser, welche bereits über praktische und/oder theoretische Kenntnisse des Management Reporting verfügen, werden konkrete Kapitel oder Abschnitte auswählen und diese durcharbeiten. Dies können die theoretischen Grundlagen (Kapitel 2 und 3) ebenso sein wie einzelne Gestaltungsdimensionen. Soweit für das Verständnis eines einzelnen Kapitels erforderlich ermöglichen Vor- und Rückverweise ein unkompliziertes Springen zu relevanten Abschnitten anderer Kapitel.

3. Nutzung als Nachschlagwerk. Hierbei können einzelne Begriffe aus der Management Reporting-Enzyklopädie gezielt nachgeschlagen werden. Bei Bedarf kann zusätzlich der die Begriffsdefinition einschließende Abschnitt durchgearbeitet werden, um den Begriff besser in seinen theoretischen und praktischen Kontext einordnen zu können.

2 Information und Unternehmen

Berichte enthalten Information – zu wenig oder zu viel Information, die richtige oder die falsche Information, anschaulich oder verwirrend dargestellte Information, etc. Niemand, der mit Berichten in irgendeiner Form zu tun hat, würde dieser so allgemein formulierten Aussage widersprechen.[6] *Was* Berichte leisten sollen und können und *wie* sie dies möglichst gut erreichen, hängt damit entscheidend davon ab, was man unter Information überhaupt versteht und wie die Gewinnung, Verarbeitung und Nutzung von Information im Unternehmen vonstattengeht. Diese Fragen stehen hier zunächst im Mittelpunkt der Überlegungen, bevor in den folgenden Kapiteln das Berichtswesen als spezieller Informationsvorgang detailliert betrachtet wird.

2.1 Information als Basisressource des Handelns

Information ist mehr und mehr zum Kern der modernen Gesellschaft geworden.[7] Information ist ein Wirtschaftsgut, mit dem Milliardenbeträge verdient werden. Information ist ein Wettbewerbsfaktor, der über Erfolg oder Misserfolg von Unternehmen in zunehmend dynamischen Märkten entscheidet. Information ist aber auch ein Produktionsfaktor, ohne den praktisch kaum eine moderne Marktleistung erstellt werden könnte. Neben den „klassischen" volkswirtschaftlichen Produktionsfaktoren Arbeit, Kapitel und Boden avanciert Information als vierter Produktionsfaktor immer stärker zum Kernobjekt unternehmerischen Handelns. Diese Betrachtungsweise von Information steht hier im Mittelpunkt.

Information stellt die „Basisressource" menschlichen Handelns dar. Unter einer Handlung versteht die Psychologie allgemein eine Aktivität oder Verhaltensweise, die von Motiven gesteuert, also auf ein Ziel hin gerichtet ist. Handlungen werden (mehr oder weniger) *bewusst* vollzogen. Dies grenzt sie von anderen Formen des Verhaltens ab, welche unbewusst und/oder ohne eine Zielvorstellung ablaufen.[8]

Konkret: Handeln und andere Verhaltensformen

Der Reflex, seine Hand von der heißen Herdplatte zu nehmen, läuft spontan und quasi „automatisch", d.h. ohne eine bewusste Motivation als Auslöser ab. Nur so können Reflexe überhaupt ihre Schutzwirkung für den Körper entfalten. Eine Selbstverletzung ist dagegen eine bewusst vollzogene, durch ein Motiv ausgelöste Handlung: ich will gegen meine Umwelt protestieren, meinem Kummer Ausdruck verleihen, meine Tapferkeit beweisen, etc.

---

6 In Kapitel 4 wird noch genauer dargestellt werden, dass die Bereitstellung von Information zwar eine sehr wichtige (für viele auch *die* wichtigste), aber keineswegs die einzige Aufgabe von Berichten ist.

7 Vgl. dazu auch Hübner 1996, S. 2f.

8 Vgl. Städtler 2003, S. 429

Der Handlungscharakter menschlichen Verhaltens ist fließend: Einst bewusst vollzogene Handlungen können durchaus zu weitgehend „motivfreien“ Ritualen werden (z.B. das Schenken von Blumen oder das tägliche Tischgebet). Handlungen können in bestimmten Situationen ohne bewusste Vorstellung des Motivs ablaufen und damit ihren Handlungscharakter verlieren, in anderen Situationen aber eine sehr bewusste, zielgerichtete Handlung darstellen: das frühe Aufstehen an Wochentagen (um wie immer einigermaßen rechtzeitig zur Arbeit oder zur Schule zu kommen) unterscheidet sich vom frühen Aufstehen im Urlaub (um den Sonnenaufgang über dem Meer zu beobachten).

Ein bewusstes, zielgerichtetes Tun oder Unterlassen setzt voraus, dass der Handelnde zum einen über Motive und Gründe verfügt, welche das Handeln auslösen und zum anderen Kenntnis davon hat, wie die Handlung konkret vollzogen werden kann: **Handeln benötigt Information.**

2.1.1 Was ist „Information“?

Durch ihren Charakter als Basisressource des Handelns wurde implizit bereits dargestellt, was unter Information verstanden werden soll: Information stellt individuelles Wissen dar, welches für die Vorbereitung und Durchführung von Handlungen benötigt wird.[9] Wissen wird also nur dann und insoweit zu Information, als es einem bestimmten Zweck dient – eben der Vorbereitung und Durchführung von Handlungen.[10] Dies führt zu der häufigen Kurzdefinition von Information: **Information ist zweckorientiertes Wissen.**[11]

Die Begriffe „Wissen“ und „Information“ – wenngleich in der Alltagssprache teilweise synonym verwendet – sind in dieser Betrachtung nicht deckungsgleich: „Wissen“ steht für die allgemeine „Einsicht des Individuums in die Weltzusammenhänge“.[12] Erst wenn dieses Wissen in einem für das Individuum bedeutungsvollen Kontext zur Vorbereitung bzw. Durchführung einer konkreten Handlung einsetzbar ist, wird daraus Information. Die Wissensbasis eines Individuums wird regelmäßig mehr umfassen als nur die Informationsmenge, welche in einer konkreten Situation benötigt wird. Information ist eine Teilmenge der Gesamtheit an individuell verfügbarem Wissen.

Diese Teilmenge ist keineswegs stabil, sondern von der Situation und dem Handlungsweck abhängig. Was das Individuum an Information braucht, hängt davon ab, welche Handlung in welcher Situation vollzogen werden soll. So definiert Szyperski „Information“ auch als Aussagen, welche den Erkenntnis- oder Wissensstand eines Subjekts über ein Objekt in einer gegebenen Situation und Umwelt zur Erfüllung einer Aufgabe verbessern.[13]

---

9 Vgl. Berthel 1975, Sp. 1866

10 ebenda

11 Diese Begriffsauffassung von Information wird auch in der Controllingliteratur weithin zugrunde gelegt, vgl. etwa Küpper 2005, S. 127 oder Horvath 2009, S. 298.

12 Riempp 2004, S. 58

13 Szyperski 1980, Sp. 904

Management Reporting-Enzyklopädie:

Information

Information stellt zweckorientiertes Wissen dar, d.h. diejenige Teilmenge an Wissen, welche ein bestimmtes Subjekt für eine bestimmte Handlung benötigt. Information ist damit notwendigerweise subjektiv (auf ein bestimmtes Individuum bezogen), zweckorientiert (auf einen bestimmten Einsatzzweck bezogen) und situativ (von der jeweiligen Situation abhängig).

Abbildung 2.1 Subjektiver Informationsbegriff

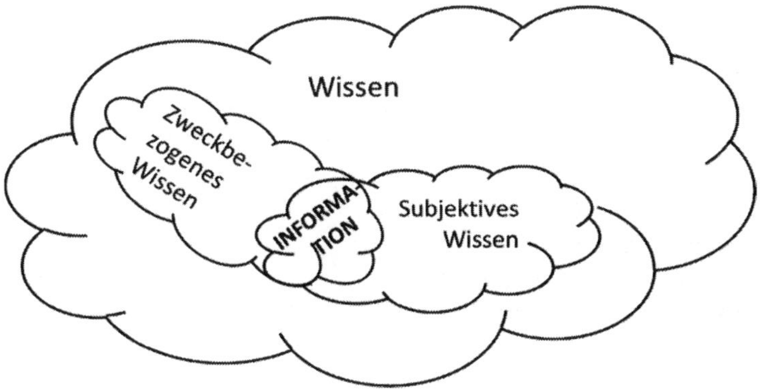

Quelle: eigene Darstellung

Meist wird der Zweck von Information in der Vorbereitung eines Handelns gesehen. Dieses Verständnis von Zweckorientierung ist vor allem für Organisationen (und damit auch für Unternehmen) typisch[14] und liegt auch dem Konzept der Zweckrationalität zu Grunde, welches in der Betriebswirtschaftslehre eine besondere Rolle einnimmt. Deshalb dominiert dort auch das Lösen von Problemen und Aufgaben als Zweck. Dies ist aber nicht die einzig mögliche Form der Zweckorientierung von Wissen. So kann für ein Individuum auch die Befriedigung intellektueller Neugier einen Zweck darstellen.[15] Wissen, welches diese Neugier befriedigen hilft, ist eindeutig Information.

Nachdem Information subjektiv ist, kann sie streng genommen auch nicht in technischen Systemen gespeichert oder mit Hilfe unterschiedlicher Medien dauerhaft aufbewahrt werden. Die Inhalte dieses Buches oder einer Computerfestplatte sind nicht per se Information, können aber unter bestimmten Umständen für bestimmte Subjekte zu Information werden.

14 Vgl. dazu Kapitel 2.3

15 Chwolka 2002, Sp. 723. Diese Zweckorientierung liegt wohl auch hinter dem Anspruch: „Zwar weiß ich viel, doch möcht' ich alles wissen."

Zunächst stellen sie nur „Sprachbilder" dar, welche versuchen, reale Sachverhalte abzubilden. Nur wenn aus ihnen individuelle „Denkbilder" werden, stellen sie tatsächlich Information im obigen Sinn dar.[16]

Anzumerken bleibt, dass diese Begriffsauffassung von Information als etwas notwendigerweise Subjektivem nicht die einzig mögliche ist. So ist vor allem in der Nachrichtentechnik ein anderer, „objektiver", Informationsbegriff üblich. Dieser greift nicht auf ein Subjekt und/oder einen Zweck zurück, sondern definiert Information über die Wahrscheinlichkeit (bzw. Unwahrscheinlichkeit) eines Signals oder einer Signalfolge aus einem bestimmten Signalvorrat. Je geringer die Unsicherheit bezüglich des Auftretens einer Signalfolge ist, desto höher ist ihr Informationsgehalt.[17]

Abbildung 2.2 Objektiver Informationsbegriff

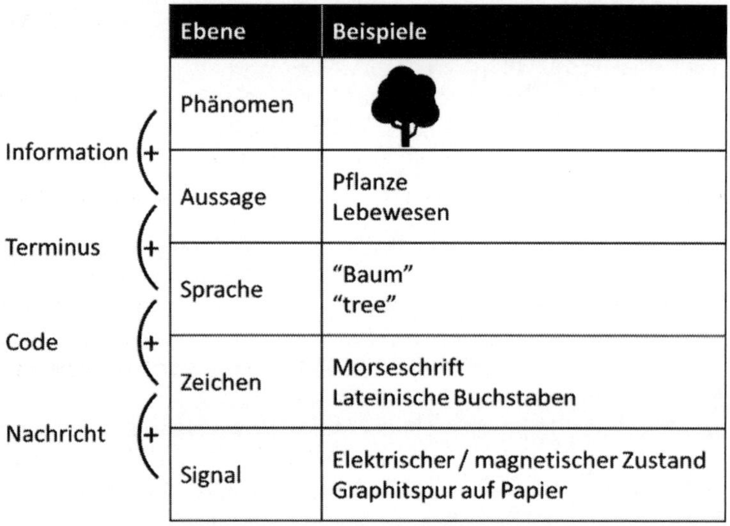

Quelle: in Anlehnung an Szyperski 1975, Sp. 1902

Solcherart definierte Information benötigt weder ein die Information aufnehmendes und verarbeitendes Subjekt noch einen bestimmten Nutzungszweck zu seiner Begriffsabgrenzung. In der Informationstheorie findet sich vielmehr eine andere typische Begriffskette (vgl. **Abbildung 2.2**):[18]

16 Vgl. dazu Koch 1994, S. 26ff., Töpfer 1983, S. 775
17 Vgl. Töpfer 1983, S. 780ff.
18 Vgl. dazu auch Szyperski 1975 und Töpfer 1983

- Die unterste logische Ebene bilden **Signale** als physisch-chemische Zustände oder Prozesse. Eine Graphitspur auf Papier kann ebenso ein Signal sein wie ein elektrischer oder magnetischer Zustand eines Ladungsträgers.
- Mit Hilfe von wohl unterscheidbaren Signalen lassen sich regelgebunden **Zeichen** formen. Eine Zeichenfolge, welche nach diesen Regeln in Signalen dargestellt wird, nennt man **Nachricht**.
- Zeichen sind nur unterschiedliche Darstellungsoptionen für **Sprache**. Die Verknüpfung zwischen dem sprachlichen Ausdruck und seiner Darstellung mittels bestimmter Zeichen wird als **Code** bezeichnet. Wer den Code kennt, kann die Zeichenfolge in sprachliche Ausdrücke umwandeln.
- Sprache selbst stellt das Instrumentarium zur Verfügung, um **Aussagen** darstellen zu können. Eine Aussage drückt Bewusstseinsinhalte des Menschen aus. Die Abbildung eines bestimmten Bewusstseinsinhaltes (einer Aussage) mit Hilfe eines bestimmten Sprachausdrucks wird als **Terminus** bezeichnet. Der Terminus stellt die kognitive Bedeutung eines sprachlichen Ausdrucks dar.
- Aussagen beziehen sich auf real existierende **Phänomene**. Die Verknüpfung zwischen dem Phänomen und den dieses bezeichnenden Aussagen stellt **Information** dar. Diese Verknüpfung ist weder von einem konkreten Subjekt noch von einem konkreten Zweck abhängig: Die Beschriftung einer Abbildung mit dem sprachlichen Ausdruck „Baum“ ist in diesem Sinn immer Information.

Ein solcherart definierter Informationsbegriff ist in der Mathematik und Informatik bzw. den auf sie aufbauenden Disziplinen durchaus sinnvoll, für den Einsatz in der Betriebswirtschaftslehre allerdings kaum brauchbar. Die weiteren Ausführungen gehen deshalb immer vom subjektiven Informationsbegriff aus: Information ist subjektives, zweckorientiertes Wissen.

2.1.2 Semiotische Betrachtungsebenen von Information

Information wurde als etwas notwendig Subjektives beschrieben. Damit etwas überhaupt zu Information im obigen Sinn werden kann, muss es auf verschiedenen Ebenen „verstanden“ werden. Dies lässt sich am besten mit Hilfe einiger zentraler Begriffe aus der Semiotik (d.h. der Lehre von den Zeichen und der Sprache) erklären.

Die Semiotik untersucht die Entstehung und den Gebrauch von Zeichen auf verschiedenen konzeptionellen Ebenen (vgl. **Abbildung 2.3**).[19]

Syntaktik

Die Syntaktik untersucht die Beziehungen zwischen den einzelnen Zeichen bzw. Zeichenfolgen („Syntax“ = „Zusammenordnung“). Eine syntaktische Untersuchung fokussiert z.B.

---

19 Vgl. dazu Berthel 1975, Sp. 1868f.; Töpfer 1983, S. 778ff., Koch 1994, S. 34ff.

auf die Häufigkeit einzelner Zeichen in einer Zeichenkette oder die Struktur der Zeichenkette (Länge, Anzahl unterschiedlicher Zeichen, etc.). Auf der syntaktischen Ebene werden einzelne Zeichen zunächst als solche identifiziert und mit Hilfe von Ordnungsregeln zu Zeichenketten verbunden. Diese Zeichenketten werden häufig auch als „Daten" bezeichnet.[20] Ein Verstehen auf der syntaktischen Ebene bedeutet zunächst einmal, etwas überhaupt als **Zeichen** zu erkennen: der Steinhaufen ist kein „Ding an sich", sondern eine **absichtlich gesetzte Marke**, die Abfolge von Lichtblitzen ist keine natürliche Reflexion des Sonnenlichts, sondern ein Signal, etc. Die syntaktische Bedeutung eines Zeichens erschließt sich, wenn etwas als Zeichen erkannt wird. Dies setzt aber nicht voraus, dass auch klar ist, *was* das Zeichen ausdrücken soll: so werden auch die meisten Europäer chinesische Schriftzeichen als solche erkennen (d.h. ihre syntaktische Bedeutung verstehen). Ebenso sind Morsezeichen oder „Gaunerzinken" von den meisten Personen als Zeichen erkennbar – wenn auch in keiner Weise weiter nutzbar.

Abbildung 2.3 Betrachtungsebenen der Semiotik

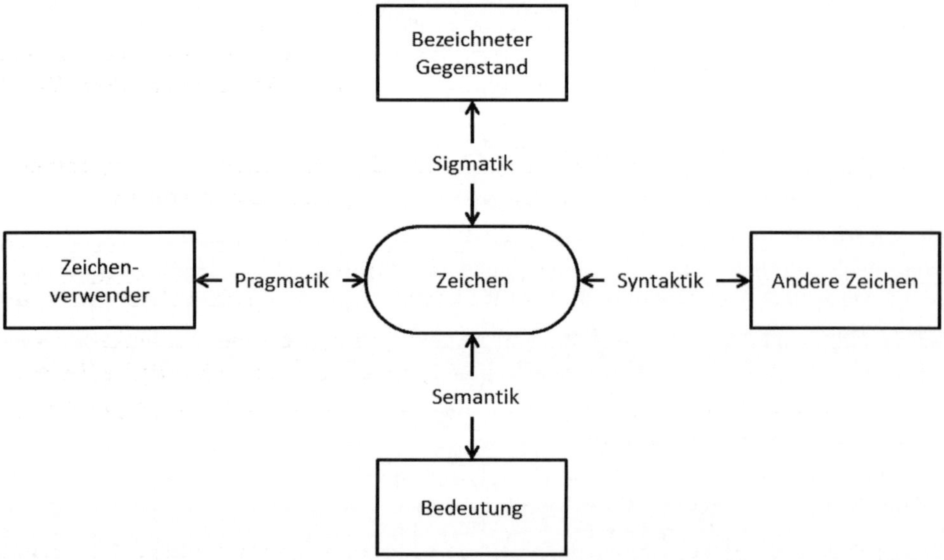

Quelle: Töpfer 1983, S. 778

Semantik

Die Semantik untersucht die Bedeutung der Zeichen, d.h. die Beziehung zwischen einem Zeichen und dem, wofür es inhaltlich steht. In der semantischen Betrachtung stehen Zei-

[20] Vgl. Gluchowski et al. 2008, S. 26

chen als **Abbilder für reale Sachverhalte oder Objekte**. Der gleiche Sachverhalt kann dabei durchaus über unterschiedliche Zeichen abgebildet werden: so könnten sowohl die Zeichenfolge „STOP“ als auch ein gemalter Totenkopf für den Sachverhalt stehen, dass ein Weg an einem tiefen Abgrund endet. Die Zeichenketten werden semantisch verstanden, wenn der Zusammenhang zwischen Zeichen(folge) und Abgrund klar ist.

Pragmatik

Die Pragmatik konzentriert sich auf die **Verwendung der Zeichen**(folgen). Hier rückt also die Beziehung zwischen Zeichen und Verwender des Zeichens in dem Mittelpunkt. Auf der pragmatischen Ebene lösen Zeichen bestimmte Wirkungen aus: der Totenkopf veranlasst mich, stehenzubleiben (und nicht in den Abgrund zu stürzen), die Lichtzeichen werden von mir als „SOS“-Signal verstanden und veranlassen mich, die Bergwacht zu alarmieren, etc. Welche Wirkung ein Zeichen auslöst, hängt dabei von mehreren Faktoren ab:

- von den syntaktischen und semantischen Eigenschaften des Zeichens bzw. der Zeichenfolge: Ist der Totenkopf deutlich als solcher erkennbar, Teil einer längeren Zeichenfolge, mit dem Hinweis „Probe!“ versehen, etc.
- vom Verwender des Zeichens: Gelingt diesem das semantische Verstehen nicht, so wird er das Zeichen ignorieren oder zumindest nur unzureichend beachten. Wer „STOP“ nicht lesen kann, bleibt auch nicht stehen.
- von der Nutzungssituation: Haben sich ähnliche Schilder vorher als Scherz erwiesen, wird die Glaubwürdigkeit der Warnung nun als gering eingeschätzt werden.

Die pragmatische Beziehung zwischen dem Zeichen und seiner Wirkung auf den Zeichennutzer ist deshalb keineswegs eindeutig bestimmt. Zeichen können völlig unterschiedlich verstanden werden und damit auch völlig unterschiedliche Handlungen seitens des Zeichennutzers auslösen. Viele Zeichen intendieren zwar eine ganz bestimmte Reaktion des Nutzers, sie können diese aber nicht erzwingen – selbst wenn das semantische Verstehen völlig problemlos funktioniert. Jeder Mensch, der schon einmal eine rote Fußgängerampel ignoriert hat, kennt diese Tatsache…

Sigmatik

Vereinzelt wird als vierte Untersuchungsebene der Semiotik auch die Sigmatik genannt. Diese konzentriert sich auf die Beziehung zwischen dem Zeichen und dem bezeichneten Gegenstand selbst. Während die Semantik den „Sinn“ eines Zeichens untersucht (also das, was das Zeichen an Denkinhalten beim Zeichenverwender auslöst), konzentriert sich die Sigmatik auf die reine **Abbildungsfunktion zwischen Zeichen und realem Gegenstand**. Eine sigmatische Betrachtung kann z.B. die Ähnlichkeit eines Zeichens zu dem bezeichneten Gegenstand untersuchen.

Abbildung 2.4 „Verstehen“ auf unterschiedlichen semiotischen Ebenen

	Verstehensleistung
Syntaktische Ebene	"Da steht ein Verkehrszeichen!"
Semantische Ebene	"Auf dieser Straße besteht Schleudergefahr!"
Sigmatische Ebene	"Das sieht wie ein Auto aus!"
Pragmatische Ebene	"Ich muss langsamer fahren!"

Quelle: eigene Darstellung

Die unterschiedlichen Arten des Verstehens sollen abschließend noch einmal an einem Beispiel deutlich gemacht werden (vgl. **Abbildung 2.4**). Bei einer Autofahrt begegnet mir am Straßenrand ein rot umrandetes Schild in Dreiecksform. Dieses Schild wird von mir als Verkehrszeichen identifiziert. Mit einem schnellen Blick erkenne ich, dass es sich um das Warnzeichen handelt, welches mich vor einer erhöhten Schleudergefahr auf dem vor mir liegenden Straßenabschnitt warnen soll. Obwohl das Symbol stark vereinfacht ist, verstehe ich, dass ein Kraftfahrzeug darauf abgebildet ist. Ich vermeide starke Lenkbewegungen und reduziere die Geschwindigkeit – ganz genau so, wie es der intendierte Zweck des Zeichens ist.

Management Reporting-Enzyklopädie:

Semiotik und semiotische Ebenen

Semiotik bezeichnet die Lehre von den Zeichen und der Sprache. In der Semiotik lassen sich vier unterschiedliche Betrachtungsebenen unterscheiden:

Syntaktik: Beziehung eines Zeichens zu anderen Zeichen

Semantik: Beziehung eines Zeichens zu seiner Bedeutung

Pragmatik: Beziehung eines Zeichens zu seiner Verwendung bzw. Wirkung

Sigmatik: Beziehung eines Zeichens zu dem von ihm Bezeichneten

Der in Kapitel vgl. 2.1.1 vorgestellte Informationsbegriff lässt sich unschwer der pragmatischen Ebene zuordnen. Erst auf dieser Ebene erschließt sich dem Nutzer die Verbindung zwischen einer Nachricht und ihrem Zweck. Das Vorhandensein von Information setzt damit unmittelbar ein Verstehen auf der syntaktischen und semantischen Ebene voraus. Ein „sigmatisches Verstehen“ ist für subjektive Information allerdings nicht unbedingt notwendig. Deshalb wird in den nachfolgenden Kapiteln auch nicht weiter auf sigmatische Aspekte eingegangen.

2.1.3 Der idealtypische Informationsprozess

Der subjektive Charakter von Information macht deutlich, dass Information niemals "einfach da" ist. Vielmehr wird Information erst durch eine Abfolge von (materiellen und / oder geistigen) Tätigkeiten geschaffen - Information entsteht in einem Prozess. Unter einem Prozess soll hier eine Kette von logisch aufeinander aufbauenden, an und mit Information vollzogenen Tätigkeiten verstanden werden (vgl. **Abbildung 2.5**).[21][22]

Abbildung 2.5 Informationsprozess und damit verbundene Tätigkeiten

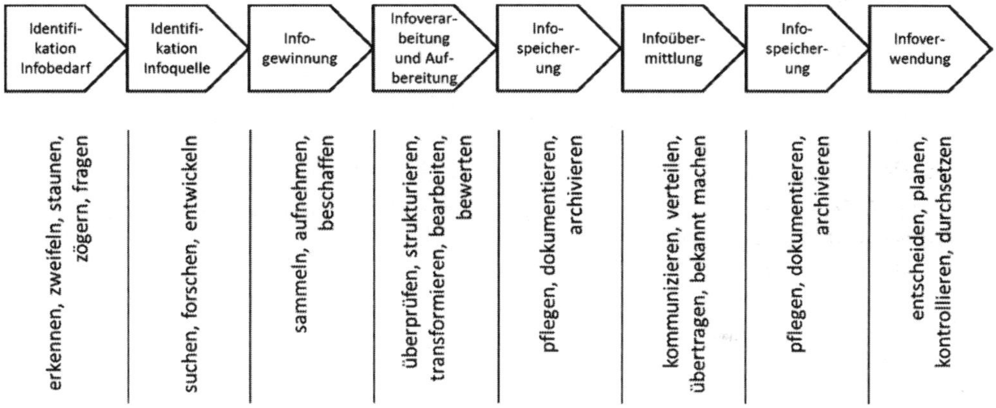

Quelle: eigene Darstellung

Jeder Informationsprozess beginnt mit einem auslösenden Ereignis:[23] einer Kundenanfrage, einer wissenschaftlichen Entdeckung, einer Naturkatastrophe. Sobald und soweit dem vom Ereignis Betroffenen nicht offensichtlich ist, wie er/sie sich angesichts des Ereignisses zu verhalten hat, entsteht ein Informationsbedarf: Der Verkäufer will mehr über die Wünsche des Kunden erfahren, der Forscher versucht, die Wirkungskette hinter seiner Entdeckung zu verstehen, die Hilfsorganisation muss in Erfahrung bringen, welche Hilfsmaßnahmen eingeleitet werden müssen. Am Anfang des Informationsprozesses steht also ein durch ein Ereignis ausgelöster **Informationsbedarf**, der sich in typischen Tätigkeiten und Handlungen wie Zweifeln, Zögern oder Staunen manifestiert.

21 Ähnlich auch Koch 1994, S. 45

22 Phasenmodelle des Informationsprozesses finden sich in ähnlicher Form z.B. auch bei Wall 2006, S. 53ff.; Töpfer 1983, S. 784f. oder bei Koch 1994, S. 44ff.

23 Axson 2006, S. 132

Das den Informationsbedarf auslösende Ereignis ist umgekehrt auch selbst eine potentielle Informationsquelle:[24] Datum und Uhrzeit der Kundenanfrage und ihr genauer Inhalt stellen Daten dar, die später zu Information werden können. Ebenso können die Umstände der wissenschaftlichen Entdeckung sich als wichtige Information erweisen. Kann das Ereignis das Informationsmangelempfinden unmittelbar befriedigen, so tritt der Informationsbedarf erst gar nicht auf – das Ereignis wird als bekannt oder vertraut wahrgenommen, der Handelnde weiß, wie er sich im Anschluss zu verhalten hat.

Die Vertrautheit kann sich auch nur darauf beschränken, auf bereits bekannte Informationsquellen zur Befriedigung des Informationsbedarfs zurückgreifen zu können und keine neue Suche nach bisher nicht identifizierten Quellen starten zu müssen: Muss ich nächste Woche eine Flugreise nach Paris antreten, so werde ich in aller Regel zwar nicht alle für mich verfügbaren Flugverbindungen kennen und deshalb zunächst einen Informationsbedarf feststellen. Allerdings bin ich mit der Situation zumindest soweit vertraut, dass ich auf bewährte Regeln und Erfahrungen zurückgreifen kann, welche mich ohne neue Suche zu den passenden **Informationsquellen** führen: Internetportale, Reisebüros, Kundenhotlines der Fluggesellschaften, etc. In allen anderen Fällen wird sich an das Erkennen des Informationsbedarfs eine Suche nach passenden Informationsquellen anschließen. Dies ist immer dann notwendig, wenn nicht offensichtlich ist, wo und wie die notwendige Information verfügbar ist. Typische Handlungen dieser Phase sind entsprechend Suchen und Forschen.

Wenn und sobald die Informationsquellen bekannt sind, beginnt die Phase der eigentlichen **Informationsgewinnung**. Dabei kann in originäre und derivative Information unterschieden werden.[25] Originäre Information steht dem Handelnden unmittelbar, d.h. ohne weitere Transformations- und Verarbeitungsprozesse, zur Verfügung. Der Flugplan meines Reisetags nach Paris kann originäre Information darstellen. Ich muss diese Information lediglich sammeln bzw. beschaffen.

Ein komplexer Informationsbedarf ist allerdings dadurch gekennzeichnet, dass originäre Information nicht zur Verfügung steht. Vielmehr müssen zunächst Handlungen der **Informationsaufbereitung** durchgeführt werden: Information muss strukturiert oder transformiert (d.h. verändert) werden, um den Informationsbedarf befriedigen zu können. Das Ergebnis dieser Phase ist derivative (d.h. aus anderer Information abgeleitete) Information. Will ich für meine Reise nach Paris nicht nur irgendeine Flugverbindung finden, sondern bin ich auf der Suche nach einem möglichst günstigen kombinierten Angebot aus Flug und Hotelübernachtung, so ist mein Informationsbedarf bereits deutlich komplexer. Nun muss ich Flugpläne und Hotelangebote sammeln und kombinieren, mit verfügbaren Pauschalangeboten vergleichen, Nebenkosten ermitteln und einrechnen, Verfügbarkeiten überprüfen, Vor- und Nachteile bewerten, etc.

Liegt die Information nunmehr vor, so wird sie entweder unmittelbar im nachfolgenden Handeln eingesetzt (z.B. bei meiner Onlinebuchung) oder aber für eine spätere bzw. wie-

24 Axson 2006, S. 132

25 Vgl. Wall 2006, S. 53

derholte Nutzung gespeichert. Form und Medium der **Speicherung** sind dabei zunächst irrelevant. Zweck der Speicherung ist es, ein nochmaliges Suchen und Verarbeiten der Information zu vermeiden, indem das Ergebnis der Informationsverarbeitungsphase dokumentiert bzw. archiviert wird. Dies kann rein mental (Gedächtnis) oder mit Hilfe eines materiellen Informationsträgers geschehen.[26] Die personenunabhängige Speicherung ist der Regelfall in allen arbeitsteilig ablaufenden Informationsprozessen. Arbeitsteilige Informationsprozesse sind dadurch gekennzeichnet, dass Informationsnutzung und Informationssuche durch unterschiedliche Personen erfolgen.[27] In arbeitsteiligen Informationsprozessen muss das Ergebnis der Informationsverarbeitung (mit oder ohne Zwischenspeicherung) zunächst dem Informationsnutzer übermittelt werden. Diese Phase der **Informationsübermittlung** wird langläufig als „Kommunikation" bezeichnet und kann über unterschiedlichste Kommunikationsmedien und in verschiedensten Formen geschehen. Auf Seiten des Informationsnutzers kann sich vor der eigentlichen **Nutzung** der Information ebenfalls wieder ein Speicherungsvorgang anschließen.

Insgesamt stellt der Informationsprozess damit eine komplexe Kette von Einzelaktivitäten dar. Allerdings ist – wie in den Beispielen bereits teilweise angedeutet – in vielen Situationen auch ein verkürzter Prozess vorstellbar (vgl. **Abbildung 2.6**).

Abbildung 2.6 Typische Phasenverläufe des Informationsprozesses

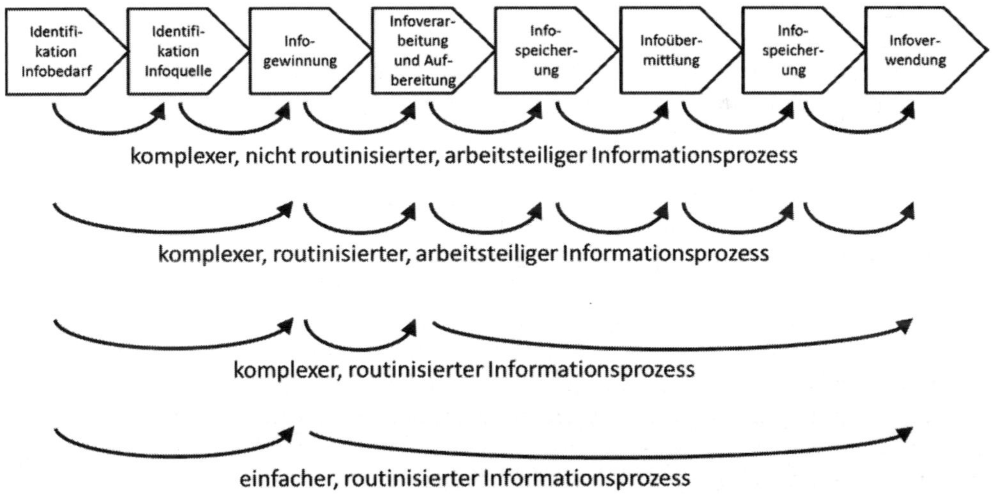

Quelle: eigene Darstellung

[26] Wall 2006, S. 54

[27] In Unternehmen ist dies der Regelfall, wie in Kapitel 2.3 noch genauer dargestellt wird.

In routinisierten Prozessen kann die Phase der Identifikation benötigter Informationsquellen entfallen, da diese bereits aus früheren Durchläufen des Prozesses bekannt sind. Erfolgt der Informationsprozess nicht arbeitsteilig, so wird sich die Nutzung der Information direkt an deren Verarbeitung anschließen (eventuell unter vorheriger Zwischenspeicherung), ohne dass ein Kommunikationsakt erforderlich wäre. Schließlich kann in einfachen Informationssituationen direkt auf originäre Information zurückgegriffen werden, womit die Phase der Informationsverarbeitung und Aufbereitung entfällt. Sowohl im privaten Alltag als auch in Unternehmen finden sich einfache und komplexe Informationssituationen. Allerdings überwiegen in Unternehmen eindeutig arbeitsteilige Informationsprozesse, während im privaten Handeln Informationssuche und Nutzung häufiger von ein und derselben Person vollzogen werden. Wie noch später zu zeigen ist, stellt das interne Berichtswesen eines Unternehmens einen typischen Fall von komplexen, arbeitsteiligen Informationsprozessen dar (wobei diese teilweise routiniert sind).

2.2 Informationsbedarf und Informationsangebot

Das zentrale Element des dargestellten Informationsprozesses ist der Informationsbedarf. Die Identifikation eines Informationsbedarfs bildet den Auslöser des Informationsprozesses, seine Deckung durch adäquate Information ist das Ziel des Prozesses. Deshalb ist eine begriffliche Abgrenzung und inhaltliche Klärung dieses zentralen Konzepts notwendig.

Der Bedarfsbegriff wird in der Betriebswirtschaftslehre eng mit dem verwandten Begriff des „Bedürfnisses" gesehen:[28] Ein Bedürfnis drückt allgemein ein subjektives Mangelempfinden aus verbunden mit dem Wunsch, diesen Mangel zu beseitigen. Bedürfnisse unterschiedlichster Art sind ein zentraler Antrieb für menschliches Handeln. Konkretisiert sich dieses zunächst unbestimmte Mangelempfinden durch Gegenüberstellung mit konkreten Gütern, so spricht die Betriebswirtschaftslehre von einem „Bedarf". Kann der Bedarf schließlich durch Kaufkraft unterstützt werden, so äußert er sich in konkreter Nachfrage (nach einem Wirtschaftsgut). Mein als unangenehm erlebtes Hungerempfinden ist zunächst ein abstraktes Bedürfnis nach Essbarem, welches sich bei Anblick des gut gefüllten Auslagefensters eines Delikatessenladens in einem konkreten Bedarf nach Parmaschinken konkretisiert. Verfüge ich nun auch noch über ausreichend Kaufkraft (z.B. weil ich meine Geldbörse bei mir trage), so kann der Bedarf in konkreter Nachfrage ausgedrückt werden – ich betrete das Geschäft und verlange 200 Gramm besten Parmaschinkens.

Die Begriffskette Bedürfnis – Bedarf – Nachfrage kann prinzipiell auch auf Information übertragen werden. Allerdings wird der Bedürfnisbegriff im Zusammenhang mit Information selten verwendet.[29] Vielmehr findet sich bei vielen Autoren eine Unterscheidung in zwei unterschiedliche Arten des Informationsbedarfs:[30]

---

28 Vgl. Homburg/Krohmer 2009, S. 3
29 Eine Ausnahme bildet hier Szyperski 1980
30 Vgl. Garbe 1975, Koreimann 1975, Chwolka 2002, Küpper 2005, Weber/Schaier/Strangfeld 2005

- Der **objektive Informationsbedarf** wird nach Ansicht der meisten Autoren durch die zugrundeliegende Aufgabe bestimmt und ist dementsprechend unabhängig vom Subjekt, welches die Aufgabe zu erledigen hat. Er beschreibt die Menge an Information, welche zur Erfüllung einer konkreten Aufgabe notwendig ist und lässt sich damit auch aus der Struktur dieser Aufgabe ableiten. Notwendig an Information ist, was in einem sachlichen Zusammenhang zur Aufgabe steht.[31] Je genauer und besser die zu lösende Aufgabe verstanden wird, desto genauer lässt sich auch der objektive Informationsbedarf zu ihrer Lösung bestimmen. Der objektive Informationsbedarf ist demnach die Antwort auf die Frage „Welche Information ist für die Bewältigung einer bestimmten Aufgabe erforderlich?"[32]

- Dem steht der **subjektive Informationsbedarf** gegenüber, welcher die aus Sicht des mit der Aufgabe konfrontierten Individuums zur Lösung notwendige Information kennzeichnet. Nur dieser subjektive Informationsbedarf kann sich auch in einer konkreten Nachfrage nach Information äußern, da nur er das Wesensmerkmal eines „subjektiven Mangelempfindens" aufweist. Der subjektive Informationsbedarf weist also eine inhaltliche Nähe zum allgemeineren Konzept des „Bedürfnisses" auf. Der subjektive Informationsbedarf kann deshalb auch als „Informationsbedürfnis" bezeichnet werden. Er beantwortet die Frage „Welche Information halte ich persönlich für die Bewältigung einer bestimmten Aufgabe für erforderlich?"

Management Reporting-Enzyklopädie:

Informationsbedarf (objektiver)

Der objektive Informationsbedarf bezeichnet die Art, Menge und Qualität der Informationsgüter, welche zur Erfüllung einer bestimmten Aufgabe zu einer bestimmten Zeit und in einem bestimmten Kontext benötigt werden. Dieser Informationsbedarf ist objektiv in dem Sinne, dass er nicht von den Eigenschaften eines konkreten Individuums abhängt, sondern konzeptionell von einem fiktiven „normierten" Aufgabenträger ausgeht.[33]

Informationsbedarf (subjektiver, „Informationsbedürfnis")

Der subjektive Informationsbedarf (Informationsbedürfnis) bezeichnet die Art, Menge und Qualität der Informationen, welche ein konkretes Subjekt (Aufgabenträger) zur Bewältigung einer konkreten Aufgabe als notwendig erachtet. Wenn und soweit dieses rein subjektive Mangelempfinden artikuliert wird, äußert es sich in Form einer konkreten Informationsnachfrage.

---

31 So z.B. Picot/Franck 1988a, S. 548 oder Küpper 2005, S. 159

32 Streng genommen ist diese Frage nicht eindeutig beantwortbar, da die Lösung einer Aufgabe bei unterschiedlichen Aufgabenträgern ja auch unterschiedliche Informationsmengen voraussetzen kann. Die Beschreibung eines „objektiven" – also von einzelnen Subjekten unabhängigen - Informationsbedarfs setzt damit stillschweigend oder explizit die Annahme eines *fiktiven normierten Aufgabenträgers* voraus (vgl. dazu auch Chwolka 2002, Sp. 724).

33 Vgl. Szyperski 1980, Chwolka 2002

Es ist unmittelbar ersichtlich, dass objektiver und subjektiver Informationsbedarf nicht deckungsgleich sein müssen, da sie zwei unterschiedliche Bezugsobjekte aufweisen (zum einen die Aufgabe und zum anderen das Subjekt).[34] Weil sich nur der subjektive Informationsbedarf in konkreter Informationsnachfrage äußern kann, ergibt sich damit auch eine potentielle Lücke zwischen Bedarf und Nachfrage: Ich verlange etwas anderes, als ich eigentlich brauche, weil ich nicht weiß, was man zur Bewältigung der Aufgabe „wirklich braucht".

Damit der Informationsprozess abgeschlossen werden kann, muss dem Informationsbedarf (bzw. der geäußerten Nachfrage) ein Informationsangebot gegenüberstehen, welches die Menge aller Informationsgüter bezeichnet, die einem bestimmten Subjekt (Aufgabenträger) zur Bewältigung einer bestimmten Aufgabe zur Verfügung stehen. Auch hier gilt, dass das Angebot sich meist nicht völlig mit dem objektiven bzw. mit dem subjektiven Informationsbedarf decken wird, sondern sich drei nur **teilweise überlappende Mengen an Informationsgütern** ergeben:[35]

- Die vom Informationsnutzer (Aufgabenträger) nachgefragte Information, welche primär subjekt- bzw. verhaltensdominiert ist.
- Das in einer Situation verfügbare Informationsangebot, welches vor allem durch die verfügbaren / eingesetzten Ressourcen und Informationsinstrumente bestimmt wird.
- Der für die Erfüllung einer Aufgabe notwendige Informationsbedarf, welcher primär aufgaben- bzw. problemdominiert ist.

In einer zweckrationalen Betrachtung (wie sie in der Betriebswirtschaftslehre nach wie vor vorherrschend ist) steht die erfolgreiche Bewältigung der Aufgabe im Vordergrund: Ziel ist es, die Effizienz (d.h. die Rationalität im Mitteleinsatz) und die Effektivität (d.h. den Grad der Zielerreichung) durch das gewählte Handeln zu optimieren. In dieser Sichtweise kommt dem objektiven Informationsbedarf ein Primat über die beiden anderen Informationsmengen zu, da nur der objektive Informationsbedarf die größtmögliche Effektivität und Effizienz des Handelns für eine gegebene Aufgabe ermöglicht. Würde das Handeln dagegen am gerade gegebenen Informationsangebot oder der artikulierten Informationsnachfrage des Aufgabenträgers ausgerichtet, wäre das zweckrational formulierte Optimalitätskriterium in aller Regel nicht erfüllt.[36] Daraus ergibt sich die theoretische Forderung, dass sich die subjektive Informationsnachfrage und das Informationsangebot an den (theoretisch

---

[34] Vgl. Picot/Franck 1988b, S. 609. Baumöl argumentiert, dass der subjektive Informationsbedarf meist höher als der objektive liegt, da ein Entscheider generell das Bedürfnis hat, möglichst viel über die Entscheidungssituation wissen zu wollen, um die Unsicherheit zu minimieren (vgl. Baumöl, 1996, S. 12). Dies mag zwar immer wieder der Fall sein, allerdings ist auch genau der gegenteilige Fall vorstellbar: Der Entscheider erkennt nicht, welche Information er eigentlich noch benötigen würde bzw. hält diese Information für nicht relevant. Den subjektiven Informationsbedarf also *generell* höher als den objektiven anzusetzen, ist logisch nicht gerechtfertigt.

[35] Vgl. Weber/Schäffer 2011, S. 86f.

[36] Allerdings ist genau dies in der Praxis häufig der Fall – zum einen aus pragmatischen Gründen und zum anderen, weil Organisationsmitglieder eben nicht wie „zweckrationale ökonomische Roboter" agieren. Dies wird in den folgenden Kapiteln noch mehrfach aufgegriffen werden.

optimalen) objektiven Informationsbedarf annähern sollen, um ökonomisch rationales Handeln zu ermöglichen (vgl. **Abbildung 2.7**).[37]

Abbildung 2.7 Informationsbedarf, -bedürfnis und -angebot

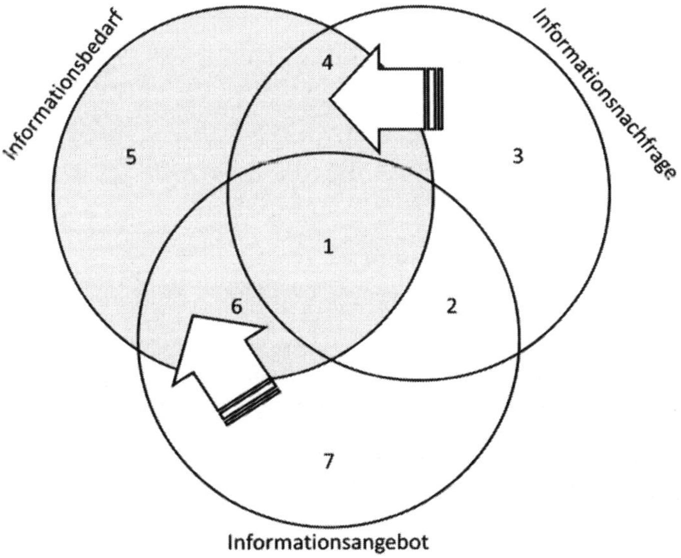

Quelle: in Anlehnung an Szyperski 1980, Sp. 906 und Weber/Schäffer 2011, S. 87

Allerdings ist das theoretische Optimum in der Praxis nicht zu erreichen:[38] Zum einen verändert sich der Informationsbedarf selbst kontinuierlich, da die Aufgabenstellungen und die Aufgabenkontexte laufenden Änderungen unterworfen sind und damit ein zeitlich konstanter objektiver Informationsbedarf auch theoretisch kaum ermittelbar ist. Zum anderen ist jeder Aufgabenträger in der Praxis wesentlichen Beschränkungen unterworfen, so z.B. einer unvollständigen oder unklaren Aufgabenstellung, fehlender Kenntnis der Handlungen oder Aufgabenerfüllung anderer Aufgabenträger und der faktischen Unmöglichkeit, sichere Kenntnis über zukünftige Zustände und Ereignisse zu erlangen.

Da dieser theoretisch optimale Informationszustand in der Praxis nie erreicht wird, verbleibt eine Reihe von unterschiedlichen Schnittmengen[39], welche jeweils charakteristische Eigenschaften aufweisen (vgl. **Tabelle 2.1**).

---

37 Vgl. Picot/Franck 1988b, S. 609
38 Vgl. Garbe 1975, Sp. 1876; Witte 1975, Sp. 1918
39 Vgl. dazu auch Weber/Schäffer 2011, S. 86f.

Tabelle 2.1 Relevanz, Nützlichkeit und Verfügbarkeit von Information

	Relevant? (objektiver Infobedarf)	Subjektiv nützlich? (Infonachfrage)	Verfügbar? (Infoangebot)
Fall 1	Ja	Ja	Ja
Fall 2	Nein	Ja	Ja
Fall 3	Nein	Ja	Nein
Fall 4	Ja	Ja	Nein
Fall 5	Ja	Nein	Nein
Fall 6	Ja	Nein	Ja
Fall 7	Nein	Nein	Ja

Quelle: eigene Darstellung

Teilmenge 1 kennzeichnet den idealen Fall der Deckung von Bedarf, Nachfrage und Angebot. Der Informationsprozess entspricht dem theoretischen Ideal, da die verfügbare Information (Informationsangebot) sowohl relevant für die Lösung der Aufgabe ist als auch vom Informationsnachfrager als subjektiv nützlich eingeschätzt wird (da seine konkrete Nachfrage befriedigend).

In Teilmenge 2 stimmen zwar Angebot und Nachfrage überein, allerdings decken sich diese nicht mit dem objektiven Informationsbedarf. Der Informationsnutzer verlangt Information, welche für die Lösung der Aufgabe nicht nötig ist (z.B. weil sich die Aufgabe verändert hat, ohne dass der Aufgabenträger dies realisiert) und erhält diese auch. Das Informationsangebot ist zwar subjektiv nützlich, aber objektiv nicht relevant.

Teilmenge 3 kennzeichnet eine Informationsnachfrage, welche objektiv nicht nötig ist und auch nicht durch das Informationsangebot gedeckt wird. Das Mangelempfinden des Nachfragers ist also insgesamt „fehlgeleitet" und bedarf einer Änderung (z.B. durch Lernen oder praktische Erfahrung).

In Teilmenge 4 wird relevante Information nachgefragt, allerdings bleibt das Informationsangebot unzureichend. Der Veränderungsdruck liegt klar auf Seite des Informationsangebots (Quellen, Instrumente, verfügbare Ressourcen).

Teilmenge 5 beschreibt einen klassischen „blinden Fleck", da eigentlich relevante Information weder nachgefragt noch angeboten wird. Keinem am Informationsprozess beteiligten Akteur ist bewusst, dass das Ergebnis des Prozesses unzureichend ist (bis z.B. die Folgen einer falschen Behandlung des Problems später offensichtlich werden).

Teilmenge 6 umfasst diejenigen Teile des Informationsangebots, welche zwar relevant für die Aufgabe sind, aber nicht nachgefragt werden. Verfügbare relevante Information bleibt ungenutzt. Auch hier ergibt sich ein Aufklärungsbedarf auf Seiten des Informationsnutzers.

Schließlich beschreibt Teilmenge 7 eine Situation, in der die verfügbare Information weder relevant noch subjektiv nützlich (da die Nachfrage deckend) ist. Diese Situation ist im besten Fall ineffizient (da Ressourcen für die Ermittlung von Information eingesetzt worden sind, welche weder objektiv noch subjektiv gebraucht wird). Im schlechtesten Fall kann diese Information die weitere Verarbeitung anderen Informationsgüter (welche durchaus relevant sein können) stören oder gar verhindern („information overload"). Von Landsberg bezeichnet diese Situation denn auch treffend als „Mangel im Überfluss":[40] ein Zuviel an Irrelevantem bei einem gleichzeitigen Mangel an Relevantem.

Das Zusammenspiel zwischen Informationsbedarf, Informationsbedürfnis und Informationsangebot wird durch einen weiteren, bisher ausgeblendeten, Faktor beeinflusst. Da jeder Aufgabenträger in der Regel auch über Vorwissen verfügt, ist sein Informationsbedürfnis auch und vor allem vom aktuellen subjektiven Informationsstand abhängig. Dieser beeinflusst als vierte wesentliche Größe das Informationsverhalten (vgl. **Abbildung 2.8**).

Zwischen diesen vier Kerngrößen ergeben sich mannigfaltige, teilweise in Konflikt zueinander stehende, Beziehungen:

1. Die Beziehung zwischen Informationsangebot und Informationsbedarf wurde zuvor bereits als **„Relevanz"** bezeichnet. Je umfassender ein Angebot den Informationsbedarf einer Aufgabe deckt, desto größer ist sein objektiver Nutzen. Die Relevanz eines Informationsgutes ist in diesem Sinne eine rein aufgabenspezifische Eigenschaft, welche nicht vom Nutzer der Information abhängt.

2. Das Verhältnis zwischen subjektivem Informationsbedürfnis und objektivem Informationsbedarf drückt etwas darüber aus, wie weit ein Aufgabenträger in seiner subjektiven Einschätzung die aufgabenrelevanten Informationen als notwendig erkennt. Dieses Verhältnis kann deshalb auch **„Ignoranz"** genannt werden. Je weiter sich Informationsbedürfnis und Informationsbedarf überlappen, desto geringer ist die aufgabenspezifische Ignoranz des Aufgabenträgers, d.h. das Ausmaß seiner Fehleinschätzung hinsichtlich der objektiv notwendigen Information.

3. Das Verhältnis zwischen Informationsbedürfnis und Informationsbestand stellt die subjektiv empfundene Informationslücke eines Subjekts hinsichtlich einer bestimmten Aufgabe aus. Je größer diese Lücke, desto stärker wird beim Aufgabenträger das Gefühl von **„Unwissen"** in Erscheinung treten. Dieses Unwissen kann sich im weiteren Informationsverhalten sowohl motivierend (Ansporn, die Lücke zu schließen) als auch demotivierend auswirken (Resignation angesichts der zu großen Wissenslücken für eine Aufgabe).

4. Das Verhältnis zwischen Informationsangebot und aktuellem Informationsstand kann als **„Redundanz"** bezeichnet werden. Unter Redundanz wird allgemein eine Überlappung zwischen verschiedenen Objekten verstanden.[41] Je mehr sich Informationsangebot

[40] Vgl. Landsberg 1988; S. 101

[41] Auf den Redundanzbegriff wird in den Kapiteln 5.4.2 und 5.4.3 noch näher eingegangen.

und Informationsbestand überlappen, desto höher ist die Redundanz des Angebots. Redundanz ist häufig Ausdruck eines ineffektiven Informationsprozesses (da dessen Ziel ja die Befriedigung des Informationsbedürfnisses bzw. Informationsbedarfs ist), allerdings kann Redundanz in manchen Situationen sehr wohl nützlich für den Aufgabenträger sein (so z.B. als Bestätigung der Gültigkeit seines bisher erworbenen aufgabenbezogenen Wissens oder als Beweis für die Richtigkeit bisher als unsicher geltender Vermutungen).

Abbildung 2.8 Bestimmungsgrößen des Informationsverhaltens

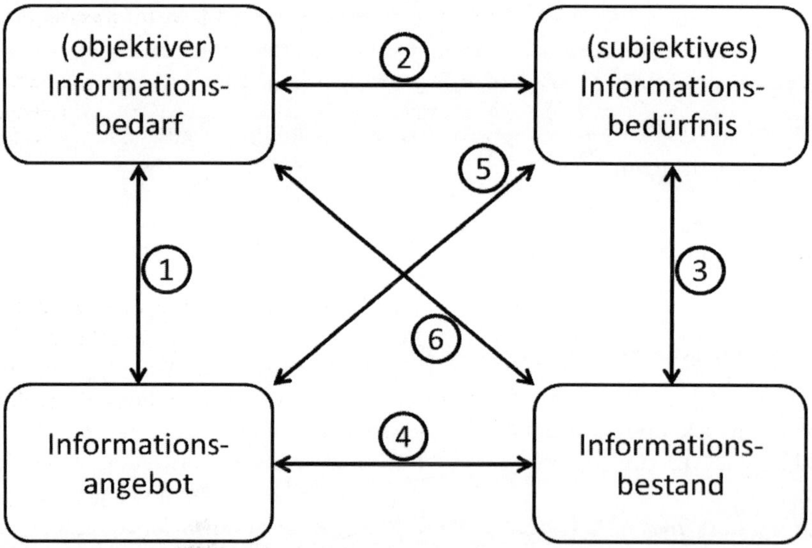

1	Bedarfsdeckung, „Relevanz“ (objektiver Informationsnutzen)
2	„Ignoranz“ (Ausmaß der subjektiven Fehleinschätzung des Informationsbedarfs)
3	„Unwissen“ (subjektiv wahrgenommene Informationslücke)
4	„Redundanz“ (Grad der Überlappung des Angebots mit Informationsbestand)
5	„Erkenntnisgewinn“ (subjektiver Informationsnutzen)
6	„Informationsgrad“ (Anteil der vorhandenen Information am Informationsbedarf)

Quelle: eigene Darstellung

5. Die Beziehung zwischen Informationsangebot und subjektivem Informationsbedürfnis drückt sich in einem (wiederum subjektiv) empfundenen **„Erkenntnisgewinn“** aus. Dieser Erkenntnisgewinn ist nicht synonym mit der Relevanz eines Informationsobjekts,

da der Erkenntnisgewinn eine subjektspezifische Eigenschaft des Informationsobjekts ist.

6. Ein für den Informationsprozess wesentlicher Zusammenhang besteht zwischen dem Informationsbedarf und dem aktuellen Informationsbestand. Dieses Verhältnis wird in der Literatur allgemein als **„Informationsgrad"** bezeichnet.[42] Der Informationsgrad ist umso höher, je mehr der Informationsbestand den Informationsbedarf abdeckt. Dabei ist zu beachten, dass es sich bei beiden Größen um aufgabenspezifische Informationsmengen handelt. Eine Vergrößerung des Wissenstands eines Subjekts erhöht den Informationsgrad also nur dann, wenn dies auch zu einer höheren Abdeckung des aufgabenspezifischen Informationsbedarfs führt. Nimmt ein Aufgabenträger Information auf, welche zwar sein subjektives Informationsbedürfnis decken hilft, aber objektiv nicht notwendig ist, so führt dies zu keiner Verbesserung des Informationsgrads. Während der unter Punkt 5 genannte Erkenntnisgewinn die Zufriedenheit des Aufgabenträgers verbessert, wirkt sich der Informationsgrad auf die Qualität seiner Aufgabenerfüllung aus.

Management Reporting-Enzyklopädie:

Informationsbestand

Der Informationsbestand bezeichnet diejenige Informationsmenge, über welche ein Aufgabenträger zu einem bestimmten Zeitpunkt hinsichtlich einer bestimmten Aufgabe verfügt. Der Informationsbestand drückt das aufgabenspezifische Vorwissen eines Individuums hinsichtlich einer Aufgabe aus. Er ist damit sowohl aufgaben- als auch subjektspezifisch.

Informationsgrad

Der Informationsgrad drückt das Verhältnis zwischen Informationsbestand und objektivem Informationsbedarf aus.[43] Je höher die Abdeckung des Informationsbedarfs durch den aktuellen Informationsstand, desto höher ist der Informationsgrad eines Individuums hinsichtlich einer bestimmten Aufgabe. Der Informationsgrad ist unabhängig vom subjektiv empfundenen Informationsbedürfnis.

In der Praxis zeigt sich, dass Bedarf, Angebot und Bestand an Information (und damit auch die aus ihnen abgeleiteten derivativen Größen wie Relevanz oder Informationsgrad) nicht eindeutig messbar sind. Information in allen ihren Facetten erweist sich als praktisch nicht quantifizierbar. Doch auch bei unvollkommener Beschreibbarkeit stellen die genannten Größen die wesentlichen Einfluss- und Steuerungsfaktoren des Informationsprozesses dar. Dies gilt auch und gerade für Informationsvorgänge in Unternehmen.

42 Vgl. etwa Witte 1975, Wittmann 1980, oder Chwolka 2002
43 Vgl. Wittmann 1980, Sp.897

2.3 Information im Unternehmen

Information ermöglicht Handeln. Da unser Tun und Unterlassen auch immer Auswirkungen auf unsere Umwelt hat, ist jede Form der Interaktion wesentlich von Information geprägt. Dies gilt ganz besonders, wenn diese Interaktion in Organisationen stattfindet, wie sie Unternehmen darstellen. In Unternehmen wird Information benötigt, um Probleme zu erkennen und zu lösen, das Verhalten einzelner (Mitarbeiter) zu beeinflussen und zu koordinieren, zu planen und Ziele identifizieren zu können, etc.[44] Die Bedeutung von Information steigt dabei in Organisationen an, je mehr die Handlungen arbeitsteilig ablaufen, d.h. unterschiedliche Handlungsträger beteiligt sind, was den Koordinations- und Kommunikationsbedarf erhöht. Auch und gerade in Unternehmen ist Information damit die „Basisressource": Unternehmen können ohne Information nicht funktionieren.

Diese Abhängigkeit von Information ist in den letzten Jahren und Jahrzehnten noch weiter gestiegen:[45] Wirtschaftliche Tätigkeit wird zunehmend international, Leistungsprogramme weiten sich aus und werden differenzierter, um Kundenbedürfnisse besser abdecken zu können. Gleichzeitig nimmt in vielen Branchen der Wettbewerb zu, der technologische Wandel beschleunigt sich. Die Bedeutung von Information ist dabei im Prozess der betrieblichen Leistungserstellung ebenso gestiegen wie in den erstellten Leistungen selbst: Information ist im Unternehmen sowohl zentrale Ressource (Produktionsfaktor) als auch (Teil der) Marktleistung. Die „Informationsintensität" von Unternehmen ist insgesamt also deutlich gewachsen. Information wird zum Wettbewerbsfaktor: ein Informationsvorsprung im Sinne eines informationsbezogenen (vorteilhaften) Unterschieds zu den Wettbewerbern ermöglicht den Unternehmenserfolg.[46]

Information erlangt ihren zentralen Stellenwert auch deshalb, weil sie im Unternehmen andere Produktionsfaktoren substituieren kann[47] und damit die universellste Ressource eines Unternehmens darstellt.

Konkret: Information als Substitut für andere Ressourcen im Unternehmen

Information als zweckorientiertes Wissen kann im Unternehmen prinzipiell jede andere Ressource zumindest teilweise ersetzen: Wer die zukünftige Nachfrage besser prognostizieren kann, braucht geringere Lagerbestände (Information substituiert Material). Kenntnis über günstigere Alternativen hilft, den Kapitalbedarf bei Neuinvestitionen gering zu halten (Information substituiert Kapital). Wer weiß, wie sich der Prozess der Leistungserstellung verbessern und/oder vereinfachen lässt, kann diesen mit weniger Personaleinsatz durchführen (Information substituiert Personal). Ob diese Information im Unternehmen selbst generiert oder extern zugekauft worden ist, spielt dabei funktional keine Rolle, beeinflusst aber die Informationskosten.

---

44 Vgl. Töpfer 1983, S. 774
45 Vgl. Picot / Franck 1992, S. 887
46 Vgl. Picot / Franck 1988a, S. 544
47 Chwolka 2002, Sp. 723

Diese universale Einsetzbarkeit ist vor allem durch einige besondere Eigenschaften der Ressource „Information" bedingt, die sie von anderen Ressourcen unterscheiden:[48]

- Information lässt sich mit sehr geringen Kosten vervielfältigen und mit extrem hoher Geschwindigkeit über weite Strecken transportieren.
- Information verliert durch Teilung und / oder durch mehrmaligen Gebrauch nicht an Wert.[49]
- Information kann von mehreren Akteuren gleichzeitig genutzt und besessen werden, ohne seinen Nutzen für den Einzelnen zu verlieren.
- Die (Weiter-)Verarbeitung von Information ist einfach und ohne umfangreiche Hilfsmittel möglich.

Wie bereits weiter oben ausgeführt, legt die Betriebswirtschaftslehre den subjektiven Informationsbegriff zugrunde. Wenngleich unterschiedliche Zwecke denkmöglich sind, so dominiert im Unternehmen das Lösen von Aufgaben als der primäre Zweck, für den Information benötigt wird. Zweckorientierung kann im Unternehmen damit synonym zu Aufgaben- oder Entscheidungsorientierung angesehen werden:[50] **Information stellt nur dasjenige Wissen dar, das von einem Handlungs- oder Entscheidungsträger in einer bestimmten Situation zur Lösung unternehmerischer Aufgaben und Probleme nutzbar ist.**

Dabei unterscheiden sich die Aufgaben und Entscheidungsprobleme zwischen verschiedenen Unternehmen ebenso wie zwischen den verschiedenen Mitgliedern des gleichen Unternehmens. Die sich daraus ergebenden unterschiedlichen Informationsbedarfe zu decken, ist eine essentielle Aufgabe für jedes Unternehmen. Sie wird unter dem Oberbegriff des Informationsmanagements zusammengefasst.

2.3.1 Der Umgang mit Information im Unternehmen - Informationsmanagement

Unterschiedliche Aufgaben erfordern unterschiedliche Information im Unternehmen. Zwei wesentliche Determinanten des unterschiedlichen Informationsbedarfs sind:

1. das aus der funktionalen Arbeitsteilung resultierende Aufgabengebiet des Aufgabenträgers und
2. die hierarchische Position des Aufgabenträgers im Unternehmen.

Es ist unmittelbar ersichtlich, dass Aufgaben, welche sich mit der Beschaffung von Ressourcen beschäftigen einen anderen Informationsbedarf auslösen als Aufgaben in der un-

48 Vgl. dazu auch Krcmar 2005, S. 18f.

49 Dies bedeutet allerdings nicht, dass Information nicht veralten kann bzw. dass der Wert von vertraulicher Information bei Teilung mit anderen nicht sinkt. Dies sind allerdings Sonderfälle.

50 Vgl. Küpper 2005, S. 127; Koch 1994, S. 30

mittelbaren Leistungserstellung oder Aufgaben der anschließenden Verteilung der erstellten Leistung an die Kunden. Ebenso wird sich der typische Informationsbedarf eines Mitgliedes der Unternehmensleitung von demjenigen unterscheiden, den ein Aufgabenträger in einem operativen Leistungsbereich aufweist. Die erste Determinante führt zu funktional differenziertem Informationsbedarf, die zweite Determinante zur Unterscheidung von Führungsinformation und Ausführungsinformation.[51] Führungs- und Ausführungsinformation sind dabei miteinander verbunden (vgl. **Abbildung 2.9**).

Abbildung 2.9 Führungsinformation und Ausführungsinformation in Unternehmen

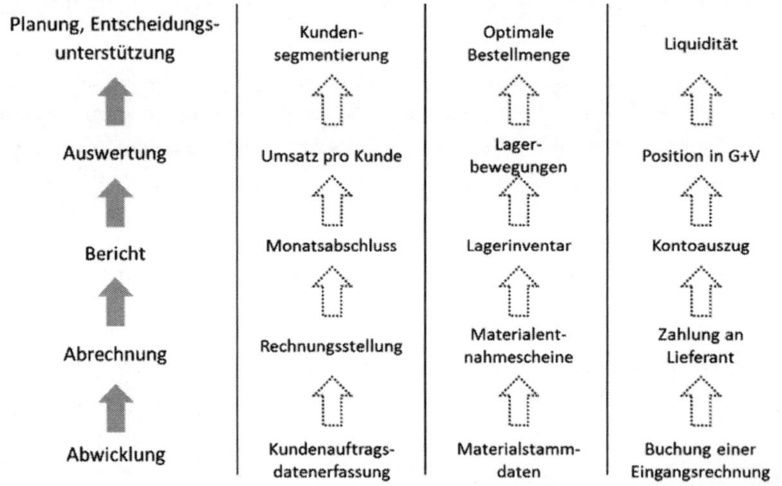

Quelle: eigene Darstellung

Führungsinformation wird für Führungsaufgaben wie Entscheiden, Planen und Steuern benötigt. Führungsinformation ist typischerweise verdichtet (d.h. mehrere Informationsobjekte sind zusammengefasst) und häufig miteinander verknüpft. Zur Führungsinformation kann alles gezählt werden, was zu einer Erhöhung des zweckorientierten Wissensstandes aller mit Führungsaufgaben betrauten Mitglieder des Unternehmens beiträgt.[52] Führungsinformation wird demnach nicht nur von der Unternehmensleitung benötigt, sondern auch von hierarchisch niedriger angesiedelten Aufgabenträgern (Abteilungsleitern, Projektmanagern, Key Account Managern, etc.).

Zwischen Führungs- und Ausführungsinformation bestehen immer logische (und zum Teil auch mathematische) Beziehungen. Ausführungsinformation wird für operative Handlun-

51 Vgl. Horvath 2009, S. 299. Teilweise findet sich auch die Unterscheidung in „dispositive" und „operative" Daten (vgl. etwa Kemper et al. 2010, S. 16).

52 Ähnlich auch Weber/Schäffer 2011, S. 76

gen benötigt, welche im Unternehmen häufig mit Verben wie „Abwickeln", „Abrechnen", „Durchführen", etc. gekennzeichnet werden. Diese Handlungen erfordern zum einen Information, generieren ihrerseits aber wiederum selbst Information, welche (aggregiert und zueinander in Beziehung gesetzt) zu Führungsinformation transformiert werden kann: So werden aus einzelnen Kundenaufträgen und den für diese erstellten Rechnungen über mehrere Transformationsstufen letztendlich Führungsinformationen, wie sie z.B. für die Durchführung einer Kundensegmentierung benötigt werden. Ebenso bilden einzelne Eingangsrechnungen und die durch sie ausgelösten Zahlungen die Basis für aggregierte Führungsinformation, wie sie in Positionen des Jahresabschlusses zu finden ist.

Die Fülle und Unterschiedlichkeit der im Unternehmen laufend benötigten Information einerseits und die essentielle Bedeutung von Information für alles Handeln im Unternehmen andererseits machen es zwingend notwendig, die Gewinnung, Verarbeitung, Speicherung und Nutzung von Information aktiv zu steuern. Dieses Aufgabenbündel wird gemeinhin als „Informationsmanagement" bezeichnet. Der Terminus „Management" weist darauf hin, dass es sich dabei um eine Führungsaufgabe handelt, welche das gesamte auf Information und Kommunikation (d.h. Austausch von Information) gerichtete Führungshandeln im Unternehmen umfasst.[53]

Management Reporting-Enzyklopädie:

Informationsmanagement

Informationsmanagement umfasst alle Führungsaufgaben im Unternehmen, welche die organisatorischen, personellen und technischen Voraussetzungen im Unternehmen schaffen und sichern sollen, um eine effektive (d.h. der Zielerreichung dienende) und effiziente Nutzung der Ressource Information im Unternehmen sicherzustellen. Informationsmanagement ist damit gekennzeichnet durch die Wahrnehmung von typischen Führungsaufgaben (Planen, Organisieren, Treffen von Entscheidungen, Kontrollieren) bezogen auf die Ressource Information.[54]

Diese umfassende Aufgabe wird in der Betriebswirtschaftslehre besonders von zwei Disziplinen aufgegriffen: der Wirtschaftsinformatik und dem Controlling. Die Wirtschaftsinformatik legt dabei den Schwerpunkt auf die notwendige Informationsinfrastruktur und (IT-gestützte) Informationssysteme. Sie ist primär technisch orientiert. Das Controlling fokussiert die Bereitstellung und Nutzung der Information unter ökonomischen Gesichtspunkten.[55] Beide Unterstützungsfunktionen ergänzen einander (vgl. **Abbildung 2.10**).

53 Vgl. auch Hübner 1996, S. 12, Heinrich / Lehner 2006, S. 7

54 Der Bedarf nach einem betrieblichen Informationsmanagement ergibt sich streng genommen nur, weil in der Praxis das theoretische Postulat der vollständigen Rationalität nie gegeben ist. Könnten alle Akteure jederzeit und vollständig die erforderliche Information erhalten und diese auch fehlerfrei verarbeiten, wäre ein Informationsmanagement hinfällig (vgl. Wall 2006, S. 32).

55 Vgl. Wall 2006, S. 38ff.

Abbildung 2.10 Ebenen des Informationsmanagements im Unternehmen

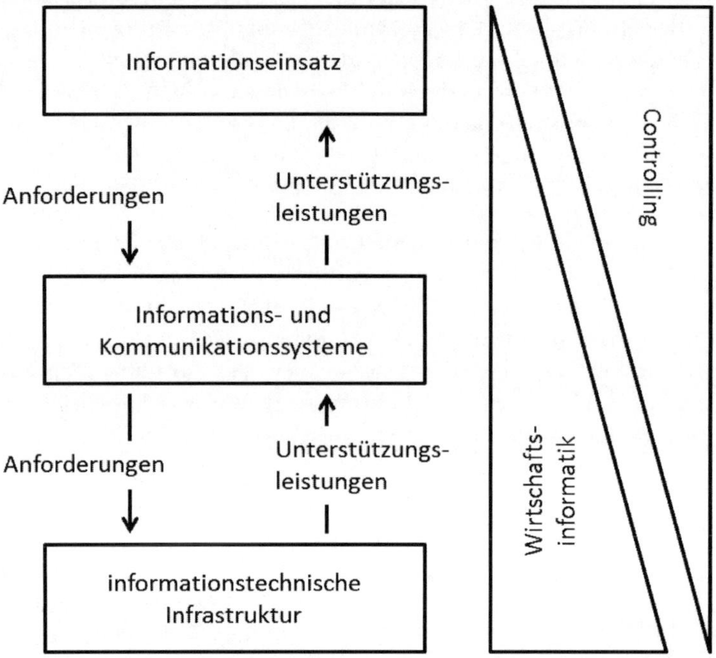

Quelle: in Anlehnung an Picot/Franck 1992, Sp. 890

Der konkrete Einsatz von Information für Führungs- und Ausführungshandeln bestimmt den Informationsbedarf und damit die Anforderungen an die Ebene der Informations- und Kommunikationssysteme. Diese stellen eine Kombination von personellen, organisatorischen und technischen Elementen dar.[56] Die personellen Ressourcen müssen in der erforderlichen Menge und mit ausreichender Qualifikation verfügbar sein (z.B. Rechnungswesen, Controlling, strategische Planung, etc.). In organisatorischer Hinsicht müssen Aufgaben und Verantwortlichkeiten, Kompetenzen und Schnittstellen bezüglich der Sammlung, Verarbeitung und Verteilung von Information geregelt sein. Die technische Komponente umfasst schließlich vor allem die zur Umsetzung erforderliche Ausstattung an Hardware, Software (vor allem Anwendungssysteme) und verschiedenen Kommunikationsdiensten. Das Informations- und Kommunikationssystem basiert wiederum auf der darunter liegenden Infrastrukturebene (Netzwerkarchitektur, Serverfarm, Rechenzentrum, etc.). Diese drei Ebenen des betrieblichen Informationsmanagements stehen in enger Beziehung zueinander, da höhere Ebenen die Anforderungen an die darunter liegenden Ebenen definieren, welche wiederum Unterstützungsleistungen für deren Umsetzung erbringen.

56 Vgl. Picot / Franck 1992, Sp. 890

Die Wirtschaftsinformatik fokussiert dabei schwerpunktmäßig auf die unteren Schichten des Informationsmanagements, während das Controlling hauptsächlich die oberen Schichten thematisiert. Die Wirtschaftsinformatik will die IT-Potentiale bestmöglich ausschöpfen, während das Controlling die bestmögliche Nutzung der Ressource Information zur Erreichung der Unternehmensziele anstrebt.[57] Beide Perspektiven bedingen und ergänzen einander, womit die beiden Disziplinen gemeinsam das „Rückgrat" des betrieblichen Informationsmanagements bilden.

Die in den weiteren Ausführungen vertretene Sichtweise ist primär Controlling-orientiert. Auf Aspekte der Wirtschaftsinformatik wird deshalb nur wo nötig eingegangen.[58]

2.3.2 Die Bedeutung von Information im Controlling

Information ist eine zentrale Ressource des Unternehmens. Damit stellt sich – wie für jeden Produktionsfaktor – zunächst das Problem der Informationsbeschaffung. Die Ressource Information wird allerdings nicht in einer homogenen Ausprägung benötigt, sondern muss an jeden Aufgabenträger (Handelnden) und sein individuelles Informationsbedürfnis angepasst werden. Daraus ergibt sich die Aufgabe der Informationsaufbereitung. Je arbeitsteiliger die unternehmerischen Prozesse ablaufen und je fragmentierter der daraus entstehende Informationsbedarf ist, desto wichtiger wird auch eine zeitlich und räumlich abgestimmte Verteilung der richtigen Information an die jeweiligen Bedarfsträger. Dies ist das Problem der Informationsverteilung bzw. Kommunikation. Für die Bewältigung dieser – im vorangegangenen Kapitel auf der Ebene „Informationseinsatz" verorteten – Aufgaben hat sich in Unternehmen eine spezialisierte Funktion herausgebildet: das Controlling.

In der Wissenschaft hat sich noch keine abschließende und allgemein akzeptierte Sichtweise herausgebildet, was genau unter der Funktion Controlling zu subsummieren ist und welche Aufgaben bzw. Instrumente für das Controlling wesensbildend sind. Vielmehr findet sich eine Reihe von Denkschulen (allgemein als „Konzeptionen" bezeichnet), welche zu teilweise sehr unterschiedlichen Aussagen bezüglich der Ziele, Aufgaben und Instrumente des Controllings gelangen.[59]

Die verschiedenen Controlling-Konzeptionen stimmen allerdings alle in der großen Bedeutung überein, welche sie der Informationsversorgung und Informationsverarbeitung für das Controlling beimessen:

- Horvath sieht im Controlling das „Intelligence Center" der Unternehmung, welches Informationsbeschaffung und Informationsverwendung koordinieren muss.[60]

---

57 Vgl. Wall 2006, S. 73

58 Vor allem geschieht dies bei der Behandlung der Frage, wie ein modernes Reporting adäquat durch IT-Systeme unterstützt werden kann (vgl. dazu Kapitel 6.2).

59 Eine Rezeption der konzeptionellen Controllingdiskussion kann und soll hier nicht geleistet werden. Für einen Überblick siehe z.B. Wall 2008; Spatz 2008; Grob/Austrup 2008.

60 Vgl. Horvath 2009, S. 296

- Auch Küpper sieht in der Koordination des Informationssystems eine wesentliche Aufgabe des Controllings. Dies bedeutet für ihn, dass „... die Informationen gewonnen, verarbeitet und zum richtigen Zeitpunkt sowie in der für den Verwender geeigneten Weise bereitgestellt werden."[61]
- Weber und Schäffer betonen, dass das Controlling durch die Bereitstellung von quantitativer, führungsrelevanter Information zur Rationalitätssicherung der Führungsaufgabe beitragen kann und muss.[62]
- In der Konzeption von Reichmann schließlich ist Information das bestimmende Merkmal des Controlling. Er definiert Controlling als „... die zielbezogene Unterstützung von Führungsaufgaben, die der systemgestützten Informationsbeschaffung und Informationsverarbeitung zur Planerstellung, Koordination und Kontrolle dient."[63]

Über alle konzeptionellen Unterschiede hinweg kann also festgestellt werden, dass die **Beschaffung, Verarbeitung und Verteilung von Information** im Unternehmen eine zentrale (in manchen Konzeptionen sogar *die* zentrale) **Controllingaufgabe** darstellt. Hauptabnehmer der vom Controlling bereitgestellten Information sind dabei die mit Führungsaufgaben betrauten Funktionen und Stellen. Das Controlling ver- und erarbeitet demnach vor allem *Führungs*information und nutzt hierbei *Ausführungs*information als Input.

Management Reporting-Enzyklopädie:

Controlling

Controlling bezeichnet diejenige Teilfunktion im umfassenden Führungsprozess, welche sich auf die Unterstützung von zielgerichteten Entscheidungen im Unternehmen spezialisiert, indem der Führungsfunktion die für Entscheidungen notwendigen Grundlagen in Form von Information bereitgestellt werden. Gemeinsamer Maßstab sowohl für das Controlling als auch für die Entscheidungen der Führungsfunktion ist dabei die Verfolgung größtmöglicher Effektivität (Zielerreichung) und Effizienz (Rationalität im Mitteleinsatz) im Handeln.

Da sich die Führungsfunktionen des Unternehmens vornehmlich mit Planungs-, Steuerungs- und Kontrollaufgaben beschäftigen, sind dies auch die Hauptfelder der Informationsversorgung für das Controlling. Als „Informationsspezialist" kann das Controlling dadurch die Führungsprozesse begleiten und unterstützen und so einen Beitrag zur unternehmerischen Zielerreichung leisten (vgl. **Abbildung 2.11**).

---

[61] Küpper 2005, S. 128
[62] Weber/Schäffer 2011, S. 76ff.
[63] Reichmann 2011, S. 12

Abbildung 2.11 Zentrale Controllingaufgaben

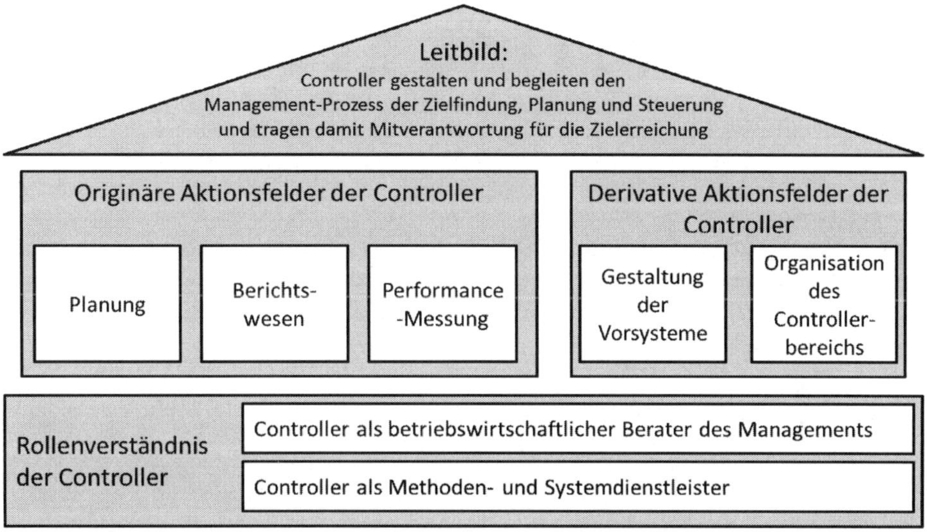

Quelle: Weißenberger 2007, S. 35

Zur Durchführung dieser umfassenden und komplexen Informationsversorgungsaufgabe bedient sich das Controlling einer breiten Palette an Instrumenten und Methoden. So dienen die Kostenrechnung oder die Budgetierung zur Generierung entscheidungs- und planungsrelevanter Information. Abweichungsanalysen oder Kennzahlen können Kontrollinformation bereitstellen. Und wie im nächsten Kapitel noch ausführlich gezeigt wird, stellt das interne Berichtswesen (Management Reporting) schließlich das Kerninstrument der Informationsverteilung und -übermittlung dar.

Durch die Bereitstellung entscheidungsrelevanter Information übt das Controlling immer auch gleichzeitig eine Verhaltensbeeinflussung aus: *Was* an Information bereitgestellt wird und *wie* dies geschieht ist für die weitere Nutzung (und das Ergebnis dieser Nutzung!) von nicht unerheblicher Bedeutung. Controlling ist deshalb kein „dummer Lieferant" von Information, sondern muss sich als integraler Bestandteil der umfassenden, arbeitsteilig organisierten Führungsaufgabe verstehen. Das Controlling beeinflusst die Zielerreichung im Unternehmen durch seine Informationsaktivitäten wesentlich mit.[64] Auch dies wird in den weiteren Kapiteln noch intensiver beleuchtet werden.

64 Dies vor allem dadurch, dass die vom Controlling bereitgestellte Information von den Führungskräften als wesentlicher Input für ihr Führungshandeln wahrgenommen wird. So bekräftigten in einer Befragung von Franke et al ungefähr 4/5 aller befragten Führungskräfte, dass die im Berichtswesen bereitgestellte Information für sie bedeutend sei (vgl. Franke et al. 2000, S. 579).

3 Management Reporting als Teil des Informationsmanagements

Informationsübermittlung stellt einen zentralen Bestandteil des Informationsprozesses dar, wenn Informationsgewinnung und Informationsnutzung von unterschiedlichen Akteuren (d.h. arbeitsteilig) durchgeführt werden. Dies ist in Unternehmen regelmäßig der Fall, weshalb die Weitergabe und Verteilung von Information zu einer zentralen Aufgabe des betrieblichen Informationsmanagements wird. Management Reporting stellt ein wesentliches Instrument dieser innerbetrieblichen Informationsversorgung dar und ist damit ein wichtiger Baustein im betrieblichen Informationsprozess. In diesem Kapitel soll zunächst das Wesen des Management Reporting näher beschrieben werden, bevor danach seine einzelnen Gestaltungsdimensionen vorgestellt werden.

3.1 Management Reporting als innerbetriebliche Versorgung mit Führungsinformation

Da bei arbeitsteiliger Aufgabenerfüllung Informationsentstehung und Informationsverwendung zunehmend auseinanderfallen, ergibt sich in Unternehmen automatisch ein Bedarf an Informationsweitergabe: wer Information sammelt und aufbereitet muss sie an denjenigen weitergeben (kommunizieren), welcher sie für die Aufgabenerfüllung benötigt. Wie in Kapitel 2.3.2 dargestellt, ist im Controlling eine Unternehmensfunktion verfügbar, welche auf die Gewinnung, Verarbeitung und Verteilung von (Führungs-)Information im Unternehmen spezialisiert ist und über das dafür nötige Expertenwissen hinsichtlich Methoden und Instrumenten verfügt.

Dem Controlling als „Informationsdrehscheibe" des Unternehmens steht eine Vielzahl an Instrumenten zur Verfügung, um diese komplexe Aufgabe zu bewältigen. Wie für jedes Handeln im Unternehmen gilt auch für das Controlling dabei der Grundsatz, dass der Einsatz dieser Instrumente möglichst effektiv und effizient erfolgen soll. Das Controlling versucht, die Aufgabe der Informationsversorgung so zu erfüllen, dass die Unternehmensziele bestmöglich unterstützt und gleichzeitig die verfügbaren Ressourcen bestmöglich ausgenutzt werden. Das interne Berichtswesen (Management Reporting) stellt hierfür eine typische Standardlösung dar.[65]

Angesichts seiner großen Bedeutung ist es nicht verwunderlich, dass in vielen empirischen Untersuchungen zu typischen Aufgabenfeldern des Controlling das Berichtswesen regel-

---

65 Der Deutsche Begriff „Berichtswesen" und der englische Ausdruck „Management Reporting" werden hier synonym verwendet. Eine genaue Begriffsabgrenzung erfolgt im unmittelbar anschließenden Kapitel 3.1.1.

mäßig als eine der wichtigsten (oder sogar *die* wichtigste) Aufgabe in der täglichen Controllingpraxis identifiziert wird (vgl. **Tabelle 3.1**).

Tabelle 3.1 Praktische Bedeutung des Berichtswesens für das Controlling

Studie	Stichprobe	Antwortskala	Tätigkeitsbezeichnung	Rang
Von Landsbert/Mayer 1988	260 deutsche Unternehmen	1 (erledigen andere) bis 5 (Hauptaufgabe)	Einrichtung / Entwicklung von Berichtssystemen bzw. Berichten	Rang 2 (4,6) bzw. Rang 4 (4,5) von 23 möglichen Controlleraufgaben
Niedermayr 1994	302 mittlere und größere österreichische Unternehmen	1 (keine Controllingaufgabe) bis 6 (Hauptaufgabe)	Durchführung des Berichtswesens	Rang 2 (5,0) von 26 möglichen Controlleraufgaben
Stoffel 1995	Unternehmen in Deutschland (76), Frankreich (49) und USA (36)	Beteiligung des Controllings an der Aufgabe	Internes Berichtswesen	Rang 2 (>90%) in D und F, Rang 4 (>85%) in USA bei 14 möglichen Controlleraufgaben
Weber/Schäffer 1998	9798 Controlleranzeigen	Prozent der Gesamtaufgaben	Berichtswesen	Rang 1 (13,2%) von 17 möglichen Aufgabengebieten
Weber et al. 2001	23 der größten deutschen Konzerne	Prozent der Gesamtaufgaben	Informationsversorgung	Rang 1 (26,1%) bei Stammhauskonzernen, Rang 4 (21,6%) bei Strategischen Holding-Konzernen
Hoffjan 2003	73 Werbeanzeigen	Controllerrollen	Informationslieferant	Rang 2 (20 Nennungen) von 8 möglichen Controllerrollen
Dorfer/Gaber 2006	97 österreichische Unternehmen	Hauptaufgaben des Controllings	Internes Monats- und Quartalsreporting	Rang 1 von 18 möglichen Aufgaben
Littkemann et al. 2007	244 Controller-Stellenanzeigen (196 in 2004, 50 in 2006)	Aufgaben des Beteiligungscontrollers	Informationsversorgung	Rang 1 (2004) und Rang 2 (2006) von 11 möglichen Aufgaben
Weber 2008	358 deutsche, österreichische und schweizer Unternehmen	%-Anteil an der wöchentlichen Arbeitszeit	Berichtswesen	Rang 1 (22,25%) von 8 Aufgabenfeldern

Quelle: Weide 2009b, S. 7

In der Praxis verbringen Controller einen großen Teil ihrer Arbeitszeit damit, Berichtsinformation zu sammeln, aufzubereiten, in adäquater Form darzustellen und an die verschiedenen Adressaten zu kommunizieren. In der Tat stellt das Berichtswesen eine der wenigen Aufgabenfelder dar, welche unmittelbar und exklusiv mit dem Controlling identifiziert werden und wo es kaum Überschneidungen oder „Kompetenzstreitigkeiten" mit anderen betrieblichen Funktionsbereichen gibt.[66]

3.1.1 Begriffsabgrenzung des Management Reporting

Trotz seiner hohen Bedeutung für die unternehmerische Praxis allgemein und das Controlling im speziellen ist die begriffliche Abgrenzung des Berichtswesens nicht eindeutig. Dies liegt zum einen darin begründet, dass das „Berichten" im alltäglichen Sprachgebrauch vor allem auf den Vorgang der Informationsweitergabe (Kommunikation) abzielt. Das Sammeln und Aufbereiten der Information wäre dann nicht mehr Teil des Berichtswesens, sondern gehörte zur vorgelagerten Analyse und Datentransformation. Ebenso wäre die Aufnahme und Nutzung der Information nicht mehr Teil des Berichtens in diesem engen Sinn. In der Praxis ist es aber weder möglich noch sinnvoll, diese Teilaufgaben streng voneinander zu trennen. Vielmehr gestalten sich die Übergänge zwischen „Information aufbereiten", „Information weitergeben" und „Information nutzen" fließend, wobei die Informationsweitergabe eine wichtige Brückenfunktion einnimmt (vgl. **Abbildung 3.1**).

Abbildung 3.1 Brückenfunktion des Reporting

Quelle: eigene Darstellung

Die Begriffsabgrenzung des Berichtswesens hängt deshalb davon ab, wie umfassend man den allgemeinen Informationsprozess betrachtet und wie scharf sich dessen Phasen über-

66 So z.B. das Ergebnis einer von Lingnau und Jonen durchgeführten Literaturanalyse (vgl. Lingnau/Jonen 2007, S. 13).

haupt unterscheiden lassen. Eine eindeutige Begriffsbestimmung ist mit Hilfe der Phasenabgrenzung aber nicht möglich.[67]

Als weiteres Kriterium zur besseren Begriffsabgrenzung dient häufig der Adressaten- bzw. Nutzerkreis der Information. Information kann prinzipiell an unternehmens*externe* oder unternehmens*interne* Adressaten weitergeleitet werden. Der Kreis interner Adressaten lässt sich weiter unterteilen in Nutzer mit Führungsaufgaben und Nutzer, welche vornehmlich Ausführungsaufgaben wahrnehmen (vgl. **Abbildung 3.2**).

Abbildung 3.2 Berichtswesen und Management Reporting

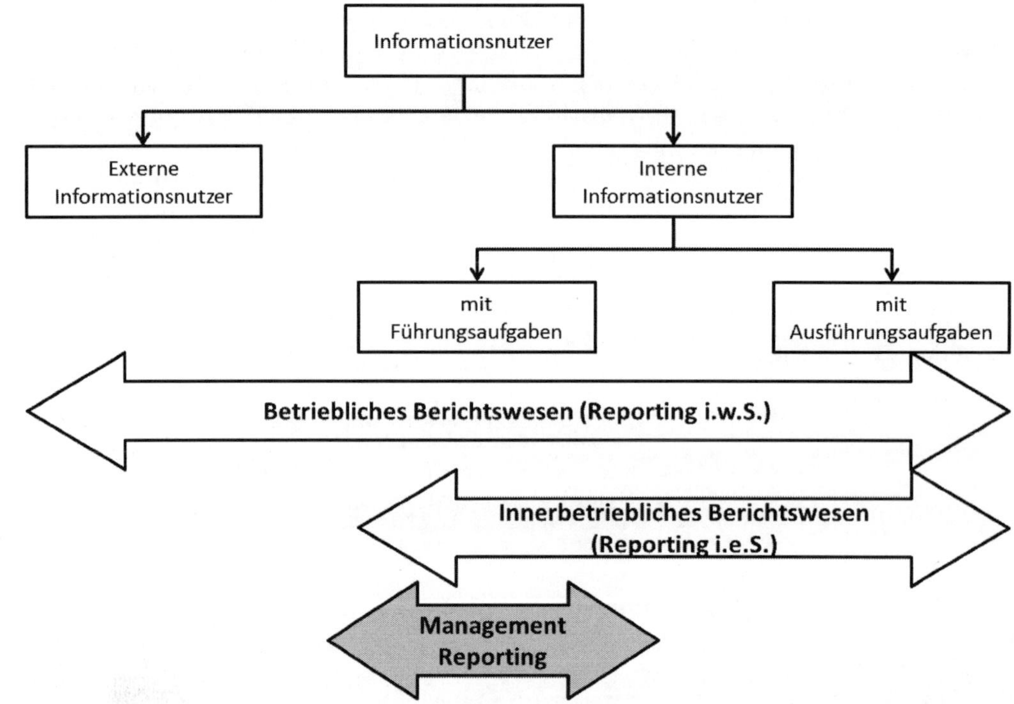

Quelle: eigene Darstellung

Während sich das betriebliche Berichtswesen („Reporting") prinzipiell an alle Informationsadressaten wendet (und damit z.B. auch die Finanzberichterstattung im Rahmen gesetzlicher Berichtspflichten umfasst), fokussiert das innerbetriebliche Berichtswesen nur auf interne Nutzer.[68] Und nur wenn diese internen Nutzer vornehmlich mit Führungsaufgaben

---

67 Vgl. Göpfert 2002, Sp. 144. Auf dieses Problem wird in Kapitel 3.1.2 noch genauer eingegangen.

68 Kammer bezeichnet deshalb das betriebliche Berichtswesen als „Reporting im weiteren Sinne" und

befasst sind, kann von „Management Reporting" gesprochen werden.[69] Oftmals wird allgemein nur von „Berichtswesen" oder „Reporting" gesprochen, wenn streng genommen das innerbetriebliche Berichtswesen (Reporting im engeren Sinne) gemeint ist.[70] Gerade in der betrieblichen Praxis wird „Reporting" meist noch enger interpretiert und implizit mit „Management Reporting" gleichgesetzt: darunter wird alles subsummiert, was „der Information der Chefs" dient.

Dieser unscharfe Begriffsgebrauch ist allerdings zu vermeiden: Das innerbetriebliche Berichtswesen („Reporting im engeren Sinne") in seiner Gesamtheit darf nicht mit Management Reporting gleichgesetzt werden, da es wesentlich mehr umfasst als allein die Informationsversorgung von Führungskräften. So kann alles, was zur Versorgung von Unternehmensangehörigen mit Informationen über Tatsachen, Ereignisse und Vorgänge aus dem Unternehmen und seiner Umwelt dient, zum innerbetrieblichen Berichtswesen gerechnet werden[71]. Mitarbeiterzeitschriften, Rundbriefe und interne Newsletter oder Aushänge auf schwarzen Brettern stellen Elemente des internen Berichtswesens dar. Da sie aber nicht auf die Übermittlung von *Führungs*information abstellen, sind sie nicht Teil des Management Reporting im eigentlichen Sinn.

Ungeachtet dieser teilweise unscharfen Verwendung scheint sich in Literatur und Praxis zunehmend der englische Terminus „Management Reporting" durchzusetzen, wenn die Informationsversorgung von mit Führungsaufgaben betrauten Unternehmensmitgliedern gemeint ist. In frühen Arbeiten noch verwendete Begriffe wie „Berichterstattung"[72] sind inzwischen unüblich.

Stehen die Begriffe „Berichtswesen" (im weiteren und im engeren Sinne) sowie „Management Reporting" jeweils für die Gesamtheit der Einrichtungen, Regeln und Abläufe zur Informationsversorgung, konkretisiert sich der Output dieser Systeme in Form von einzelnen Berichten („Reports").

Management Reporting-Enzyklopädie:

Innerbetriebliches Berichtswesen

Das innerbetriebliche Berichtswesen umfasst alle Stellen, Einrichtungen, Regeln und Instrumente zur Versorgung interner Adressaten mit der zur Aufgabenerfüllung notwendigen Information.[73] Es stellt damit die konkrete Ausgestaltung der obersten Ebene des

das innerbetriebliche Berichtswesen als „Reporting im engeren Sinne", vgl. Kammer 2005, S. 70.

69 Ähnlich auch Horvath 2008, S. 19f. Scheffler trennt „Managementberichte" von „Überwachungsberichten", zu denen er alle anderen internen Berichte zählt (z.B. auch Berichte für die Aufsichtsräte einer Aktiengesellschaft), vgl. Scheffler 1993, S. 308.

70 So z.B. bei Küpper 2005, S. 170ff., Weber/Schäffer 2011, S. 225, Weber/Schaier/Strangfeld 2005, S. 13 oder Hirsch/Paefgen/Schaier 2008

71 Vgl. Blohm 1982, S. 866, Schmidt 1980, Sp. 320f.

72 So etwa bei Blohm 1980

73 Ähnlich auch Küpper 2005, S. 170

betrieblichen Informationsmanagements dar und bedarf zu seiner Realisierung der darunterliegenden Ebenen (I+K-Systeme, Infrastruktur).

Bericht

Berichte stellen die Kommunikationsinhalte dar, welche im Rahmen des innerbetrieblichen Berichtswesens von den Informationserzeugern an die Informationsnutzer übermittelt werden. Berichtscharakter kommt allen derart kommunizierten Inhalten zu - unabhängig von Form, Inhalt, Umfang oder genutztem Informationsmedium.

Management Reporting

Das Management Reporting stellt denjenigen Teilbereich des innerbetrieblichen Berichtswesens dar, welcher sich auf die Informationsversorgung der mit Führungsaufgaben betrauten Personen und Stellen konzentriert und steuerungsrelevante Information (=Führungsinformation) aufbereitet und übermittelt.

Zu betonen bleibt an dieser Stelle, dass die zeitliche Frequenz, der Grad der inhaltlichen und formalen Standardisierung sowie die institutionelle Zuordnung nicht Teil der Begriffsabgrenzung sind.[74] Vielmehr werden diese Merkmale eingesetzt, um verschiedene Arten von Berichten voneinander abzugrenzen. Prinzipiell gilt aber, dass Berichte an das Management keine bestimmte Frequenz oder Form aufweisen müssen, um überhaupt als Berichte gelten zu können.

Konkret: Erscheinungsformen des Management Reporting

Lässt sich der Geschäftsführer über aktuelle Kundenaufträge informieren, ist dies Teil des Management Reporting Systems - unabhängig davon, ob der Informationsvorgang:

- regelmäßig als „jour fixe" durchgeführt wird oder sich zufällig ergeben hat,
- während des Mittagessens in der Kantine oder im Rahmen einer Monatsbesprechung geführt wird,
- in Form eines schriftlichen Berichts, eines durch Folien unterstützten Vortrags oder einfach als Gespräch „zwischen Tür und Angel" mündlich erfolgt,
- den Vertriebsleiter, den Controller oder irgendeinen anderen Unternehmensangehörigen als Informationserzeuger involviert.

---

74 Teilweise wird das Reporting auf *systematische* Informationsversorgung beschränkt (so etwa Weber/Schäffer 2011, S. 225). Allerdings bleibt unklar, was genau als „systematisch" zu gelten hat und was nicht. Weber/Malz/Lührmann sehen das Berichtswesen sogar noch enger als „... die systematische, strukturierte und zeitnahe Versorgung..." der Adressaten mit Information (vgl. Weber/Malz/Lührmann 2008, S. 12). Hier werden Beschreibungs- und Gestaltungsmerkmale von Berichten zu Definitionsbestandteilen gemacht, ohne diese zu konkretisieren. Eine solche Begriffsdefinition erscheint nur auf den ersten Blick konkret, lässt aber in Wahrheit völlig offen, wann ein Bericht diese Definitionsmerkmale erfüllt und damit überhaupt als Bericht angesehen werden dürfte. Dieser Auffassung wird deshalb hier nicht gefolgt.

3.1.2 Management Reporting als Prozess

Wenngleich „Berichten" im engsten Sinn nur die Weitergabe von Informationsobjekten an andere Subjekte (also: Kommunikation) meint, so wurde in Abschnitt 2.1.3 bereits ausgeführt, dass die Informationsübermittlung nur einen kleinen Teil des umfassenden Informationsprozesses darstellt. Gleichzeitig wurde im vorangegangenen Kapitel bereits kurz aufgezeigt, dass sich in der Literatur keine einheitliche Einordnung des Berichtswesens als Aufgabe in diesem Phasenprozess abzeichnet. Vielmehr sehen einzelne Autoren den Umfang der Aufgabe „Berichtswesen" (oder „Reporting") unterschiedlich weit (vgl. **Abbildung 3.3**).[75]

Abbildung 3.3 Mögliche Phasenabgrenzungen des Berichtswesens

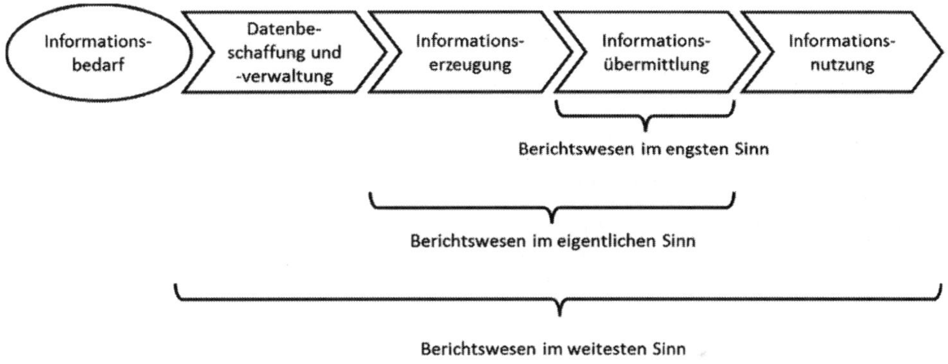

Quelle: in Anlehnung an Göpfert 2002, Sp. 145f.

- Blohm sieht im Berichtswesen die „... Einrichtungen, Mittel und Maßnahmen eines Unternehmens [...] zur Erarbeitung, Weiterleitung und Verarbeitung von Informationen ...".[76] Da sowohl die Erarbeitung (=Informationsgewinnung) als auch deren Weiterverarbeitung (=Nutzung) zum Berichtswesen gehören, entspricht dies der weitest möglichen Sichtweise: Berichtswesen deckt den gesamten Informationsprozess ab.
- Göpfert sieht zwar die Phase der Informationsgewinnung (bei ihr „Informationserzeugung" genannt) als Teil des Berichtswesens, nicht jedoch die nachfolgende Nutzung der Berichtsinformation.[77]

---

[75] In diesem Zusammenhang kann tatsächlich allgemein von „Berichtswesen" gesprochen werden. Eine Eingrenzung auf das innerbetriebliche Berichtswesen oder das Management Reporting ist hier nicht notwendig, da sich die Aussagen nicht unterscheiden.

[76] Blohm 1982, S. 866. Eine ähnlich weite Begriffsauffassung findet sich aktuell auch im Prozessmodell der International Group of Controlling wieder (vgl. IGC 2011).

[77] Vgl. Göpfert 2002, S. 144. Ähnlich auch Schmidt 1980, Sp. 321f.

- Koch und Horvath wiederum fassen den Begriff noch enger und beschränken ihn auf die Phase der Informationsübermittlung.[78] So verstanden stellt Reporting die „... Schnittstelle der Informationsaufbereitung und –übermittlung zur Informationsnutzung...“[79] dar. Das Gewinnen der übermittelten Information ist nicht Teil des Berichtswesens, sondern wird zum Rechnungswesen als davon getrennter Aufgabe gezählt.

Wie bei jeder Begriffsabgrenzung kann es auch hier keine „richtige“ oder „falsche“, sondern nur mehr oder weniger (un)passende Definitionen geben. Eine enge Definition läuft Gefahr, wichtige Zusammenhänge und Wechselwirkungen zwischen den Phasen zu übersehen, eine weite Definition erhöht die Komplexität und erschwert gleichzeitig die Abgrenzbarkeit des Untersuchungsobjekts von anderen Fragestellungen.

Wie schon weiter oben dargestellt, leistet das Reporting eine Brückenfunktion zwischen dem primär auf Gewinnung von (Führungs-)Information ausgerichteten Rechnungswesen und der auf die Nutzung ebendieser Information angewiesenen Unternehmensführung (vgl. **Abbildung 3.1**). Eine scharfe Abgrenzung des Reporting gegenüber diesen beiden angrenzenden Aufgabengebieten ist nicht möglich und auch gar nicht sinnvoll, da sich vielfältige Interdependenzen ergeben:

- Wie Information aufbereitet und dargestellt werden kann, hängt nicht zuletzt davon ab, welche Information überhaupt gewonnen worden ist und wie dies geschehen ist.
- Ebenso wenig kann die Aufbereitung und Übermittlung von Information deren spätere Nutzung ausblenden. Ein und dieselbe Information muss abhängig von der Nutzungssituation unter Umständen völlig unterschiedlich dargestellt werden.

Der Kern der Reporting-Aufgabe liegt allerdings in den Phasen der Aufbereitung, Darstellung und Übermittlung von Information. Die davor- und dahinterliegenden Phasen sind für das Reporting insoweit relevant, als sie die Kernaufgaben beeinflussen. Diese stellen damit „Überlappungsbereiche“ des Reporting mit angrenzenden Aufgabenbereichen dar.

Konkret: Überlappung des Reporting mit angrenzenden Aufgabenbereichen

In der Praxis ist die inhaltliche und formale Darstellung von Berichtsinformation wesentlich von der vorangegangenen Informationsgewinnung und dem nachfolgenden Verwendungszweck beeinflusst. Die Kernaufgabe des Reporting kann nur adäquat erfüllt werden, wenn „über den Tellerrand“ hinausgeblickt wird:

- Lücken und fehlende Daten aus der Informationsgewinnungsphase können als solche besonders hervorgehoben („Achtung: Marktanteile der Konkurrenten nicht bekannt!“), durch Durchschnitte ersetzt oder aber durch Auslassung ganzer Datenreihen „versteckt“ werden.
- Detaillierte Informationen können für eine nutzerorientierte Darstellung aggregiert („durchschnittliche Ausschussquote aller Produktionslinien“) oder differenziert her-

[78] Vgl. Koch 1994, S. 53ff. und Horvath 2008, S. 19. Ähnlich auch Kammer 2005, S. 97
[79] Horvath 2008, S. 19

vorgehoben werden (Ampelfarben für die „besten" und „schlechtesten" Produktionslinien).

Umgekehrt beeinflusst die Darstellung sowohl die vorangestellte Informationsgewinnung als auch die nachfolgende Nutzung:

- Berichtsvorlagen („Templates") definieren, welche Information in welchem Detaillierungsgrad ermittelt oder gesammelt werden soll.
- Die Berichtsdarstellung beeinflusst wesentlich die Informationsaufnahme (Was wird überhaupt wahrgenommen? Was wird als wichtig herausgestellt und erkannt?) und Nutzung (Was bleibt für die Entscheidung relevant?)

Aus diesem Grund soll hier der folgende Ansatz gewählt werden:

1. Management Reporting wird *nicht* auf bestimmte Phasen des Informationsprozesses begrenzt. Vielmehr wird explizit anerkannt, dass einige Phasen zwar im Mittelpunkt der Aufgabe stehen, die an diesen Kern angrenzenden Phasen aber nicht ignoriert werden dürfen.
2. Die für die Reportingaufgabe relevanten Phasen können weiter untergliedert bzw. Reporting-spezifisch konkretisiert werden.

Daraus ergibt sich ein für die Zwecke des Management Reporting konkretisiertes Phasenmodell des Informationsprozesses (vgl. **Abbildung 3.4**):[80]

1. Der Informationsbedarf bestimmt unmittelbar die Anforderungen, die an den Bericht gestellt werden. Inhalte, Umfang, Struktur und Darstellungsform müssen sich daran orientieren.[81] Im Management Reporting konkretisiert sich diese Phase in den aus dem Informationsbedarf abgeleiteten Bedarfsplänen und daraus entwickelten Vorlagen zur Sammlung der Inputs.
2. Steht der Informationsbedarf in Umfang und Struktur fest, können die dafür nötigen Informationsquellen identifiziert und zugänglich gemacht werden. Bei internen Quellen (wie z.B. dem Rechnungswesen oder operativen Abwicklungssystemen) sind die Verfügbarkeit der Systeme selbst (z.B. Zugriffsrechte) und der konkreten Inputdaten zu prüfen. Bei externen Quellen muss hier die Zuverlässigkeit ebenso wie allfällige Kosten der Nutzung geprüft werden.
3. Daran schließt sich die eigentliche Informationsgewinnung an, welche aus der Sammlung der Inputs, deren Zuordnung zu den geplanten Berichtsinhalten und einer anschließenden ersten Prüfung (Plausibilität, Vollständigkeit, Aktualität, etc.) besteht. Hier wird unmittelbar ersichtlich, dass die vorangehenden Phasen die „Kernphasen" des Management Reporting-Prozesses wesentlich determinieren und deshalb mitberücksichtigt werden müssen.

---

[80] Vgl. dazu auch Gleich/Temmel 2008, S. 74ff., Waniczek 2002, S. 153f. und Weber/Malz/Lührmann 2008, S.59

[81] Darauf wird in Kapitel 5 noch ausführlich eingegangen.

Abbildung 3.4 Teilaufgaben im Management Reporting-Prozess

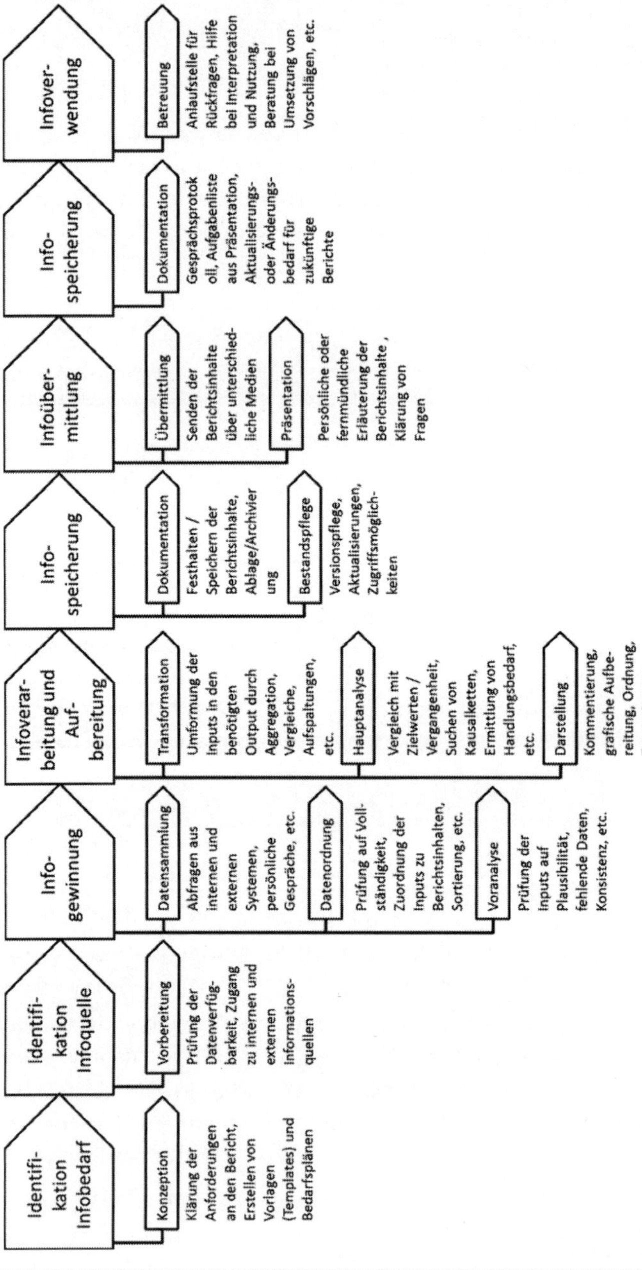

Quelle: eigene Darstellung

4. Die gesammelte Information muss in einem nächsten Schritt aufbereitet und weiter umgeformt werden, um den Informationsbedürfnissen der Abnehmer zu entsprechen. Dies schließt eine Detailanalyse und eine bedarfsgerechte Darstellung der Ergebnisse mit ein. Während die Phase der Informationsgewinnung vorhandene Daten sammelt, wird in der Phase der Informationsaufbereitung daraus die nutzer- und situationsspezifische Information gewonnen.
5. Häufig entstehen Berichte nicht in einem unterbrechungslosen Ablauf, sondern in iterativen Schritten, welche in Zwischenständen oder Versionen dokumentiert werden. Es ist Teil des Reporting-Prozesses, diese Zwischenstände ebenso wie den fertig gestellten Bericht zu archivieren und zu speichern und späteren Zugriffen durch Berechtigte dauerhaft und verlässlich zugänglich zu machen.
6. Die Berichtsinhalte können erst zu (subjektiver) Information werden, wenn sie dem Berichtsempfänger mitgeteilt worden sind. Dies kann über verschiedenste Medien geschehen und wird – zumindest bei als wichtig angesehenen Berichten – häufig auch von einer persönlichen Kommunikation (in Form von Präsentationen oder Durchsprachen) begleitet.
7. Über die Ergebnisse dieser Präsentationen und Durchsprachen können Protokolle angefertigt werden ebenso wie eventuelle Aktionspunkte und Maßnahmenpläne.
8. Auch diese sind analog zu den eigentlichen Berichten zu archivieren und dauerhaft den dazu Berechtigten zugänglich zu machen.

Da Berichte praktisch immer arbeitsteilig organisierte Informationsprozesse darstellen (d.h. der Berichtsersteller ist nicht mit dem Berichtsnutzer identisch), finden sich alle Phasen des Prozesses in mehr oder weniger intensiver Ausprägung wieder. Einzig die Phase der Suche geeigneter Informationsquellen wird bei manchen Berichtsarten entfallen können.[82]

3.2 Gestaltungsdimensionen des Management Reporting – Überblick

Wenngleich der grundlegende Prozess des Management Reporting im Prinzip bei allen Berichten ähnlich abläuft, so unterscheiden sich die Ergebnisse dieses Prozesses (d.h. die Berichte selbst) sehr stark voneinander. Im Folgenden sollen die wesentlichen Gestaltungsdimensionen dargestellt werden, welche im Reporting-Prozess zu beachten sind. Ihre konkrete Ausprägung bestimmt das jeweilige Vorgehen in jeder Prozessphase und die Ausformung des Berichts als dessen Ergebnis. Hier erfolgt zunächst nur eine kurze Darstellung, da in den nachfolgenden Kapiteln auf jede Dimension noch jeweils genauer eingegangen wird.

---

[82] Zu den unterschiedlichen Berichtsarten vgl. weiter unten Kapitel 4.1.

In der Literatur herrscht weitgehend Einigkeit darüber, dass der Berichtszweck (das „Wozu“) den Ausgangspunkt aller Gestaltungsüberlegungen bilden muss.[83] Der Zweck (d.h. die Deckung eines konkreten Informationsbedarfs) bestimmt seinerseits die:

- inhaltliche („Was“),
- formale („Wie“),
- zeitliche („Wann“) und
- personelle („Wer“)

Ausgestaltung des Berichts bzw. des Berichtsprozesses (vgl. **Abbildung 3.5**).

Abbildung 3.5 Informationsbedarf und Berichtsmerkmale

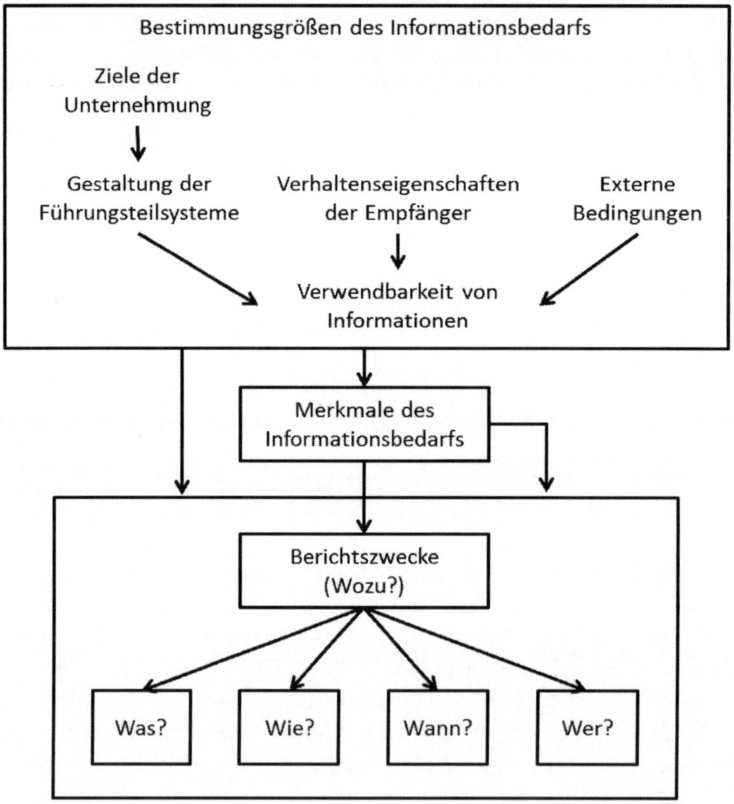

Quelle: Koch 1994, S. 58

83 Vgl. stellvertretend für viele anderen Autoren z.B. Blohm 1982, S. 868, Küpper 2005, S. 175 oder Weber/Schäffer 2011, S. 226.

Der Informationsbedarf ist definitionsgemäß subjektiv und damit von persönlichen Eigenschaften des Informationsempfängers ebenso abhängig wie von der jeweiligen Aufgabenstellung (und den damit verfolgten Unternehmenszielen) und den situativen Rahmenbedingungen, unter welchen der Informationsprozess abläuft.

Verschiedentlich werden auf Basis dieser fünf Grunddimensionen (oder auch alternativ zu diesen) andere, teils deutlich längere, Anforderungskataloge entwickelt, welche als Richtschnur für „richtiges Reporting" dienen sollen.[84] Meist lassen sich die Kataloge aber in einander überführen bzw. umfangreichere Kriterienlisten auf die fünf meistgenannten Gestaltungsdimensionen reduzieren. Deshalb wird auf alternative Anforderungskataloge im Weiteren nicht eingegangen. Da die detaillierte Behandlung der einzelnen Gestaltungsdimensionen in den nachfolgenden Kapiteln erfolgt, soll hier zunächst nur ein kurzer Überblick über die dabei jeweils wichtigsten Fragen gegeben werden (vgl. **Abbildung 3.6**).

Abbildung 3.6 Gestaltungsdimensionen des Berichtswesens

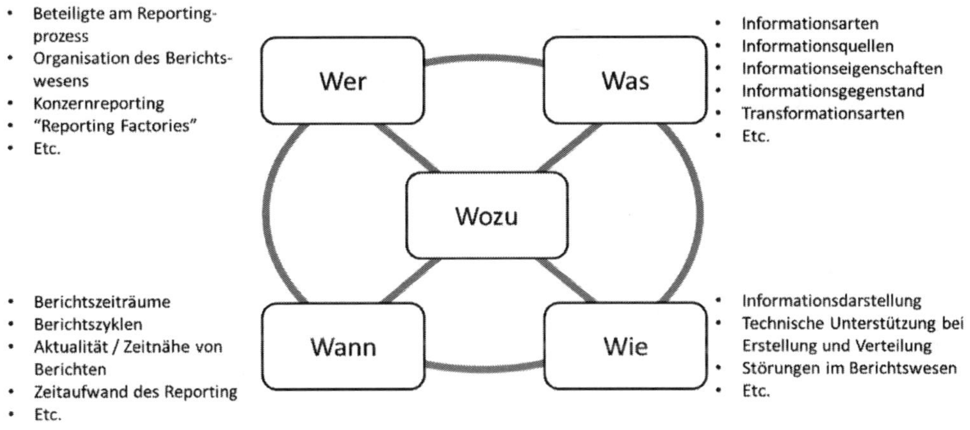

Quelle: eigene Darstellung

[84] Blohm, der als „Vater" der wissenschaftlichen Behandlung des Berichtswesens im deutschen Sprachraum gelten kann, formuliert selbst 13 „Gestaltungsprinzipien", welche er teilweise noch weiter untergliedert (vgl. Blohm 1982, S. 870f.). Kieninger postuliert ein „magisches Fünfeck", welches die Kriterien Führungsorientierung, Informationskonsistenz, Wirtschaftlichkeit, Empfängerorientierung und Aktualität umfasst (vgl. Kieninger 1993, S. 73). Kammer, der verschiedene Kriterienkataloge vergleicht, entwirft danach einen eigenen Anforderungskatalog mit den sechs Kriterien sachliche Relevanz, zeitliche Relevanz, Transparenz, Objektivität, Flexibilität und Wirtschaftlichkeit (vgl. Kammer 2005, S. 87).

Wozu – Berichtszwecke

Berichte übermitteln Information. Allerdings kann diese Information vom Informationsnutzer für sehr unterschiedliche Aufgaben eingesetzt werden. Entsprechend lassen sich mehrere grundlegende Berichtszwecke unterscheiden:[85]

- **Dokumentation:** Vorgänge oder Ereignisse werden in ihren Ursachen und Wirkungen dauerhaft festgehalten, die derart gewonnene Information wird für eine spätere Nutzung verfügbar gemacht. Derartige Dokumentation dient als Referenz (z.B. für nachfolgende Vergleiche oder Zeitreihenanalysen), kann aber auch Rechtfertigungscharakter haben (Beweis, dass und wie etwas erfolgt ist). Der Dokumentationszweck findet sich prinzipiell bei allen Berichten, ist aber bei Sitzungs- oder Abnahmeprotokollen oder Prüflisten, etc. besonders ausgeprägt.
- **Kontrolle:** Unter Kontrolle wird allgemein ein Vergleich von tatsächlichen von erwarteten oder geplanten Größen verstanden. Um eine derartige Prüfung überhaupt durchführen zu können, ist der Akteur auf die Verfügbarkeit von Vergleichsinformation angewiesen. Kontrollhandlungen können sich auf die unterschiedlichsten Größen (monetär oder nicht-monetär, unternehmensintern oder –extern, etc.) und Objekte beziehen (Produkte, Aufträge, Projekte, Unternehmensteile, Gesamtunternehmen). Entsprechend vielfältig sind die Berichte zur Bereitstellung von Kontrollinformation. In vielen regelmäßig erstellten Standardberichten ist der Kontrollzweck stark ausgeprägt: so dienen Monatsberichte häufig primär dazu, die Einhaltung von Budgetgrößen (Umsatz, Kosten, Mengen) zu kontrollieren.
- **Planungs- und Entscheidungsunterstützung:** Rationales Handeln wird oftmals mit „informiertem" Handeln gleichgesetzt. Dementsprechend ist die Bereitstellung von Information zur Vorbereitung von Planungs- und Entscheidungsaufgaben ein wichtiger Berichtszweck in Unternehmen. Dieser Zweck steht meist bei Berichten im Zentrum, welche „maßgeschneidert" für eine bestimmte Entscheidung erstellt werden. Prognoseinformation, Vergleiche zwischen Alternativen, Hochrechnungen aus der Vergangenheit und Benchmarks zu Konkurrenzaktivitäten können typische Inhalte solcher Berichte darstellen.

Neben diesen Hauptzwecken findet sich in der Literatur noch eine Vielzahl von anderen Zwecken, so z.B. das Auslösen eines Bearbeitungsvorgangs,[86] die Pflege des Betriebsklimas durch allgemeine Unterrichtung über den Betrieb[87] oder allgemein Interessensweckung[88]. Schließlich können Berichte durchaus auch als „Leistungsnachweis" der sie erstellenden

---

[85] Diese Berichtszwecke finden sich – mit teilweise unterschiedlicher Bezeichnung oder Zusammenfassung – auch in den gängigen Lehrbüchern wieder, vgl. z.B. Weber/Schäffer 2011, S. 226, Küpper 2005, S. 170, Horvath 2011, S. 540.

[86] Vgl. Asser 1974, S. 661

[87] So etwa bei Blohm 1980, Sp. 317

[88] Baier 2008, S. 101

Funktionen (oftmals das Controlling) gesehen werden.[89] Das Erstellen von Berichten ist dann teilweise einfach *Selbst*zweck.

In der Praxis sind die Grenzen zwischen den einzelnen Zwecken keineswegs so trennscharf, wie es zunächst den Anschein haben mag. So werden Kontrollberichte häufig auch Maßnahmen und Entscheidungen auslösen (z.B. bei Abweichungen), welche wiederum dokumentiert werden (als Rechtfertigung bei späteren Rückfragen), etc. Am Ende erweist sich, dass der übergeordnete, allen Berichten eigene Zweck immer in irgendeiner Form der **Verhaltensbeeinflussung des Berichtsempfängers** liegt:[90] Kann die Berichtsinformation das Verhalten des Informationsempfängers *nicht* beeinflussen, hat der Bericht auf jeden Fall seinen Zweck verfehlt – egal, was dieser Zweck war!

Was – Inhalte

Die Inhalte von Berichten werden von den Abnehmern unmittelbar wahrgenommen. Vielfach wird in dieser Dimension deshalb auch der „Kern" des Reporting vermutet. Dies ist aber – wie oben bereits gezeigt - nicht zutreffend. Zum einen sind auch die Inhalte letztendlich nur von den Berichtszwecken abgeleitet, zum anderen ist der Nutzen der Berichtsinhalte wesentlich davon abhängig, wann (in welchen Abständen und mit welcher Aktualität) bzw. wie (in welcher Darstellungsform und über welche Medien) diese übermittelt werden. Eine Priorisierung dieser Dimension ist deshalb nicht gerechtfertigt.

Die Frage nach den Berichtsinhalten greift eine Reihe von zusammenhängenden Problemstellungen auf, welche im Reporting gemeistert werden müssen:

- Aus den Berichtszwecken ist zunächst abzuleiten, welche **Informationsgegenstände** im Bericht behandelt werden müssen. Informationsgegenstände bezeichnen die Sachverhalte in der Realität, welche im Bericht abgebildet werden sollen.[91] Sie können auch als die Objekte des Reporting bezeichnet werden.[92] Dies können z.B. einzelne Produkte, Unternehmensbereiche, das Unternehmen in seiner Gesamtheit, aber auch Kunden, Teilmärkte oder Wettbewerber sein.
- Eng mit der Bestimmung der Informationsgegenstände verknüpft ist die Bestimmung der benötigten **Informationsarten**. Die Berichtsinformation kann aus rein deskriptiven Aussagen bestehen oder aber andere Informationsarten wie z.B. erklärende, prognostische oder präskriptive Aussagen, enthalten.[93] In der Praxis finden sich häufig typische Kombinationen aus Informationsgegenständen und Informationsarten, welche als „Berichtsarten" bezeichnet werden.
- Die in Berichten enthaltene Information entsteht in der Regel immer durch Verarbeitung von anderen Informationsobjekten. Der Berichtsoutput ist das Ergebnis eines mehr

89 Vgl. Stadler/Weißenberger 1999, S. 5
90 Darauf weist insbesondere Koch explizit hin (vgl. Koch 1994, S. 60).
91 Vgl. Koch 1994, S. 61
92 So etwa bei Gräf/Nase 2008
93 Auf die einzelnen Informations- und Aussagearten wird in Kapitel 5.3 detaillierter eingegangen.

oder weniger aufwändigen **Transformations**prozesses, in welchem Input verdichtet und aggregiert, einander gegenübergestellt, durch Prognosewerte ergänzt, oder einfach nur neu strukturiert und angeordnet wird. Deshalb ist immer auch festzulegen, welche Inputs wie transformiert (verarbeitet) werden müssen, um den Berichtsoutput generieren zu können.

- Die durchgeführten Transformationen beeinflussen auch die **Eigenschaften der Berichtsinformation**. Hier geht es darum, den Informationsbedarf bzw. das durch den Bericht realisierte Informationsangebot möglichst konkret beschreiben zu können, da es bei weitem nicht ausreicht, einzig den Informationsgegenstand und die Informationsart zu benennen. Weitere, hier besonders wichtige, Informationseigenschaften sind z.B. der Detaillierungs- und Genauigkeitsgrad, die Zuverlässigkeit, Aktualität, Objektivität oder die Ausgewogenheit der Berichtsinformation. Wie diese kurze Aufzählung bereits andeutet, kann eine Liste mit Informationseigenschaften beliebig lang gestaltet werden. Eine allgemeingültige Taxonomie von Informationseigenschaften ist deshalb auch weder aktuell vorhanden noch für die Zukunft zu erwarten.[94]

Wie – Methoden, Darstellung, IT-Unterstützung

Immer dann wenn die Inhalte relativ eindeutig sind (z.B. weil sie in Standardberichten nicht bei jeder Berichtserstellung neu geklärt und ausgehandelt werden müssen), tritt die Frage des „Wie" des Reporting in den Mittelpunkt, da hier die Effizienz (Verhältnis Mitteleinsatz zu erzieltem Output) und auch die Effektivität des Reporting (Beitrag zur Zielerreichung) ganz wesentlich beeinflusst werden kann. In der Berichtspraxis liegt deshalb auch häufig ein Schwerpunkt der Reportingbemühungen auf der optimalen Gestaltung des „Wie". Auch hier verbergen sich einige zentrale Aufgaben dahinter:

- Zum einen geht es um die **Gestaltung der Berichtsinhalte** selbst. Hierzu hat sich eine umfangreiche, sich vornehmlich an die Berichtspraxis gewendete, Literatur etabliert.[95] Im Mittelpunkt stehen Fragen der tabellarischen und grafischen Umsetzung von Berichtsinformation, eines benutzerfreundlichen Layouts, einer „optimalen" Struktur und Gliederung bis hin zu Vorschlägen für Standardtextbausteine für bestimmte Aussagearten oder Informationsgegenstände.

- Eng mit der Gestaltung der Inhalte hängt deren **Kommunikation und Präsentation** zusammen. Berichtsinhalte müssen aufgenommen, akzeptiert und verstanden werden, um zu Information beim Berichtsempfänger werden zu können. Deshalb müssen zum einen prozedurale und technische Vorkehrungen getroffen werden, dass Berichte ihren Empfänger erreichen (Verteilerlisten, Umläufe, Hauspost, Termine zur Berichtsdurchsprache, etc.) und zum anderen muss der Kommunikationsakt selbst so gestaltet werden, dass der Berichtszweck erreicht werden kann. Dies kann eine formale Präsentation mit umfangreicher Medienunterstützung sein oder ein Gespräch unter vier Augen. In anderen Situationen geschieht die rein technische (heute meist: elektronische) Übermitt-

94 Wichtige Eigenschaften von Berichtsinformation werden in Kapitel 5.4 genauer behandelt.

95 Vgl. stellvertretend z.B. Pollmann/Rühm 2007, Probst 2006, Waniczek 2009 oder Zelazny 2009.

lung der Berichtsinhalte an den Empfänger ohne jeglichen direkten Personenkontakt. Auf jeden Fall ist festzulegen, für welche Berichte und Berichtsinhalte welche Form der Informationsübermittlung die effektivste und effizienteste ist.

- Beide genannten Aspekte sind eng mit Fragen der **IT-Unterstützung** verknüpft. Heute werden typischerweise alle Phasen des Informationsprozesses durch moderne Informations- und Kommunikationstechnologien unterstützt – sei es die Sammlung der Inputs (Datenbanken, operative Vorsysteme), deren Aufbereitung und Verarbeitung (von Tabellenkalkulationsprogrammen bis komplexem Data Mining), oder die Darstellung und Übermittlung an den Empfänger. Deshalb gilt es im Reporting festzulegen, welche Schritte mit welchen IT-Tools durchgeführt werden sollen bzw. wie die vorhandene Ausstattung an Technologie den Reportingprozess beeinflusst.[96]
- Ein Aspekt, welcher prinzipiell alle Gestaltungsdimensionen betrifft, am direktesten aber in der „Wie"-Dimension zum Ausdruck kommt, wird in der Literatur oftmals vernachlässigt: **Störungen des Berichtswesens**. Darunter fallen alle Effekte personeller und/oder organisatorischer Natur, welche ihre Ursache im menschlichen Informationsverhalten haben und die Erreichung der Berichtszwecke beeinträchtigen oder sogar gänzlich verhindern. Da Reporting – trotz aller modernen IT-Unterstützung – letztendlich immer noch *von* Menschen *für* Menschen gemacht wird, öffnet sich hier ein weites Feld für menschliche „Unzulänglichkeiten". Erste Beschäftigungen mit diesem Thema finden sich zwar schon sehr früh in der Literatur,[97] allerdings verzichten die allermeisten Darstellungen auf eine umfassende und systematische Behandlung dieses in der Praxis extrem wichtigen Themas.[98]

Wann – Zeiträume, Termine

Neben dem „Was" und dem „Wie" stellt in der Praxis vor allem das „Wann" eine zentrale Frage des Berichtswesens dar. Das häufig zu hörende Bonmot, dass Berichtsempfänger die Information „am liebsten gestern" haben möchten, drückt dies anschaulich aus. Allerdings verstecken sich hinter dem „Wann" des Management Reporting mehrere unterschiedliche zeitliche Aspekte:

- Zum einen kann das „Wann?" als die Frage nach der **Rechtzeitigkeit** von Berichtsinformation verstanden werden. Da die Information für konkretes Führungshandeln eingesetzt werden soll, ist ihr Nutzen auch davon abhängig, ob sie bei der Umsetzung dieses Handelns tatsächlich verfügbar ist.
- Nicht mit Rechtzeitigkeit zu verwechseln ist eine andere Eigenschaft von Berichtsinformation – nämlich ihre **Aktualität**. „Aktualität" kann als „Gegenwartsbezogenheit" verstanden werden: je mehr sich ein Informationsobjekt auf gegenwärtige Zustände oder Ereignisse bezieht, desto aktueller ist es. Was als „gegenwärtig" gelten kann, ist dabei

96 Diese Frage steht im Mittelpunkt von Kapitel 6.2.
97 So z.B. bei Blohm/Heinrich 1965
98 Eine Ausnahme diesbezüglich bildet hier Koch 1994.

wiederum stark vom Informationsnutzer und der Nutzungssituation abhängig: bezieht sich z.B. eine Kaufentscheidung auf ein neues Auto, so sind Preise der vergangenen Woche für die meisten Nutzer durchaus „aktuell". Handelt es sich dagegen um eine Kaufentscheidung für börsennotierte Aktien, so sind die Kurse der vergangenen Woche wohl kaum mehr „gegenwartsbezogen".

- Hinter der Aktualität von Berichtsinformation verbergen sich zwei andere Gestaltungsdimensionen des Management Reporting: zum einen die Frage nach den **Berichtszyklen**, also den Abständen, innerhalb derer ein Reportingprozess wiederholt wird. In der Praxis sind wöchentliche, monatliche, vierteljährliche und jährliche Berichtszyklen am häufigsten, doch können Berichtszyklen auch von gängigen Kalenderintervallen abweichen.[99] Vom Berichtszyklus zu trennen ist der **Berichtszeitraum**. Dieser markiert das zeitliche Intervall, auf das sich die Berichtsinformation bezieht. Häufig sind Berichtszyklen und Berichtszeiträume insofern aufeinander abgestimmt, als beide die gleiche „Taktung" aufweisen: in Monatszyklen erstellte Berichte beziehen sich auf einen Zeitraum von einem Monat, vierteljährlich erstellte Berichte auf ein Quartal, etc. Dies muss aber keineswegs so sein. Häufig enthalten monatlich erstellte Berichte Information über mehr als einen Monat (z.B. über alle abgelaufenen Monate des aktuellen Jahres). Ist der Berichtszeitraum länger als der Berichtszyklus, so überschneiden sich Berichte: Berichte aufeinanderfolgender Berichtstermine enthalten teilweise überlappende Information.[100] Ist der Berichtszeitraum kürzer als der Berichtszyklus, so ergeben sich zeitliche Berichtslücken, also Zeiträume, die in keinem Bericht abgedeckt werden.

- Als letzter zeitlicher Aspekt des Reporting sei schließlich noch die Frage nach der **Dauer des Reportingprozesses** genannt. Je schneller der Reportingprozess durchlaufen wird, desto weniger Zeit vergeht zwischen der Erhebung (oder Äußerung) des Informationsbedarfs und dessen Befriedigung durch die bereitgestellte Berichtsinformation. Berichtsempfänger vertreten häufig die Meinung „je schneller, desto besser", doch muss diese allgemeine Aussage auch etwas relativiert werden. Wie im Anschluss noch zu zeigen sein wird, lässt sich Schnelligkeit (im Sinne einer Verkürzung des Reportingprozesses) nämlich häufig nur auf Kosten von anderen Berichtseigenschaften realisieren. Die Beteiligten stehen also vor einer Abwägungsentscheidung, in welchem Ausmaß die Anforderungen in anderen Gestaltungsdimensionen reduziert werden können, um die Schnelligkeit der Berichterstattung zu erhöhen.

Wer – Ersteller und Empfänger

Als letzte (aber keineswegs unwichtigste) Gestaltungsdimension gilt es im Management Reporting das „Wer" zu beachten. Wenngleich die Aussage, dass Berichte von Menschen für Menschen gemacht werden, in ihrer Allgemeinheit naturgemäß stimmt, so verbirgt sich dahinter eine Reihe von Optionen:

---

99 So sind auch Saisonalberichte oder Mehrjahresberichte durchaus möglich.

100 Eine solche Redundanz kann durchaus beabsichtigt und sinnvoll sein. Zu Redundanz von Berichtsinformation vgl. Kapitel 5.4.

- Zunächst gilt es zu klären, wer die **Nutzer** der Reporting-Information sind. Management Reporting wurde bereits auf die Informationsversorgung von mit Führungsaufgaben betrauten Handelnden eingeschränkt.[101] Dieser Nutzerkreis kann vor allem in Großunternehmen seit weit gefasst sein und von der obersten Geschäftsführung über Bereichs- und Produktverantwortliche bis zu Projekt- und Teamleitern sehr viele Stellen umfassen. Daraus ergibt sich notwendigerweise auch eine Ausdifferenzierung des Berichtswesens, da die subjektiven Informationsbedürfnisse dieser Nutzer stark variieren.
- Ebenso breit gefächert ist die Zahl der möglichen **Ersteller** von Reporting-Information. Während Funktionsbereiche wie Controlling und Finanzbuchhaltung naturgemäß zum engen Kreis der an der Erstellung Beteiligten zählen werden, kann darüber hinaus noch eine Vielzahl von anderen Funktionen und Stellen mehr oder weniger intensiv an der Erstellung mitwirken (z.B. zentrale Planungsstäbe, Assistenz der Geschäftsführung, IT-Abteilung, Qualitätsmanagement, etc.)
- Aus der Vielzahl an Beteiligten ergibt sich die Notwendigkeit, die **Organisation** des Management Reporting zu regeln. Dies betrifft sowohl die Aufbauorganisation (Zuständigkeiten, Weisungsbefugnisse, etc.) als auch die Ablauforganisation (Prozessphasen und die jeweils Beteiligten).
- In Großunternehmen haben sich in jüngerer Zeit einige **organisatorische Sonderformen** der Umsetzung des Berichtswesens herausgebildet. Zu nennen ist hier vor allem der Ansatz, Reportingaufgaben soweit als möglich in einer zentralen, für alle Beteiligten als interner Dienstleister fungierenden, Stelle zu bündeln. Hierfür finden sich in der Praxis die Bezeichnungen „Shared Service Center" oder auch „Reporting Factory".[102]
- Ebenfalls in die Gestaltungsdimension „Wer" eingeordnet werden können alle Fragestellungen, die sich im Zusammenhang mit für **Konzerne** typischen Reportingerfordernissen ergeben. Hier ist insbesondere daran zu denken, dass in Konzernen eine Konsolidierung nicht nur für an Externe gerichtete, sondern auch für intern orientierte Führungsinformation notwendig ist. Internationale Rechnungslegungsstandards sorgen hier inzwischen für umfassende Harmonisierungsmöglichkeiten.

Interdependenzen zwischen den Gestaltungsdimensionen - Überblick

Angesichts der Fülle an Gestaltungsdimensionen und ihrer Teilausprägungen überrascht es nicht, dass sich eine Vielzahl an Interdependenzen zwischen diesen findet. Diese können zwischen Aspekten der gleichen Gestaltungsdimension auftreten oder auch zwischen Aspekten unterschiedlicher Gestaltungsdimensionen. In ihrer Natur können die Beziehungen entweder konkurrierend (einander beeinträchtigend) oder komplementär (einander unterstützend) sein (vgl. **Abbildung 3.7**).[103]

---

101 Vgl. Kapitel vgl. 3.1.1.

102 Auf diese Konzepte wird in Kapitel 8.3 näher eingegangen.

103 Vgl. dazu auch Koch 1994, s. 66ff. und Küpper 2005, S. 178

Abbildung 3.7 Interdependenzen zwischen Aspekten und Gestaltungsdimensionen des Berichtswesens

	gleiche Dimension	unterschiedliche Dimensionen
konkurrierend	Typ 1	Typ 2
komplementär	Typ 3	Typ 4

Quelle: eigene Darstellung

Typ 1-Interdependenzen stellen Konkurrenzbeziehungen zwischen Aspekten innerhalb der gleichen Gestaltungsdimension dar. Derartige Beziehungen finden sich etwa in der zeitlichen Dimension („Wann“), wo die Aktualität von Berichten gesteigert werden kann, indem die Berichtszyklen verkürzt werden, was aber gleichzeitig den Zeitaufwand für die Erstellung der Berichtsinformation vergrößert.

Interdependenzen vom Typ 2 stellen Konkurrenzbeziehungen von Aspekten aus unterschiedlichen Gestaltungsdimensionen dar. So kann sich eine Verschlankung der Berichtsorganisation („Wer“) im Bestreben einer Effizienzerhöhung negativ auf eine Reihe anderer Aspekte auswirken (etwa die Aktualität und den Detaillierungsgrad der Berichtsinformation bzw. deren benutzeradäquate Darstellung). Ebenso wird eine Verbesserung der Aktualität („Wann“) häufig nur auf Kosten von anderen Berichtseigenschaften wie Objektivität, Zuverlässigkeit oder Aktualität zu erreichen sein.[104]

Bei **Interdependenzen vom Typ 3** treten zwischen Aspekten der gleichen Gestaltungsdimension komplementäre Beziehungen auf, d.h. die Erreichung eines Aspekts unterstützt gleichzeitig die Erreichung eines anderen Aspekts. Zu denken ist etwa an die bereits erwähnt positive Beziehung zwischen einer Verkürzung der Berichtszyklen und der Aktualität der Berichtsinformation (Dimension „Wann“) oder auch einer Reduzierung möglicher

104 Dies ist auch empirisch nachgewiesen, vgl. dazu etwa Stadler/Weißenberger 1999.

Störungen im Berichtswesen durch eine verstärkte IT-Unterstützung (Dimension „Wie“).

Zuletzt können **Interdependenzen vom Typ 4** als komplementäre Beziehungen zwischen Aspekten unterschiedlicher Gestaltungsdimensionen genannt werden. Eine verstärkte IT-Unterstützung kann die Dauer des Berichtsprozesses verkürzen oder die Zuverlässigkeit der Berichtsinformation steigern (da Transformationsfehler reduziert werden).

3.3 „Optimales Reporting“ - ein unerreichbarer Traum

Information stellt quasi die „Universalressource“ im Unternehmen dar und das Management Reporting ist das zentrale Instrument zur Bereitstellung dieser Ressource für alle Handelnden mit Führungsaufgaben innerhalb des Unternehmens. Da in der ökonomischen Theorie die Rationalität des Handelns eng mit dem Grad der Informiertheit des Handelnden verknüpft ist,[105] wird die Qualität der Informationsversorgung gleichzeitig zu einem wesentlichen Faktor für die Qualität des Führungshandelns selbst. Es ist daher nur natürlich, eine bestmögliche Erfüllung der Informationsversorgungsaufgabe anzustreben: ein „optimales Reporting“ wäre gleichzeitig ein wesentlicher Erfolgsfaktor des Führungshandelns.

Dazu muss zunächst einmal klar sein, welcher Zustand überhaupt als „optimal“ angesehen werden könnte. Blohm und Heinrich haben hierzu bereits sehr früh einige alternative Vorschläge diskutiert:[106]

1. Ein optimales Reporting könnte immer dann erreicht sein, wenn nur Information verarbeitet und bereitgestellt wird, die „mehr nützt als sie kostet“. Dieser Ansatz scheitert zum einen daran, dass nicht genau definiert ist, was unter „Nutzen“ und „Kosten“ einer Information zu verstehen ist und zum anderen vor allem an der Unmöglichkeit, die wie auch immer definierten Nutzen und Kosten von Information eindeutig bestimmen zu können.
2. Alternativ könnte – in Anlehnung an das ökonomische Prinzip des Pareto-Optimums – ein Reporting als optimal bezeichnet werden, wenn jede Veränderung des Reporting zu einer Verschlechterung und nicht zu einer Verbesserung im Hinblick auf die Zielerreichung des Unternehmens führt. Auch hier muss aber konstatiert werden, dass die Bestimmung eines solchen Optimums in der Praxis unmöglich ist.
3. Ähnlich lautet der dritte Vorschlag von Blohm und Heinrich, nämlich ein Berichtswesen dann als optimal anzusehen, wenn „... jeder Betriebsangehörige zur rechten Zeit und in

[105] Vollständige Information wird quasi zum „Garant“ für richtige Entscheidungen: Wer alle Alternativen und alle Konsequenzen dieser Alternativen kennt, sich über ihre jeweilige Bedeutung nicht irrt und die Informationsmenge fehlerfrei verarbeiten kann, der findet auch die bestmögliche Handlungsalternative.

[106] Vgl. Blohm/Heinrich 1965, S. 9f.

der rechten Form die Informationen erhält, die er zur bestmöglichen Erledigung seiner Aufgaben benötigt."[107]

Dieser letzte Vorschlag lässt sich unmittelbar mit zuvor beschriebenen Gestaltungsdimensionen des Management Reporting in Beziehung bringen: Optimal ist ein Reporting dann, wenn es in allen Gestaltungsdimensionen optimal ist, wenn es also keine „Schwachstellen" aufweist.[108] Auch hierzu hat Blohm einige Ansatzpunkte aufgezeigt: Als Indizien eines derart definierten optimalen Berichtswesens sieht er z.B. eine weitgehende Automatisierung, eine Ausschaltung subjektiver und objektiver Störungen oder eine vollständige Identifikation und Beschreibung der Informationsbedarfe jedes Handelnden. [109]

Die Ausführungen zeigen zunächst, dass es offensichtlich nicht gelingt, die Optimalität des Reporting eindeutig zu definieren. Entsprechend kann auch der Grad der Erreichung des Optimalitätsziels nicht eindeutig ermittelt werden. Ein optimales Reporting – wie auch immer es definiert sein mag – ist aber schon aus prinzipiellen Gründen unerreichbar:

- Zum einen ist der Informationsbedarf der Informationsnutzer nicht stabil. Selbst wenn es also gelänge, die Informationsbedarfe aller Nutzer eindeutig und fehlerfrei zu bestimmen (was füglich bezweifelt werden darf), so wäre dies immer nur eine Momentaufnahme, welche – besonders in dynamischen Umwelten – rasch wieder überholt wäre. Der Informationswert eines auf den ermittelten Informationsbedarf abgestimmten Berichts würde also zwangsweise wieder sinken und wäre nicht mehr optimal. Die Bestimmung des „Wozu" bleibt ein kontinuierlicher Prozess und die daraus abgeleiteten Anforderungen in den anderen Gestaltungsdimensionen können – wenn überhaupt - immer nur kurzfristig und vorübergehend erfüllt werden.
- Des Weiteren ist der Infobedarf definitionsgemäß subjektiv und damit nicht bei allen Berichtsempfängern gleich. Ein homogenes Reporting (welches allen Nutzern die gleiche Information zur Verfügung stellt) kann in der Dimension „Was" nicht optimal sein, da es die subjektiven Informationsbedarfe nur teilweise erfüllt. Umgekehrt wird ein differenziertes Reporting (welches an die subjektiven Bedarfe jedes Nutzers angepasst ist) in den anderen Dimensionen nicht optimal sein, das sich die inhärenten Zielkonflikte nicht aufheben lassen.
- Neben diesen eher formallogischen Argumenten erweist sich in der Praxis als die größte Hürde auf dem Weg zu einem optimalen Reporting die Tatsache, dass Störungen nie gänzlich vermieden werden können: Sowohl die mit der Sammlung und Aufbereitung der Berichtsinformation betrauten Personen als auch die Nutzer der Information machen Fehler. Information wird vergessen oder übersehen, bleibt lückenhaft, wird falsch dargestellt oder interpretiert oder einfach nur anders verstanden als sie „eigentlich gemeint" ist.[110]

---

107 ebenda
108 Blohm 1980, Sp. 319
109 Blohm 1982, S. 869f.
110 Darauf wird in Kapitel 6.3 noch genauer eingegangen.

Damit muss festgehalten werden: Ein „optimales Reporting“ bleibt ein schöner Traum – für die Ersteller von Berichtsinformation ebenso wie für deren Nutzer.

4 „Wozu“ – Zwecke und Aufgaben von Berichten

Der Zweck jedes Berichtswesens besteht allgemein in der Übermittlung von Information. Da Information von den Berichtsempfängern (Führungskräften) aber für sehr unterschiedliche Aufgaben genutzt wird, ist es für das Management Reporting entscheidend, die weitere Verwendung der Information durch die Empfänger genauer zu verstehen und die anderen Gestaltungsdimensionen des Berichtswesens entsprechend auszurichten. In Abwandlung eines geläufigen (aber nicht unbedingt zu akzeptierenden) geflügelten Wortes kann für das Management Reporting festgehalten werden: Der Zweck *bestimmt* die Mittel.

4.1 Berichtszwecke bestimmen die Berichtsarten

4.1.1 Berichtszwecke – die Nutzung von Berichtsinformation

Bei der Vorstellung der Gestaltungsdimensionen des Berichtswesens wurden bereits Dokumentation, Planung bzw. Entscheidungsvorbereitung sowie Kontrolle als die Hauptzwecke von Berichten kurz dargestellt.[111]

Der **Dokumentationszweck** ist primär vergangenheitsorientiert: bestimmte Sachverhalte (Ereignisse, Ergebnisse, Probleme, etc.) werden festgehalten und für einen späteren Zugriff zugänglich gemacht. Damit ist keine unmittelbare Steuerungsrelevanz gegeben: die Dokumentation selbst löst in der Regel keine Steuerungshandlungen im Unternehmen aus (Dies könnte allenfalls indirekt der Fall sein, wenn zu einem späteren Zeitpunkt z.B. eine Entscheidung auf die dokumentierten Sachverhalte Bezug nimmt). Die Nutzer der Berichtsinformation können und sollen diese primär zur Kenntnis nehmen. Dokumentation übt andererseits zwar eine gewisse verhaltensbeeinflussende Wirkung aus (z.B. weil man Beschlüsse bewusster fasst, wenn diese dokumentiert werden oder Diskussionen sachbezogener geführt werden, wenn ein Protokoll erstellt wird), doch ist die Beeinflussung des Verhaltens der Akteure durch die reine Dokumentation relativ begrenzt.

Wird Berichtsinformation primär als **Basis für Planungs- und Entscheidungshandlungen** genutzt, so steigt naturgemäß ihre Steuerungsrelevanz deutlich an. Abhängig von der Verfügbarkeit der Information und ihrem semantischen Inhalt werden Entscheidungen getroffen, Alternativen gewählt, Ziele definiert oder Pläne erstellt – also verschiedenste Handlungen zur Steuerung des Unternehmens angestoßen. Ebenso zeigt sich eine direkte Wirkung der Information auf das Verhalten der Betroffenen: Die Eigenschaften der Berichtsinformation (Umfang, Aktualität, Vertrauenswürdigkeit, Darstellung, etc.) haben unmittelbar

111 Vgl. Kap. 3.2.

Einfluss auf das Verhalten der diese Information verarbeitenden Nutzer: Sie kann weitere Such- oder Abstimmungsprozesse auslösen, Ursache von individuellen Handlungen zur Reduzierung von Stress oder Unsicherheit sein und vor allem weitere Kommunikationsaktivitäten anstoßen (Abstimmungs- und Planungsrunden, Meetings, Telefonkonferenzen, etc.). Zum Zwecke der Planung und Entscheidungsvorbereitung erstellte Berichtsinformation weist also sowohl eine deutlich höhere Steuerungsrelevanz als auch ein höhere Verhaltenswirkung als Dokumentationsinformation auf.

Im Hinblick auf den **Kontrollzweck** erstellte Berichtsinformation ist in ihrer Steuerungsrelevanz mit Planungsinformation vergleichbar. Planung und Kontrolle stellen im Steuerungszyklus zwei einander wechselseitig bedingende Elemente dar: Ohne vorhergehende Planung kann keine Kontrolle stattfinden und ohne nachfolgende Kontrolle ist jede Planung sinnlos. Allerdings kann die Verhaltenswirkung von Kontrollinformation noch etwas höher eingestuft werden, da diese typischerweise nicht nur auf die direkten Nutzer der Kontrollinformation selbst, sondern auch auf Dritte (nämlich auf die für die kontrollierten Sachverhalte Verantwortlichen) wirkt: wer kontrolliert wird (und sich dessen bewusst ist) wird sowohl durch die Tatsache der Kontrolle selbst als auch durch deren Ergebnis (die Kontrollinformation) beeinflusst und deshalb ein anderes Verhalten zeigen als beim Fehlen von Kontrolle (vgl. **Abbildung 4.1**).

Abbildung 4.1 Berichtszwecke

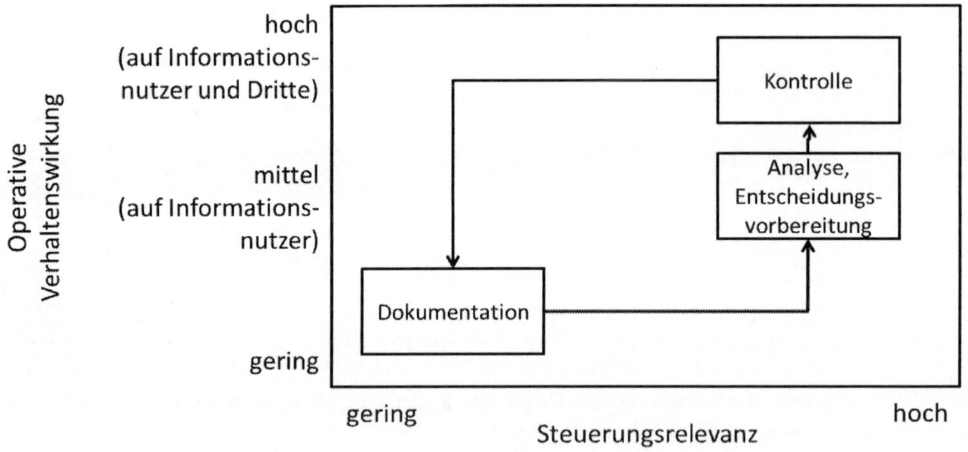

Quelle: in Anlehnung an Birk 1991, S. 9

Bei allen drei Arten von Berichtszwecken wird damit – wenngleich in unterschiedlichem Ausmaß – deutlich, dass Berichtsinformation immer eine Form der Verhaltensbeeinflussung darstellt.[112] Dies kann teilweise unmittelbar und explizit als Entscheidungsunterstützung erfolgen, teilweise aber auch nur indirekt (wie im genannten Fall von Kontrollinformation). Die Verhaltenssteuerung von Berichtsinformation geschieht dabei auf zwei Arten:[113] zum einen sach-rational über eine inhaltsbezogene Ausrichtung der Handelnden an Unternehmenszielen, zum anderen sozio-emotional durch die damit verbundene Motivations- bzw. Sanktionierungswirkung.

Konkret: Bedeutung der Berichtszwecke in der Praxis

In der Unternehmenspraxis sind zwar alle drei genannten Zwecke relevant, allerdings ist ihre Bedeutung sehr unterschiedlich. Wie eine im Jahr 2007 von der WHU Vallendar durchgeführte Befragung unter 382 mit Controllingaufgaben befassten Personen ergab, dominieren die Kontroll- und Steuerungszwecke deutlich vor dem im Vergleich dazu weit weniger relevanten Zweck der Dokumentation.

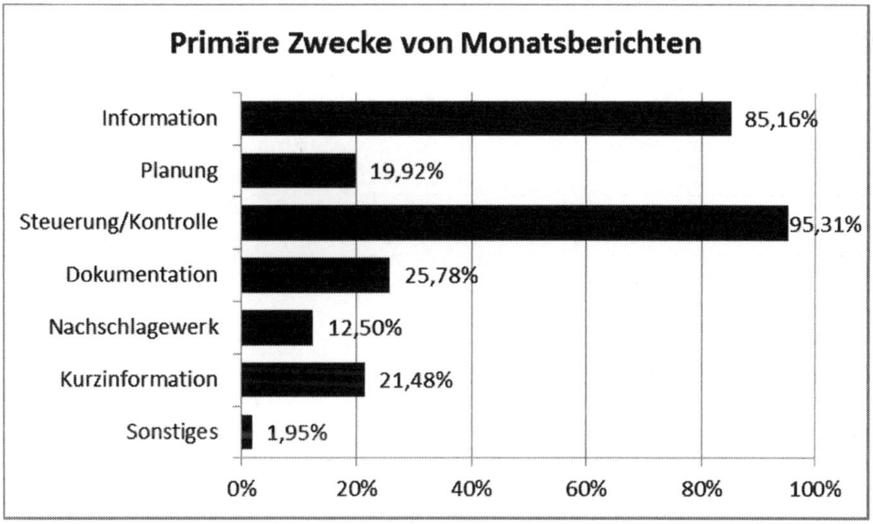

Quelle: WHU Controllerpanel 2007, S. 21

Obwohl dieses Ergebnis als durchaus treffend für die allgemeine Unternehmenspraxis gelten kann, muss doch beachtet werden, dass die in der Untersuchung betrachteten Monatsberichte typische „Standardberichte" darstellen.[114] In anderen Berichtsarten können andere Zwecke durchaus höhere Bedeutung erlangen (so etwa der Zweck der Planung in spezifischen Bedarfsberichten).

Die Nutzungsarten von Berichtsinformation sollen im Folgenden noch etwas weiter differenziert werden. So kann der Einsatz von Information für Zwecke der Planung und Ent-

---

112 Vgl. auch Kammer 2005, S. 98, Koch 1994, S. 17.

113 Vgl. Koch 1994, S. 16f.

114 Siehe zu Standardberichten als Berichtsart gleich weiter unten.

scheidungsfindung prinzipiell auf drei verschiedene Arten erfolgen:[115]

1. **Instrumentell**: eine instrumentelle Nutzung von Berichtsinformation liegt immer dann vor, wenn die Information zur **Fundierung konkreter Einzelentscheidungen** eingesetzt wird. Dies entspricht der gängigen Vorstellung eines rational Handelnden, der für die anstehende Entscheidung die konkret benötigte Information sammelt und auswertet, um danach die subjektiv beste Alternative zu wählen.

2. **Konzeptionell**: Bei einer konzeptionellen Nutzung dient die Berichtsinformation nicht zur direkten Unterstützung von spezifischen Entscheidungen, sondern vielmehr der **Förderung des allgemeinen Geschäftsverständnisses**. Konzeptionell genutzte Information kann den Blick auf Probleme oder Situationen verändern bzw. den „Blick über den Tellerrand" ermöglichen. Damit ist konzeptionell genutzte Information eher *indirekt* entscheidungsrelevant, indem sie nicht eine konkret anstehende Einzelentscheidung, sondern vielmehr die allgemeine Prädisposition des Handelnden für eine Mehrzahl zukünftiger Entscheidungen beeinflusst.

3. **Symbolisch**: Eine symbolische Nutzung von Berichtsinformation liegt immer dann vor, wenn die Information nicht zur *Fundierung* der Entscheidung oder Handlung dient, sondern vielmehr zu ihrer **argumentativen Absicherung und Begründung gegenüber Dritten**. Symbolisch genutzte Information wird als Rechtfertigung oder Begründung von bereits getroffenen Entscheidungen oder Handlungen eingesetzt, um diese gegenüber anderen durchzusetzen.[116]

Auch die Nutzung von Kontrollinformation kann weiter untergliedert werden. Hier sollen zwei Nutzungsarten differenziert werden:[117]

1. **Diagnostisch**: Eine diagnostische Nutzung erfolgt in regelmäßigen, festgelegten Abständen (Perioden). Der Fokus liegt dabei auf der Identifikation von Abweichungen zu definierten Ankerwerten, die eine möglichst breite Palette an Sachverhalten abdecken sollen. Ähnlich einem regelmäßig (aber nicht kontinuierlich!) durchgeführten „medizinischen Check-Up" soll eine diagnostische Nutzung von Kontrollinformation die Identifikation von Abweichungen in unterschiedlichsten Zieldimensionen ermöglichen, um daran anschließend geeignete Gegenmaßnahmen einleiten zu können.

2. **Interaktiv**: Eine interaktive Nutzung fokussiert auf wenige ausgewählte Informationsobjekte in einem kontinuierlichen Prozess, um die entsprechenden Werte dauerhaft im Bewusstsein der Handelnden zu verankern und damit zur allgemeinen Grundlage des Handelns zu machen. Im Gegensatz zur diagnostischen Nutzung wird die Kontrollinformation in sehr kurzen Intervallen (im Extremfall tatsächlich kontinuierlich, z.B. online) verfügbar gemacht, beschränkt sich aber auf wenige, als besonders wichtig oder kritisch erachtete Sachverhalte.

---

115 Vgl. dazu Weber/Schäffer 1999; Weber/Schaier/Strangfeld 2005, S.22

116 Weber/Schaier/Strangfeld sehen die symbolische Nutzung eher mit dem Berichtszweck der Kontrolle verknüpft. Dieser Auffassung wird hier nicht gefolgt.

117 Vgl. Weber/Schäffer 1999

4.1.2 Berichtsarten

Um ihre primäre Aufgabe der Deckung des subjektiven Informationsbedarfs erfüllen zu können, müssen Berichte je nach verfolgtem Berichtszweck und konkreter Ausprägung dieses Zwecks unterschiedliche Merkmale aufweisen. Es ist intuitiv einleuchtend, dass ein Bericht, der z.B. zu Dokumentationszwecken erstellt werden soll sich in Inhalt, Umfang und Aufbau wesentlich von einem Bericht unterscheiden wird, der die interaktive Nutzung von Kontrollinformation ermöglichen soll. Die unterschiedlichen Berichts*zwecke* führen demnach zu unterschiedlichen Berichts*arten*, welche jeweils typische Merkmale aufweisen:[118]

- So können Berichte danach unterschieden werden, welche funktionale Einheit sie als primäres Objekt behandeln. Solche **Berichtsobjekte** z.B. können einzelne Standorte, strategische Geschäftseinheiten, das Gesamtunternehmen oder Konzerne sein.
- Unterschiedliche Berichtsarten lassen sich auch nach der **primären Informationsart** abgrenzen, die in den Berichten aufscheint. So können Berichte vornehmlich Istwerte (Vergangenheitswerte), Planwerte (Zielwerte) oder Prognosewerte (Vorhersagen) enthalten.
- Ein häufiges Unterscheidungsmerkmal für Berichtsarten liegt in ihrer **Erscheinungsweise**. Diese kann regelmäßig (mit unterschiedlichen Intervallen wie Monat, Quartal, Jahr) oder unregelmäßig (bei Bedarf bzw. auf spezielle Anforderung hin) sein.
- Ebenso unterscheiden sich Berichtsarten im **zentralen Auslöser** für die Berichterstattung. Dies kann ein konkret geäußerter Bedarf der Informationsempfänger sein, ein Überschreiten vordefinierter Grenzwerte (Abweichungen) oder einfach nur der Ablauf einer definierten Zeitspanne.

Da sich jeder Bericht in jeder Merkmalsdimension beschreiben lässt und die Merkmale prinzipiell unabhängig voneinander sind, könnte auf diese Weise eine beliebig große Anzahl unterschiedlicher Berichtsarten konzipiert werden. Ähnlich einem Rechenschieber kann in jeder Merkmalsdimension eine konkrete Ausprägung gewählt und mit anderen Merkmalsausprägungen zu einer spezifischen Berichtsart kombiniert werden (vgl. **Abbildung 4.2**). Allerdings ist nicht jede logisch mögliche Merkmalskombination auch praktisch sinnvoll. Auch werden in der Praxis häufig mehrere Ausprägungen eines Merkmals in ein und demselben Bericht kombiniert. So kann ein Bericht durchaus sowohl Istwerte, als auch Plan- und Prognosewerte enthalten oder Informationen zu unterschiedlichen Berichtsobjekten kombinieren (z.B. zu einzelnen Produktbereichen und zum Gesamtunternehmen).

---

[118] Vgl. zu unterschiedlichen Merkmalskatalogen von Berichten z.B. Göpfert 2002 oder Küpper 2005, S. 171.

Abbildung 4.2 Berichtsmerkmale und hypothetische Berichtsarten

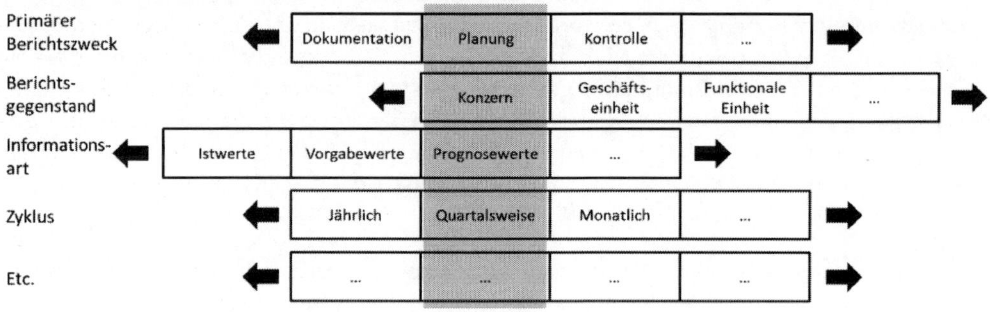

Quelle: eigene Darstellung

Die große Zahl an theoretisch möglichen Merkmalskombinationen reduziert sich deshalb in der Praxis auf eine sehr geringe Anzahl von typischen Berichtsarten:

4.1.2.1 Standardberichte

Sie stellen das „Rückgrat" des Management Reporting dar. Hauptziel von Standardberichten ist es, einen möglichst großen Teil des regelmäßig anfallenden Informationsbedarfs der mit Führungsaufgaben befassten Personen in möglichst effizienter Weise abzudecken.[119] Ihrer Bezeichnung entsprechend sind sie in mehrfacher Hinsicht standardisiert:

a. Berichtsinhalte
b. Berichtszeiträume
c. Berichtsdarstellung und -layout
d. Berichtsadressaten

Diese Standardisierung bringt Effizienzvorteile:[120] Datenquellen müssen nicht neu gesucht werden, Schnittstellen zur Datenextraktion und Transformationsprozesse zur Gewinnung der Berichtsinformation können automatisiert werden, Berichtsvorlagen (Templates) ermöglichen eine raschere und einfachere Aktualisierung und eine einfachere Verarbeitung der Inhalte beim gleichbleibenden Empfängerkreis („Wiedererkennung" der Berichtsformate und –inhalte). Allerdings kann ein Standardbericht definitionsgemäß nicht auf individuelle oder situationsspezifische Informationsbedürfnisse eingehen. Seine Inhalte müssen deshalb auf die als **permanent steuerungsrelevant** vermuteten oder erkannten **Informatio-**

[119] Waniczek nennt 80-90% des Informationsbedarfs als Mindestanforderung (Waniczek 2002, S. 123). Allerdings muss jede solche Zahl notgedrungen willkürlich bleiben. Auch zeigen empirische Untersuchungen, dass dieser Wert in der Praxis offenbar unerreichbar hoch bleibt (vgl. dazu gleich weiter unten).

[120] Vgl. auch Birk 1991, S. 43ff.

nen fokussiert bleiben.[121] Je häufiger eine Größe benötigt wird und je größer der Kreis der Personen ist, der diese Information benötigt, desto sinnvoller ist ihre Aufnahme den Standardbericht. Eine Individualisierung findet – wenn überhaupt – nur in sehr begrenztem Ausmaß statt (z.B. unterschiedliche Kommunikationswege der Berichtsinhalte an unterschiedliche Abnehmergruppen: persönliche Durchsprache mit Geschäftsführung, einfache Verteilung per Email an Abteilungsleiter). Bei der Erstellung von Standardberichten muss deshalb abgewogen werden zwischen möglichst weitgehender Standardisierung (um effizient bleiben zu können) und notwendiger Individualisierung (um die Anforderungen einzelner Nutzer abdecken zu können).

Standardberichte weisen einen festen Zyklus (häufig monatlich oder vierteljährlich) auf, Auslöser für die Berichtserstellung ist regelmäßig das Erreichen vordefinierter Termine. Um die Informationsbedürfnisse eines möglichst großen Empfängerkreises abdecken zu können (Standardisierung!) enthalten sie in aller Regel Informationen zu mehreren unterschiedlichen Berichtsobjekten (Gesamtunternehmen, Funktionsbereiche, Regionen, Produktlinien, etc.) und kombinieren unterschiedliche Informationsarten (Ist-, Plan-, Sollwerte, etc.). Standardberichte nehmen damit häufig die Form eines „Informationskatalogs" an, aus welchem die Abnehmer das für sie jeweils konkret Relevante extrahieren können bzw. müssen. Zu ihrer erstmaligen Erstellung sind relativ umfangreiche Vorarbeiten nötig (Analyse des Informationsbedarfs, Reportkonzeption, Quellensuche und –vorbereitung, etc.), welche nur gerechtfertigt sind, wenn die Berichte einen ausreichend großen Empfängerkreis bedienen und für längere Zeit stabil gehalten werden können. Einzelne Abnehmer haben damit kaum die Möglichkeit, Inhalt und Struktur des Standardberichts zu beeinflussen, ihr subjektiver Informationsbedarf wird nur teilweise gedeckt werden. Umgekehrt entsteht bei Standardberichten die Gefahr, einen Teil der Inhalte vergeblich zu generieren, da diese von keinem Abnehmer benötigt und/oder verstanden werden.[122]

Ihrem Wesen nach eignen sich Standardberichte vor allem für die konzeptionelle und die symbolische Nutzung in Entscheidungssituationen, während eine instrumentelle Nutzung eher weniger unterstützt wird. Beim Kontrollzweck steht eindeutig die diagnostische Nutzung im Vordergrund, eine interaktive Nutzung ist aber denkbar (z.B. wenn bestimmte Berichtsteile hervorgehoben und/oder häufiger aktualisiert werden). Der Dokumentationszweck lässt sich durch Standardberichte sehr gut abdecken.

4.1.2.2 Abweichungsberichte

Als zweite wichtige Berichtsart werden sie nicht durch Zeitablauf ausgelöst, sondern bei Überschreitung einer vorab definierten Toleranzschwelle in einer für Führungsaufgaben relevanten Größe (Umsatz, Kosten, Mitarbeiterzahl, Kundenbeschwerden, etc.). Abweichungsberichte sind damit informatorischer Ausdruck eines „management by exception":[123] die Führungskräfte erhalten nur dann eine Information, wenn die Abweichung von

[121] Waniczek 2002, S. 133
[122] Vgl. Birk 1991, S. 44
[123] Vgl. Küpper 2005, S. 172

der geplanten Größe ausreichend groß ausfällt. Abweichungsberichte sind insoweit standardisiert, als vorab definiert sein muss, welche Größen und welche Abweichungshöhen dieser Größen überhaupt die Erstellung eines Berichts auslösen können und welche Personen oder Stellen zum Adressatenkreis des Berichts gehören sollen. Basis für Abweichungsberichte müssen immer vordefinierte Plan- oder Zielwerte sein. In der Praxis ist dies z.B. über Budgetvorgaben realisierbar. Nur wenn die Abweichung von den Budgetwerten ein vordefiniertes Intervall überschreitet, wird ein Abweichungsbericht erstellt. Dieser Bericht stellt nicht nur die Abweichung selbst dar (Symptom), sondern soll gleichzeitig über Ursachen und mögliche Gegenmaßnahmen informieren.

Abweichungsberichte weisen definitionsgemäß keinen festen Rhythmus auf. Vielmehr gilt es die Toleranzgrenzen so zu wählen, dass die Berichtserstellung weder zu häufig noch zu selten ausgelöst wird.[124] Im ersten Fall verpufft die intendierte Wirkung bei den Adressaten, da „regelmäßige Ausnahmen" nicht mehr handlungsauslösend wirken bzw. die Sinnhaftigkeit der zugrundeliegenden Planwerte und Toleranzschwellen in Zweifel gezogen wird. Im zweiten Fall bleibt das Management Reporting zu reaktiv, da eine Information der Führungskräfte nur bei außergewöhnlich hohen Abweichungen von den Plan- oder Zielwerten erfolgt – also nur bei einer „Eskalation der Lage", womit Gegenmaßnahmen erschwert oder sogar unmöglich gemacht werden. Im Zentrum der Erstellung von Abweichungsberichten steht damit die Frage, welche Situationen oder Entwicklungen als „Ausnahme" bzw. als „kritisch" zu betrachten sind und ein individuelles Eingreifen des Führungspersonals erforderlich machen. Bei stark ergebniswirksamen oder strategisch wichtigen Größen wird man die Toleranzschwellen enger setzen als bei weniger wichtigen Größen, um so die Gefahr einer Über- oder Unterreaktion der Führungsverantwortlichen möglichst gering zu halten.[125]

Abweichungsberichte eigenen sich für Dokumentationszwecke, ihr Kern liegt aber in der instrumentellen Nutzung in konkreten Entscheidungssituationen. Eine konzeptionelle Nutzung ist kaum sinnvoll, während hingegen eine symbolische Nutzung durchaus vorstellbar ist. Je nach Definition der Berichtsgrößen und der Toleranzschwellen kann eine interaktive oder eine eher diagnostische Nutzung für Kontrollzwecke realisiert werden.

4.1.2.3 Bedarfsberichte

Sie weisen das geringste Ausmaß an Standardisierung auf. Bedarfsberichte werden auf spezielle Anforderung der späteren Berichtsadressaten erstellt und auf den konkret geäußerten Informationsbedarf zugeschnitten. Damit sind weder Zyklus, noch Inhalt, Umfang oder Darstellungsform normiert, sondern hängen einzig von den Wünschen der Berichtsempfänger ab. Häufig können die Inhalte anderer Berichtsarten (Standardberichte oder Abweichungsberichte) in der Folge die Erstellung von Bedarfsberichten auslösen:[126] Die Ursachen einer Abweichung sollen detailliert erforscht und dargestellt werden, die Aus-

124 Vgl. Weber/Schäffer 2011, S. 227
125 Vgl. Birk 1991, S. 45
126 Vgl. Horvath 2009, S. 542

wirkungen einer Zielabweichung auf einzelne Kundengruppen untersucht werden, die Folgen eines Produktionsstillstands auf den Umsatz der nächsten Monate nach Produktgruppen prognostiziert werden, etc. Bedarfsberichte können aber auch unabhängig von Standardberichten nachgefragt und erstellt werden, z.B. wenn besondere, selten auftretende Entscheidungssituationen auftreten (Großinvestitionen, Firmenübernahmen, Strategiewechsel, etc.)

Bedarfsberichte sind in ihrem Anfall nur schwierig planbar und fallen in der Regel sehr kurzfristig an. Die Berichte erstellenden Stellen (z.B. das Controlling) müssen deshalb für ihre Erstellung entweder eine „Ressourcenreserve" bereithalten oder aber im Ernstfall Priorisierungen vornehmen und andere Aufgaben verschieben. Das Recht, Bedarfsberichte anfordern zu können, ist deshalb in vielen Unternehmen eingeschränkt und steht z.B. nur den obersten Führungsebenen zu oder aber muss in Ausnahmefällen durch besondere Umstände (z.B. Kundenwünsche) gerechtfertigt werden.

Bedarfsberichte weisen eine sehr hohe Ressourcenintensität in der Erstellung, aber (im Idealfall) auch einen sehr hohen Deckungsgrad von Informationsangebot und subjektivem Informationsbedarf auf. Während Standardberichte quasi „Konfektionsware von der Stange" darstellen (passt vielen Adressaten, den meisten davon aber nicht perfekt), sind Bedarfsberichte „Maßanfertigungen": Nicht jeder braucht sie und nicht jeder kann (oder darf!) sie sich leisten.

Abbildung 4.3 Berichtsarten

	Auslöse-mechanismus	**Philosophie**	**Bedarfs-festlegung**
Standard-bericht	Bestimmter Zeitpunkt	"Informations-katalog"	Einmalig, wenig Modifikation
Abweichungs-bericht	Bestimmte Abweichungen	"Management by Exception"	Gebunden an Abweichungen, Vereinbarung zwischen Sender und Adressat
Bedarfs-bericht	Abfragen der Adressaten	Ad-Hoc-Nachfrage	Keine Definition des Informa-tionsbedarfs

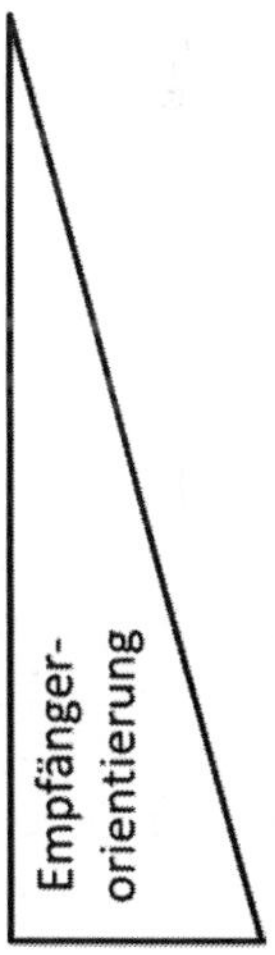

Quelle: in Anlehnung an Birk 1991, S. 43

Der technische Fortschritt und die stetig wachsende IT-Unterstützung des Management Reporting[127] machen es heute allerdings einfacher, Bedarfsberichte effizient zu realisieren und damit einem weiteren Adressatenkreis zugänglich zu machen. Insbesondere durch eine weitgehende IT-Unterstützung, welche individuelle Kontrollabfragen effizient erlaubt, können Bedarfsberichte gut eine interaktive Nutzung für Kontrollzwecke ermöglichen. In Entscheidungssituationen steht die instrumentelle Nutzung im Vordergrund, aber auch eine symbolische Nutzung ist denkbar. Eine konzeptionelle Nutzung wird hingegen eher die Ausnahme sein. Für Dokumentationszwecke eigenen sich Bedarfsberichte kaum.

Die drei wesentlichen Berichtsarten sind in **Abbildung 4.3** vergleichend dargestellt.

Konkret: Bedeutung der Berichtsarten in der Praxis

Obgleich sich alle genannten Berichtsarten in der Unternehmenspraxis wiederfinden lassen, dominiert doch der Standardbericht. Rund die Hälfte der für Berichte aufgewendeten Arbeitszeit in den Unternehmen fließt in diesen Berichtstyp, gefolgt von Bedarfs- und Abweichungsberichten. Andere Berichtsarten spielen kaum eine Rolle im Unternehmensalltag. Dieses Muster erweist sich im Zeitverlauf als relativ stabil.

Bedeutung einzelner Berichtsarten in der Praxis

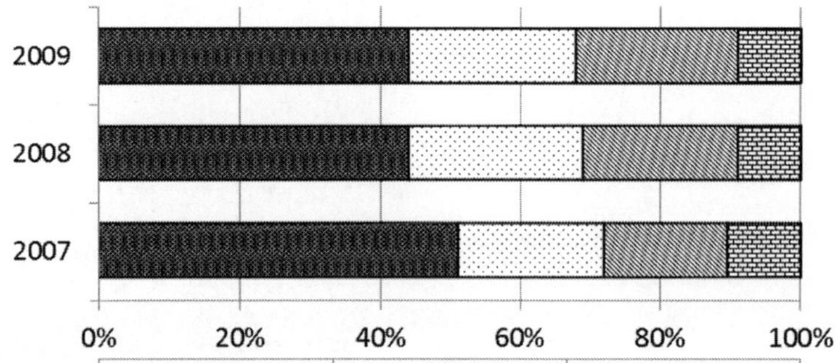

	2007	2008	2009
Standardberichte	51%	44%	44%
Bedarfsberichte	21%	25%	24%
Abweichungsberichte	18%	22%	23%
Sonstige Berichtsarten	11%	9%	9%

Quelle: WHU Controllerpanel 2007, 2008 und 2009, eigene Darstellung

4.1.3 Einflussfaktoren auf Berichtszwecke und Berichtsarten

Welche Nutzungsarten von Berichtsinformation in einem Unternehmen dominieren und welche Berichtsarten häufiger als andere auftreten, kann naturgemäß nicht allgemein be-

127 Vgl. Horvath 2009, S. 542. Siehe dazu noch ausführlicher in Kapitel 6.2.

antwortet werden. Jedes Verhalten in Organisationen – so auch das Informationsverhalten - ist kontingent, d.h. von den jeweils gegebenen Rahmenbedingungen abhängig.[128] Der Kontingenzansatz findet sich sowohl in der Organisationstheorie[129] als auch in der Controllingforschung wieder.[130] Allerdings finden sich bisher keine explizit kontingenztheoretischen Arbeiten mit Fokus auf dem Berichtswesen. Fragen wie „Unter welchen Bedingungen dominieren welche Berichtszwecke?" oder „Welche Faktoren bestimmen im Unternehmen die Art der Nutzung von Berichtsinformation?" warten bisher noch auf eine ausführliche empirische Untersuchung.

Deshalb können im Folgenden nur einige Kausalbeziehungen grob skizziert werden, welche sich aus den kontingenztheoretischen Ergebnissen der Controllingforschung allgemein ableiten lassen. Sie besitzen aber letztendlich nur Thesencharakter, da ihre umfassende empirische Überprüfung noch aussteht.

Einflussfaktor „Informationsnutzer"

Es erscheint unmittelbar einleuchtend, dass Eigenschaften des Informationsnutzers das Informationsverhalten des Nutzers beeinflussen. So hat die Controllingforschung mehrfach einen Zusammenhang zwischen dem Knowhow des Informationsnutzers und seinem Informationsverhalten festgestellt:[131] Nutzer mit höherem Knowhow können mehr und komplexere Information verarbeiten. Im Berichtswesen kann dies z.B. dazu führen, dass die diagnostische Kontrolle bevorzugt wird, da der Nutzer mit den umfangreichen Informationen vertraut ist (bzw. sich rasch vertraut machen kann). Ebenso kann der Dokumentationszweck verstärkt in den Vordergrund rücken, da Nutzer mit Expertenwissen Informationen aus unterschiedlichen Berichtszeitpunkten einfacher vergleichen und aus diesem Vergleich neue Erkenntnisse gewinnen können. Generell könnte darüber hinaus vermutet werden, dass Berichtsinformation insgesamt stärker nachgefragt wird und damit alle Berichtszwecke an Bedeutung gewinnen: „Expertennutzer" verspüren einen höheren subjektiven Bedarf an Berichtsinformation als „Laiennutzer".

Neben dem vorhandenen Knowhow wird auch das individuelle Führungsverhalten der Informationsnutzer bzw. deren jeweils individuell unterschiedliche Auffassung von der Führungsaufgabe die Art der Informationsnutzung und damit die Berichtszwecke beeinflussen:[132] Intuitiv agierende Manager (oder Führungshandelnde, die sich vor eine eher intuitiv zu treffende Entscheidung gestellt sehen) werden Information weniger instrumentell einsetzen als dies in analytisch geprägten Situationen der Fall ist. In intuitiv geprägten Situationen oder bei intuitiv agierenden Personen wird eher die konzeptionelle oder die

---

128 Die Kontingenztheorie basiert auf der Idee, dass die Effektivität von Prozessen und Strukturen in Organisationen davon abhängt, wie gut diese zu den gegebenen Rahmenbedingungen passen. Die „Passung" zwischen Organisation und Kontext bestimmt die Fähigkeit der Organisation, ihre Ziele zu erreichen.

129 Für einen Überblick vgl. z.B. Kieser 2006, S. 215ff.

130 Eine aktuelle Übersicht über den Forschungsstand im englischsprachigen Raum gibt z.B. Chenhall 2007.

131 Vgl. Flacke 2007 und Holland-Letz 2008.

132 Vgl. dazu auch Waniczek 2002, S. 154, Böhm/Müller 1995, S. 463

symbolische Nutzung von Information im Vordergrund stehen. Ein eher chaotischer Manager wird dem Kontrollzweck weniger Bedeutung beimessen, sondern sich mehr auf Bedarfsberichte stützen als eine stark strukturiert vorgehende Führungskraft.

Einflussfaktor „Strategie“

Welche Information im Unternehmen für die Wahrnehmung von Führungsaufgaben benötigt wird hängt auch von der verfolgten Strategie des Unternehmens ab. Eher reaktiv auf Anpassung ausgerichtete Unternehmen haben einen anderen Informationsbedarf als proaktive Unternehmen.[133] In reaktiv ausgerichteten, in diesem Sinne also eher „konservativ“ agierenden Unternehmen wird tendenziell die diagnostische Kontrolle einen hohen Stellenwert besitzen. Pro-aktive Unternehmen müssen dagegen Führungsinformation häufig instrumentell einsetzen (z.B. wenn konkrete Einzelchancen wahrgenommen werden sollen), während die Kontrolle eher interaktiv ausgerichtet ist (einige wenige, als kritisch erkannte, Größen werden kontinuierlich verfolgt, um neue Chancen und Risiken möglichst rasch erkennen zu können).

Einflussfaktor „Organisationskomplexität“

Die Komplexität eines Unternehmens ist abhängig von der Größe des Unternehmens, der Anzahl und dem Ausmaß der Interdependenzen (Abhängigkeiten) zwischen den Unternehmensteilen und dem Ausmaß der Dezentralisierung von Kompetenzen und Entscheidungsbefugnissen. Zur Steuerung von komplexen Organisationen wird mehr Information benötigt. Auch muss die Information stärker integriert sein, also Abhängigkeiten zwischen funktional getrennten Einheiten aufzeigen und darstellen können bzw. Rückschlüsse von einer Einheit auf eine andere erlauben. Auch wird die Information in unterschiedlichem Aggregationsgrad benötigt, da Führungsaufgaben auf unterschiedlichen Hierarchieebenen ausgeübt werden. Komplexe Organisationen werden tendenziell einen größeren Kontrollbedarf haben als einfache Organisationen, was sich häufig in einem stark ausgeprägten Standardreporting niederschlägt. Auch kann die symbolische Nutzung von Berichtsinformation einen hohen Stellenwert einnehmen, da verteilt erfolgte Entscheidungen gegenüber anderen Führungsstellen begründet und verteidigt werden müssen. Nicht-komplexe (einfache) Organisationen haben dagegen einen vergleichsweise geringeren Bedarf an Kontrollinformation. Hier erfolgt ein größerer Anteil der Informationsaufnahme durch persönliches Erleben und direkte Teilnahme der Führungskräfte an den operativen Abläufen des Unternehmens.

Einflussfaktor „Unternehmenskultur“

Unter Unternehmenskultur kann die „Grundgesamtheit gemeinsamer Werte, Normen und Einstellungen, welche die Entscheidungen, die Handlungen und das Verhalten der Organi-

133 Auch dies ist in der kontingenztheoretischen Forschung mehrfach empirisch bestätigt worden. Vgl. dazu z.B. Zimmermann 2001 oder Chenhall 2007.

sationsmitglieder prägen"[134] verstanden werden. Sie bildet den Rahmen für das Handeln der Akteure und beeinflusst damit auch, wie Führungsinformation genutzt wird. Deal und Kennedy haben eine populär gewordene **Typologisierung von Unternehmenskulturen** anhand von zwei wesentlichen Merkmalen vorgeschlagen: das Risiko, mit dem Geschäfte durchgeführt werden (mit viel oder mit wenig Risiko behaftet) und die Geschwindigkeit, mit der die Auswirkungen von Entscheidungen sichtbar werden.[135] Daraus leiten sie vier unterschiedliche Typen von Unternehmenskulturen ab. Unternehmen, deren Geschäft mit einem geringen Risiko verbunden ist und welche auch erst spät die Auswirkungen ihrer Entscheidungen erfahren, nennen Deal und Kennedy „bürokratische Unternehmen". Diese legen großen Wert auf Details und klare Prozesse. Entsprechend werden Standardberichte dominieren, die Dokumentation und die diagnostische Kontrolle sowie die symbolische Absicherung von Entscheidungen stehen im Vordergrund. Das Gegenstück bilden sogenannte „Macho-Kulturen", die durch hohes Risiko und sehr schnelles Feedback zu getroffenen Entscheidungen charakterisiert sind. Das Hier und Jetzt steht im Mittelpunkt, individualistisches Handeln ist die Norm. Standardberichte können in solchen Unternehmen den Informationsbedarf schlecht decken, Bedarfsberichte sind entsprechend häufiger. Berichtsinformation wird vorwiegend für die interaktive Kontrolle oder für instrumentelle Planungszwecke eingesetzt.[136]

Einflussfaktor „Umweltdynamik"

Auch die Umwelt des Unternehmens beeinflusst die Nutzung von Führungsinformation. Die Kontingenzforschung hat hier insbesondere den Einfluss der Umweltunsicherheit und der Umweltdynamik untersucht.[137] Unsichere, dynamische Umwelten werden tendenziell als weniger beeinflussbar wahrgenommen. Das Unternehmen ist solchen Umwelten stärker „ausgeliefert", was auch den Bedarf an und die Nutzung von Information beeinflusst: Bei hoher Umweltdynamik gewinnt die konzeptionelle Nutzung von Information an Bedeutung, da eine detaillierte Analyse einzelner Entscheidungen (instrumentelle Nutzung) schwierig bis unmöglich wird. Kontrollinformation wird eher interaktiv als diagnostisch eingesetzt: die Führungskräfte fokussieren auf einige wenige Kenngrößen, deren Entwicklung kontinuierlich überwacht wird, da sie als aussagekräftige Indikatoren für die zu erwartende zukünftige Entwicklung angesehen werden.

4.2 Berichtszwecke und Berichtsarten im Konzern

Bisher wurde stillschweigend davon ausgegangen, dass der Reportingprozess innerhalb der organisatorischen Grenzen eines einzelnen Unternehmens abläuft und die Beteiligten

---

134 Gabler Wirtschaftslexikon 2004, S. 3040f.

135 Vgl. Deal/Kennedy 1982, S. 107

136 Deal und Kennedy unterscheiden noch „Risikokulturen" (hohes Risiko, langsames Feedback) und „Brot-und-Spiele-Kulturen" (geringes Risiko, schnelles Feedback) als weitere Typen von Unternehmenskulturen, auf die hier aber nicht weiter eingegangen werden soll, vgl. Deal/Kennedy 1982.

137 Vgl. Chenhall/Morris 1986, Ittner/Larcker 1997

(Berichtsersteller und Berichtsnutzer) Mitglieder derselben Organisation sind. Dieser gedankliche Rahmen erweitert sich, wenn das Berichtswesen im Rahmen eines Konzerns betrachtet wird.

Das deutsche Aktiengesetz definiert einen Konzern als einen Zusammenschluss von mehreren rechtlich eigenständigen Unternehmen, bei denen ein oder mehrere abhängige Unternehmen unter der einheitlichen Leitung eines herrschenden Unternehmens stehen.[138] Ein Konzern fasst demnach mehrere rechtlich selbständige Unternehmen unter eine gemeinsame wirtschaftliche Leitung zusammen. Die wirtschaftliche Verflechtung entsteht dabei durch Besitzverhältnisse (Mutter-Tochter-Beziehung) und/oder durch personelle Verflechtungen (geteilte Funktionen und Leitungsgremien). Die einheitliche wirtschaftliche Leitung bedeutet in der Praxis unter anderem, dass Führungsaufgaben zum Teil zentral vom beherrschenden Unternehmen ausgeübt werden und das Führungspersonal des beherrschenden Unternehmens (die „Konzernspitze") entsprechend auch Information über die wirtschaftliche Lage der einzelnen verbundenen Unternehmen benötigt.

Im Konzern entsteht deshalb ein Bedarf nach einem zweistufigen Reporting:[139]

1. Das Führungspersonal jedes einzelnen Konzernunternehmens hat einen Bedarf an Führungsinformation, welcher durch ein unternehmensinternes Berichtswesen gedeckt werden muss.

2. Das Führungspersonal der Konzernmutter hat einen Informationsbedarf über die beherrschten Unternehmen, welcher durch ein unternehmensübergreifendes Berichtswesen gedeckt werden muss.

Für das **unternehmensinterne Berichtswesen** gilt prinzipiell das bisher zu Berichtszwecken Gesagte. Allerdings werden Wünsche und Vorgaben der Konzernmutter zum Reporting (z.B. bezüglich Umfang, Zyklus, Inhalten) auch das interne Berichtswesen der einzelnen Konzernteile wesentlich beeinflussen. Die Ausgestaltung des Berichtswesens innerhalb eines Konzernunternehmens ist typischerweise stark von konzernweiten Vorgaben geprägt: Schon aus Effizienzgründen, aber auch zur besseren Vergleichbarkeit und Konsolidierbarkeit werden sich Konzernvorgaben auf allen hierarchischen Ebenen des Konzerns wiederspiegeln – und zwar nicht nur im unternehmensübergreifenden, sondern auch im rein unternehmensinternen Reporting.

Dem **Konzernberichtswesen** kommt damit neben den drei bereits genannten Hauptzwecken der Dokumentation, der Planung und Entscheidungsunterstützung sowie der Kontrolle noch ein weiterer, für Konzerne typischer, Zweck zu: die **Koordination** zwischen Konzernteilen.[140] Diese Koordination geschieht auf zweierlei Arten:

138 Vgl. §18 AktG
139 Vgl. Scheffler 1993, S. 309
140 Vgl. auch Hoffjan 2009, S. 192

- Zum einen erfolgt eine **Koordination des Geschäftsverständnisses** aller Konzernteile durch eine Harmonisierung von Begriffen [141], der Vorgabe von bestimmten als wichtig erachteten Kenngrößen und Wertmaßstäben oder der Standardisierung von Berichtsprozessen und Berichtsinhalten („Koordination im Denken").
- Zum anderen erfolgt eine **Koordination der Führungshandlungen der Konzernteile**, indem es den informatorischen Rahmen für eine konzernübergreifende Erfassung, Messung und Sanktionierung (Belohnung oder Bestrafung) von Führungshandeln zur Verfügung stellt und damit die Ausrichtung aller Konzernteile an unternehmensübergreifenden, konzernweiten Zielen und Vorgaben ermöglicht („Koordination im Handeln").

Dieser für Konzerne wesentliche Berichtszweck der Koordination ist allerdings nicht problemlos zu erreichen, da zwischen den Konzernteilen oft deutliche „informatorische Grenzen"[142] bestehen (besonders, wenn der Konzern nicht organisch gewachsen, sondern durch Zukäufe oder Verschmelzung vormals unabhängiger Unternehmen entstanden ist), die sich vor allem in unterschiedlichen Datensystemen äußern.

Das Berichtswesen in Konzernen muss eine größere inhaltliche Komplexität abbilden können als dies in einem Einzelunternehmen der Fall ist, da es sich an einen größeren und in seinem Informationsbedarf höchst unterschiedlichen Adressatenkreis auf unterschiedlichen organisatorischen Ebenen richtet. Mehr noch als in Einzelunternehmen führt dies zu einer Ausdifferenzierung unterschiedlicher Berichtsarten, die möglichst aufeinander abgestimmt sind und in ihrer Gesamtheit den Bedarf an Führungsinformation im Konzern decken sollen. Dies wird gemeinhin als „Berichtssystem" bezeichnet.

Management Reporting-Enzyklopädie:

Berichtssystem

Ein Berichtssystem stellt die geordnete Menge aller in einer wirtschaftlichen Einheit (Unternehmen oder Konzern) erstellten und in Inhalt, Frequenz und Berichtsobjekten auf einander abgestimmten Einzelberichte dar.

Die konkrete Ausgestaltung eines Berichtssystems ist dabei auch vom Konzerntyp abhängig:[143]

In einem sogenannten „**Stammhauskonzern**" ist das Mutterunternehmen selbst operativ am Markt tätig und übt deshalb umfangreiche Leistungs-, Leitungs- und Kontrollaufgaben aus. Berichte für die Konzernführung eines Stammhauskonzerns werden typischerweise umfangreich und detailliert sein, da die Konzernspitze stark in das operative Wirken der

---

141 So ist es keineswegs selbstverständlich, dass in unterschiedlichen Unternehmen der Begriff „Umsatz" vollkommen gleich interpretiert und benutzt wird. Muss dem unternehmensübergreifenden Reporting an die Konzernmutter allerdings eine ganz bestimmte Interpretation des Begriffs zugrunde gelegt werden, wird sich dieses Begriffsverständnis früher oder später auch im unternehmensinternen Reporting des Tochterunternehmens durchsetzen.

142 Kieninger 1993, S. 23

143 Vgl. dazu auch Birk 1991, S. 156ff.

Töchter involviert und mit diesem verwoben ist. Die Standardberichte dienen vornehmlich der instrumentellen Unterstützung konkreter operativer und strategischer Einzelentscheidungen, die Kontrolle findet meist diagnostisch statt und umfasst eine breite Palette an Kenngrößen, die in regelmäßigen Abständen für alle Konzernteile ermittelt werden.

In einer **Managementholding** konzentriert sich die Spitze dagegen auf die Festlegung von strategischen Zielgrößen, deren Erreichung auch kontrolliert wird. Die operative Ausführung bleibt weitgehend den Konzerntöchtern überlassen, womit das Berichtswesen zwar von regelmäßigen, aber im Vergleich zu Stammhauskonzernen deutlich weniger umfangreichen Berichten geprägt sein wird. Das Reporting soll auf der operativen Ebene eher eine konzeptionelle Nutzung unterstützen (indem der Konzernspitze ein allgemeines Verständnis des Geschäfts der einzelnen Töchter ermöglicht wird), auf der strategischen Ebene werden dagegen instrumentell einzelne Entscheidungen geplant und vorbereitet (da hier der inhaltliche Tätigkeitsschwerpunkt der Konzernmutter liegt).

In einer reinen **Finanzholding** beschränkt sich die Konzernspitze auf die kontinuierliche Überwachung einiger weniger Kenngrößen. Es findet primär eine auf Finanzkennzahlen konzentrierte interaktive Kontrolle über Standardberichte statt, welche in Einzelfällen durch Abweichungs- oder Bedarfsberichte ergänzt wird, welche dann wiederum der instrumentellen Vorbereitung konkreter Einzelentscheidungen dienen (z.B. dem Verkauf oder der Schließung unrentabler Konzernteile).

Wenngleich also das Konzernreporting sich in seiner grundsätzlichen Zwecksetzung nicht wesentlich vom Berichtswesen in Einzelunternehmen unterscheidet, weist es in den anderen Gestaltungsdimensionen doch eine Reihe von Besonderheiten auf, welche sich in einer Vielzahl von Einzelproblemen äußern (vgl. **Tabelle 4.1**). Auf Grund dieser Probleme ist es für das Management Reporting im Konzern bei gleicher Zwecksetzung tendenziell schwieriger als im Einzelunternehmen, den Informationsbedarf der Führungshandelnden adäquat zu decken.[144]

Tabelle 4.1 Problemfelder des Reporting in internationalen Konzernen

Problemfelder	Inhalt (=> „Was?“)	Formal (=> „Wie?“)	Zeit (=> „Wann?“)	Organisation / Personell (>= „Wer?)
Zentrale vs. dezentrale Anforderungen	Fehlende Motivation zur inhaltlich genauen Berichtserstellung und daher Gefahr der bewussten oder unbewussten Manipulation	Berichtssystem sollte Validierungsregeln enthalten, bevor Daten an das zentrale System weitergegeben werden können	Spannungen und Desinteresse an der Erstellung von Daten können das Reporting verzögern	Förderung des Vertrauens in die Informationswünsche der Konzernzentrale durch Schulungsmaßnahmen und Verdeutli-

144 Auf einige der Einzelprobleme wird in den Folgekapiteln noch näher eingegangen.

Problemfelder	Inhalt (=> „Was?")	Formal (=> „Wie?")	Zeit (=> „Wann?")	Organisation / Personell (>= „Wer?)
				chung der Notwendigkeit der Datenermittlung: evtl. Aufstockung des dezentralen Personals für Erfüllung der Reporting-Aufgaben
Inkonsistenz der Basis- und Informationssysteme	Fehlende Einheitlichkeit und Transparenz der konzernweit berichteten Informationen	Management der unterschiedlichen systemtechnischen Schnittstellen von heterogenen Vorsystemen mit dem zentralen Berichtssystem	Zahlreiche Abstimmungen verzögern eine möglichst schnelle Fertigstellung der Reports	Erheblicher Abstimmungsaufwand zwischen verschiedenen Systemen benötigt mehr personelle Ressourcen
Unterschiedliche ökonomische und rechtliche Rahmenbedingungen	Erschwerte länderübergreifende Vergleichbarkeit von Kennzahlen (z.B. Personal-Controlling und Produktivität) wegen unterschiedlicher ökonomischer Marktentwicklung und rechtlicher Rahmenbedingungen	Berichtssysteme müssen erhöhte Komplexität der Darstellung ökonomischer Zusatzinformation bewältigen können	Zeitlich Verzögerung infolge der Ermittlung und Darstellung der ökonomischen Rahmendaten	Mehraufwand infolge der Ergänzung der Berichte um ökonomische Rahmendaten und der Erstellung von Abweichungsanalysen
Kulturelle Distanz	Gefahr der abweichenden Interpretation von Kennzahlen wegen kultureller Besonderheiten oder Ressentiments	---	Gefahr der Verzögerung des Reporting negativer Erfolgsgrößen ausländischer Konzerneinheiten	Notwendigkeit zusätzlicher Kooperationsmaßnahmen zur Förderung des Verständnisses für jeweilige kulturelle Besonderheiten und Berichtsformen
Sprache	Es sollte eine weltweit einheitliche Sprache genutzt werden, damit ein einheitliches und eindeutiges Begriffs-	Es sollte eine einheitliche Systemsprache an der Schnittstelle der zentralen und dezentralen Systeme geben	Übersetzungen können zu zeitlichen Verzögerungen führen	Mitarbeiter im Berichtswesen müssen die einheitliche Konzernsprache fließend beherrschen

Problemfelder	Inhalt (=> „Was?“)	Formal (=> „Wie?“)	Zeit (=> „Wann?“)	Organisation / Personell (>= „Wer?)
	verständnis, z.B. bei Kennzahlen vorliegt			
Entfernung	Erschwerte direkte Kommunikation bei offenen Fragen an die Zentrale infolge der Zeitverschiebung	Wegen der Zeitverschiebung kann ein Schließen der Konten in der europäischen Zentrale erst verspätet erfolgen	Problematik der Zeitverschiebung kann zu Verspätungen im Reporting führen	Notwendigkeit bzw. Förderung flexibler Arbeitszeiten, um direkten interkontinentalen Kontakt zu ermöglichen

Quelle: Hoffjan 2009, S. 198f.

Konkret: Ziele und Umsetzung des Konzernreportings in der EnBW AG[145]

Die EnBW Energie Baden-Württemberg AG mit Hauptsitz in Karlsruhe ist das drittgrößte Energieversorgungsunternehmen in Deutschland. An der Spitze des Konzerns mit etwa 20.000 Mitarbeitern steht eine Managementholding, welche die Leitungsfunktion über mehr als 70 Konzerngesellschaften[146] ausübt. Diese sind in drei große Geschäftsfelder (Strom, Gas, Energie- und Umweltdienstleistungen) zusammengefasst.

Das Konzernreporting muss Informationen einerseits zu den juristischen Tochterunternehmen, andererseits zu den Geschäftsfeldern bereitstellen, also die „legale“ und die „Management-Sichtweise“ gleichermaßen abdecken.[147] Wesentlich ist dabei die Einheitlichkeit und Eindeutigkeit der Daten und der berichteten Kennzahlen unabhängig von dem jeweils betrachteten Informationsobjekt. Dies drückt die wichtige Koordinationsfunktion des Konzernreporting aus, welche im Falle der EnBW AG vor allem durch eine konzernweit vereinheitlichte IT-Plattform sowie angepasste Prozesse und Aufgabenverteilungen erreicht wird.

Basierend auf dieser einheitlichen Datenbasis werden benutzerspezifische Reports in unterschiedlichen Zyklen (vornehmlich Monats- und Quartalszyklen) und Aggregationsniveaus erstellt (Einzelunternehmen, Geschäftsbereich, Gesamtkonzern). Die Managementholding fokussiert dabei auf strategische Geschäftsfelder, in denen mehrere Beteiligungen mit gleichem Geschäftsmodell zusammengefasst werden. Für diese strategischen Geschäftseinheiten wird im Reporting eine Kombination aus finanziellen und nichtfinanziellen Kennzahlen mit primär strategischem Fokus aufbereitet.

Berichte auf der Ebene der Einzelgesellschaften werden den Konzernleitungsebenen (Konzernvorstand, Aufsichtsrat) ebenso zur Verfügung gestellt wie den Vorständen der

145 Vgl. dazu Bassler/Kirchhof 2006
146 Stand per 31.12.2009
147 Bassler/Kirchhof 2006, S. 591

Geschäftsbereiche (Ressorts) und den Verantwortlichen der Einzelgesellschaften selbst. Höher aggregierte Reports erhalten nur die Vorstände der Geschäftsbereiche und der Konzernspitze. Damit ergibt sich ein mehrstufiges Berichtssystem, welches basierend auf einer einheitlichen Datenbasis die Informationsbedürfnisse des Konzerns abdeckt.

4.3 Verhaltensbeeinflussung durch Reporting

Bei der Vorstellung der Gestaltungsdimensionen von Berichten[148] wurde bereits darauf hingewiesen, dass jeder Übermittlung von Information zwischen einem Sender und einem Empfänger letztendlich der Zweck der Verhaltensbeeinflussung innewohnt. Nur wenn die Information für den Empfänger „einen Unterschied macht", sein Verhalten und Handeln also in irgendeiner Form verändert, hat die Informationsübermittlung ihren Zweck erfüllt. Versteht man mit Witte unter Informationsverhalten „das auf Information gerichtete Tun und Unterlassen von Menschen"[149], welches die Entgegennahme, die Verarbeitung und die Abgabe von Information umfasst (also den Informationsprozess im eigentlichen Sinn), dann kann sich eine Verhaltensänderung auf eben diesen Informationsprozess selbst beziehen (Informationsverhalten im engeren Sinn) oder auf ein vorhergehendes oder anschließendes Verhalten, welches mit dem Prozess kausal verbunden ist (Informationsverhalten im weiteren Sinn). Auf jeden Fall muss die Information für den Handelnden in irgendeiner Form „einen Unterschied machen".

Dieser Unterschied besteht zunächst darin, dass die Informationsübermittlung Aufmerksamkeit hervorruft. Unter **Aufmerksamkeit** soll hier die „Zuweisung von Informationsverarbeitungskapazität"[150] verstanden werden. Da die menschliche Informationsverarbeitungskapazität aber immer beschränkt ist, stellt Aufmerksamkeit gleichzeitig eine Priorisierung dar: Was die Aufmerksamkeit eines Akteurs weckt, ist per se wichtiger als alles andere, was der Akteur nicht wahrnimmt. Die knappe Informationsverarbeitungskapazität des Akteurs ist der Filter, den ein Informationsangebot überwinden muss, um überhaupt zu (subjektiver) Information zu werden. Dies gilt auch für Reportinginformation. Damit stellt das Erregen von Aufmerksamkeit die grundlegendste Form der Verhaltensbeeinflussung dar, da die Wahrnehmung und die Aufnahme von Information bereits eine Form des Verhaltens ist: der Akteur investiert einen Teil seiner knappen Informationsverarbeitungskapazität in die Wahrnehmung des Informationsangebots, er wird sich einer Thematik bewusst und wendet seine Aufmerksamkeit dem Informationsobjekt zu.[151]

Die Verhaltensbeeinflussung von Berichtsinformation reicht aber über diese grundlegende Form noch hinaus und kann in vielfältiger Weise in Erscheinung treten (vgl. **Abbildung 4.4**):

---

148 Vgl. Kapitel vgl. 3.2
149 Witte 1975, Sp. 1916
150 Temmel 2011, S. 75
151 Vgl. ebenda

Abbildung 4.4 Arten der Verhaltensbeeinflussung durch Reporting

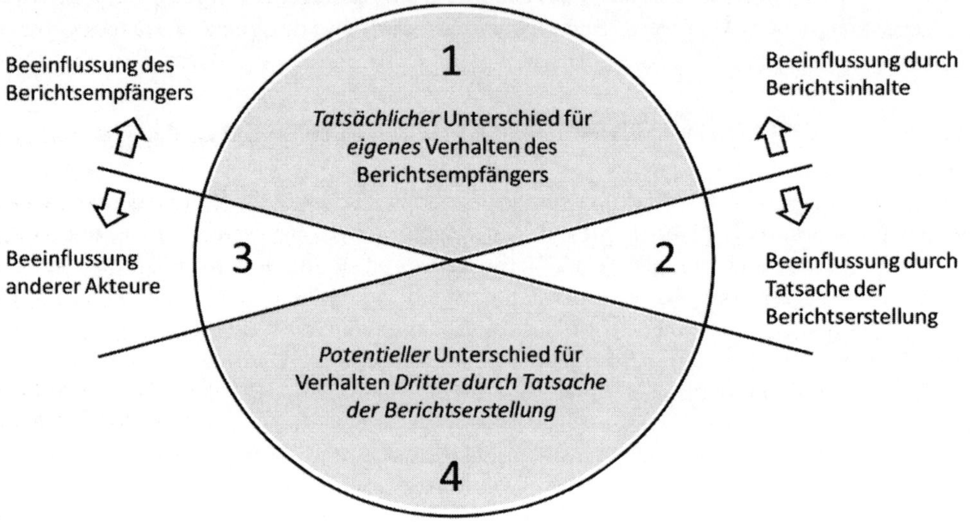

Quelle: eigene Darstellung

- Die direkteste (und meist primär intendierte) Form der Verhaltensbeeinflussung liegt vor, wenn die Berichtsinhalte das Verhalten des Berichtsempfängers selbst beeinflussen (Kreissegment 1). Die Berichtsinformation löst eine Handlung des Berichtsempfängers aus oder verhindert diese, führt dazu, dass er eine bestimmte Handlungsalternative wählt und andere verwirft oder eine Handlung in besonderer Art und Weise (Intensität, Dauer, Form) ausführt.

- Beim Berichtsempfänger wirkt allerdings in der Regel auch alleine die Tatsache der Berichtserstellung verhaltensbeeinflussend (Kreissegment 2), die Berichtsinhalte selbst müssen dem Empfänger dazu (noch) gar nicht bekannt sein. Diese Tatsache, dass Berichtsinformation potentiell verfügbar ist oder sein wird, stellt bereits eine Reduzierung der Unsicherheit für den Akteur dar, welche das weitere Handeln beeinflusst. So wird ein Akteur z.B. Handlungen unter Umständen verschieben, wenn er damit rechnen kann, zu einem späteren Zeitpunkt noch weitere Informationen über die Handlungsalternativen zu erhalten.

- Die Verhaltensbeeinflussung durch Reportinginformation beschränkt sich nicht nur auf die Berichtsempfänger selbst, sondern erstreckt sich auch auf Dritte, welche diese nicht unmittelbar erhalten. So beeinflussen Berichtsinhalte auch die Handlungen Dritter (Kreissegment 3), wenn sie diesen irrtümlich oder zufällig bekannt werden und vor allem, wenn die eigentlichen Berichtsempfänger sie an Dritte weiterkommunizieren (z.B. vom Vorgesetzten an Mitarbeiter kommunizierte Kontrollinformation).

- Die wichtigere Form der Verhaltensbeeinflussung von nicht zu den Berichtsempfängern zählenden Akteuren lösen Berichte allerdings durch die Tatsache ihrer Erstellung aus (Kreissegment 4). Dass Wissen, dass bestimmte Handlungen, Ereignisse oder Entwicklungen in Berichten erfasst und an die vorgesehenen Berichtsempfänger weitergegeben werden, kann vielfältige Anpassungsreaktionen bei Dritten auslösen, so etwa besondere Anstrengungen zur Zielerreichung, aber auch Abwehrreaktionen oder Proteste.

Wie durch die Größe und die Schattierung der Kreissegmente angedeutet, sind die Typen 1 und 4 der direkten Verhaltensbeeinflussung wichtiger als die Typen 2 und 3, welche eher eine indirekte Form der Verhaltensbeeinflussung darstellen. Auf die Berichtsempfänger wirken also primär die Berichtsinhalte direkt beeinflussend, auf Dritte dagegen eher die Tatsache der Berichtserstellung. Da in der Betriebswirtschaftslehre Verhaltensbeeinflussung häufig mit dem Konzept der „Steuerung" gleichgesetzt[152] wird, stellt das Berichtswesen ein wesentliches Instrument der direkten und indirekten Steuerung in Unternehmen dar.

Da die Berichtsempfänger (also die mit Führungsaufgaben betrauten Akteure im Unternehmen) folglich auf die Informationsbereitstellung angewiesen sind, werden sie umgekehrt versuchen, die mit der Aufbereitung der Information betrauten Stellen und Funktionen ihrerseits entsprechend zu beeinflussen.[153] Das Interesse der Führungsfunktionen besteht darin, die für die im Unternehmen verfolgten Ziele relevanten Informationen zu erhalten. Die Berichtsersteller (die unter Umständen eigene Ziele verfolgen) müssen deshalb zum einen mit den notwendigen Ressourcen ausgestattet und zum anderen in ihrem Verhalten so beeinflusst werden, dass sie die benötigte Information liefern. Damit wirkt der Reportingprozess indirekt auch verhaltensbeeinflussend auf die Ersteller der Berichtsinformation: Was berichtet werden soll und wie dies zu geschehen hat wird als subjektiver Informationsbedarf der Empfänger handlungsleitend für die Berichtsersteller und beeinflusst deren Vorgehen.

Konkret: Verhaltensbeeinflussung durch Reportinginformation am Beispiel eines typischen Monatsberichts

Monatsberichte stellen die klassische Form von regelmäßigen Berichten in den meisten (großen) Unternehmen dar. Für die rechtzeitige und inhaltlich vollständige Erstellung des Berichts ist in der Regel das Controlling verantwortlich. Der meist weit in die Zukunft bekannte „Reportingkalender" lenkt die Aufmerksamkeit des Controllings frühzeitig auf den (wieder einmal) bevorstehenden Berichtstermin. Das Controlling beginnt, Inputdaten zu sammeln, Daten aufzubereiten, Analysen vorzubereiten, etc. Andere, weniger zeitkritische Aufgaben werden verschoben. In der Vergangenheit erlebte Probleme (z.B. bei der Aggregation von Inputs aus unterschiedlichen Systemen oder von unterschiedlichen Unternehmensbereichen) will das Controlling diesmal vermeiden, indem bereits vorab neue Formblätter erstellt und verteilt und/oder mit einzelnen Inputlieferanten dedizierte Gespräche geführt werden. Kleinere Anfragen der Geschäftsführung werden mit Hinweis auf die Informationen im kurz bevorstehenden Monatsbericht beant-

[152] Vgl. z.B. Küpper 2005, S. 132, Koch 1994, S. 14
[153] Vgl. Küpper 2005, S. 217

wortet, unmittelbar vor dem Berichtstermin werden andere Termine verschoben und/oder „Nachtschichten" eingelegt.

Die Geschäftsführung ihrerseits wartet auf eine pünktliche Bereitstellung der Monatsdaten. Vorab hat sie bereits dem Controlling deutlich gemacht, wie wichtig die zeitgerechte und detaillierte Information diesmal ist, da wichtige Entscheidungen getroffen werden müssen. Deshalb wurde auf besonderen Wunsch der Geschäftsführung der übliche Inhalt des Monatsberichts auch um einige Sonderauswertungen ergänzt, welche das Controlling zusätzlich erstellen soll. Die monatliche Durchsprache der Geschäftslage ist wie üblich auf den zweiten Arbeitstag nach Bereitstellung des Berichts angesetzt, die Tagesordnung mit Diskussions- und Beschlusspunkten füllt sich wie gewohnt sehr schnell. In Erwartung eher mittelmäßiger Zahlen werden einschneidende Maßnahmen ins Auge gefasst. Das Controlling hat vorab bereits signalisiert, dass einige unerwartet deutliche Abweichungen von den Budgetwerten aufgetaucht sind. Diese werden entsprechend hervorgehoben und auch ausführlich kommentiert werden. Die Aufmerksamkeit der Geschäftsführung wendet sich deshalb bereits am Tag vor der Durchsprache dem Meeting und den bevorstehenden Entscheidungen zu, eine erste, noch informelle „Krisensitzung" in kleinem Kreis wird einberufen, andere Termine werden gestrichen oder verschoben.

Auch in der Belegschaft findet dies ihren Widerhall. Man munkelt, dass Personalkürzungen in besonders schwachen Unternehmensbereichen geplant sind. Verantwortliche der unteren Hierarchieebenen beginnen, Argumentationen für mögliche Rückfragen der Geschäftsführung vorzubereiten. Nachdem das Controlling erstmals auch detaillierte Qualitäts- und Kundenzufriedenheitsindikatoren abgefragt hat, vermutet man, dass in diesen Bereichen demnächst neue Maßnahmenpakete angekündigt werden. Der „Flurfunk" macht sich bereits Gedanken, ob und wie dies aussehen könnte, auch wenn bisher keine konkreten Inhalte des Monatsberichts bekannt sind und manche Zahlen wohl auch gar nicht über die Mitglieder der Geschäftsführung hinaus kommuniziert werden.

Kurz: Sowohl die Tatsache der Berichtserstellung (die als solche nicht überraschend ist) als auch die (bekannten oder unbekannten) Inhalte des Berichts beeinflussen das Verhalten aller Beteiligten zum Teil massiv. Ein Teil der ausgelösten Verhaltensmuster ist dabei bewusst gewollt (z.B. das pünktliche Erstellen des Berichts durch das Controlling und dessen Bemühungen, auf Wunsch der Geschäftsführung die „Sonderinfos" im Standardbericht einzubauen), ein anderer Teil wird indirekt ausgelöst (z.B. das kurzfristige Aufschieben von Entscheidungen oder das Verlegen von Terminen ebenso wie das sich Beteiligen am „Flurfunk" im Unternehmen).

5 "Was" - Inhalte von Berichten

Die Inhaltsdimension wird häufig als das zentrale Gestaltungselement von Berichten wahrgenommen. Was sonst sollte den Charakter eines Berichts prägen wenn nicht seine Inhalte? Allerdings darf nicht übersehen werden, dass die Darstellungs- und Kommunikationsform dieser Inhalte (also das „Wie") einen wesentlichen Einfluss auf ihre Wahrnehmung und Weiterverarbeitung haben. Schon allein deshalb kann also nicht von einem „Primat" der Inhaltsdimension im Reporting gesprochen werden. Außerdem gilt auch (und gerade) hier, dass der Zweck (das „Wozu") alle weiteren Gestaltungsdimensionen des Reporting – und damit auch die Inhalte - dominiert.

Im Folgenden soll zunächst dargestellt werden, wie der Informationsbedarf (also die Nachfrage der Berichtsempfänger nach konkreten Inhalten) bestimmt werden kann (Kapitel 5.1). Danach werden mögliche Quellen für Reportinginformationen beschrieben (Kapitel 5.2). Im Anschluss daran wird aufgezeigt, wie die eigentliche Berichtsinformation generiert werden kann (Kapitel 5.3) und welche Informationseigenschaften dabei von Bedeutung sind (Kapitel 5.4). Den Abschluss bildet eine kurze Diskussion des Werts von Information (Kapitel 5.5).

5.1 Ermittlung des Informationsbedarfs

Die Bestimmung des Informationsbedarfs wurde in Kapitel 2.2 als zentraler Ausgangspunkt des Informationsprozesses und damit auch des Management Reporting identifiziert. Nur wenn klar ist, was an Information benötigt wird, kann die Informationsversorgung überhaupt ihren Zweck erfüllen.

Die Bestimmung des objektiven Informationsbedarfs orientiert sich dabei an der Aufgabe selbst (unabhängig vom Aufgabenträger), während die Ermittlung des subjektiven Informationsbedarfs zusätzlich zur Aufgabe auch noch das Subjekt berücksichtigen muss, welches die Aufgabe zu erfüllen hat. Ceteris paribus stellt die Ermittlung des subjektiven Informationsbedarfs also das komplexere Problem dar. In beiden Fällen wird der Informationsbedarf aber nur näherungsweise ermittelt werden können. Eine eindeutige Bestimmung des objektiven Informationsbedarfs gelingt nur, wenn der Zweck, der Kontext und das Objekt der Handlung (Aufgabe) eindeutig bestimmbar sind.[154] Für eine eindeutige Ermittlung des subjektiven Informationsbedarfs müsste darüber hinaus auch das Subjekt mit allen seinen relevanten Eigenschaften (z.B. aktueller Informationsgrad) eindeutig bekannt sein. Diese Anforderungen sind in der Praxis praktisch nie vollständig erfüllt. Allerdings kann ein verständiger Experte durchaus eine mit logischen Zusammenhängen begründete oder aus früheren Erfahrungen abgeleitete Vermutung darüber haben, welchen Informationsbedarf eine bestimmte Aufgabe für bestimmte Aufgabenträger auslöst. In der Regel sind

---

[154] Vgl. Szyperski 1980, Sp. 908

der Zweck und das Subjekt der Informationsnutzung relativ einfach bestimmbar, während die Kontextfaktoren einer größeren Unsicherheit unterliegen.

> **Konkret**: (Un)bestimmbarkeit des Informationsbedarfs
>
> Muss in einem Unternehmen über die Annahme oder die Ablehnung eines Kundenauftrags entschieden werden, so sind dafür Informationen nötig, welche die Konsequenzen der Entscheidungsalternativen näher bestimmbar machen: Was passiert, wenn wir den Auftrag annehmen? Welche Auswirkungen auf den Periodenerfolg, die Zufriedenheit des Kunden, unserer Lieferfähigkeit bei anderen anstehenden Aufträgen, unserem Image am Markt, etc. wird dies haben? Können wir unsere gesteckten Ziele eher durch die Ablehnung oder durch die Annahme des Auftrags erreichen? Steht ein möglichst hoher kurzfristiger finanzieller Erfolg im Vordergrund, wird ein Verlustauftrag eher auf Ablehnung stoßen als wenn die langfristige Kundenbindung höchste Priorität genießt.
>
> Derartige logische Überlegungen geben eindeutige Hinweise darauf, welche Information die Entscheider benötigen, um die zielführendste Alternative identifizieren zu können. Auch kann aus früheren, ähnlichen, Situationen auf den zukünftigen Informationsbedarf geschlossen werden: Die Geschäftsleitung hatte sich beim letzten Mal besonders für die Auslastung der Produktion interessiert und die Möglichkeiten von Kurzarbeit bei Ablehnung des Auftrags diskutiert. Dies wird wohl auch im aktuellen Fall wieder ein Thema und muss entsprechend aufbereitet werden. Allerdings ist die Situation nicht vollständig mit früheren Entscheidungen vergleichbar: ein anderer Kunde verlangt ein anderes Produkt, die wirtschaftliche Situation hat sich geändert, der Konkurrenzdruck ist schärfer geworden, etc. Kurz: Es bestehen durchaus fundierte Vermutungen darüber, was in der konkreten Aufgabe an Information benötigt wird, allerdings sind diese Vermutungen weder absolut sicher noch eindeutig.

Zu beachten ist auch, dass die beschriebenen Überlegungen zum einen von den Informationsnutzern selbst (den Aufgabenträgern, „Selbstermittlung") und zum anderen von den für die Informationsversorgung Verantwortlichen (z.B. dem Controlling, „Fremdermittlung") angestellt werden können – oder auch (und dies wird häufig der Fall sein) in Form einer partizipativen (also gemeinschaftlich durchgeführten) Ermittlung des Informationsbedarfs.[155] Die für die Berichtserstellung verantwortliche Stelle erarbeitet einen Vorschlag, welcher von den Informationsnutzern (dem Management) kommentiert bzw. um weitere Informationswünsche ergänzt wird (Gegenstromverfahren). Eine solche gemeinschaftliche Ermittlung des Informationsbedarfs setzt auch ein gemeinsames Verständnis der angestrebten Unternehmensziele und der dahinterliegenden „Unternehmensmechanik" (also der zu berücksichtigenden Wirkungszusammenhänge) voraus.[156]

Für die Ermittlung des Informationsbedarfs wird in der Literatur eine Reihe von verschiedenen Methoden vorgeschlagen,[157] welche sich in unterschiedlichem Ausmaß für die

155 Vgl. Szyperski 1980, Sp. 910
156 Vgl. Waniczek 2022, S. 147
157 Vgl. zum Folgenden vor allem Garbe 1975, Koreimann 1975, S. 71ff., Rosenhagen 1994, Küpper

Selbst-, Fremd- und partizipative Ermittlung eignen (vgl. **Tabelle 5.1**). Neben ihrer Eignung für verschiedene Träger der Bedarfsermittlung können diese Methoden auch nach der Systematik ihrer Vorgehensweise eingeteilt werden in:[158]

- Induktive Methoden (Analyse der tatsächlichen Gegebenheiten, daraus Ableitung eines Informationsbedarfs für den konkreten Einzelfall)
- Deduktive Methoden (logisch-systematische Ermittlung aus Zielen und Aufgaben oder Entscheidungsmodellen)

Tabelle 5.1 Methoden der Informationsbedarfsermittlung

	Ermittlung des Informationsbedarfs ...		
	... durch Informationsnutzer (Selbstermittlung)	... durch Nutzer und Ersteller gemeinsam (Partizipative Ermittlung)	... durch Informationsersteller (Fremdermittlung)
Induktive Methoden			
Befragung		x	
Beobachtung			x
Experimentelles Vorgehen		(x)	x
Dokumentenanalyse			x
Berichtsmethode	x		
Deduktive Methoden			
Kritische Erfolgsfaktoren	(x)	x	(x)
Informationskataloge	(x)	x	(x)
Organisations- und Aufgabenanalyse		(x)	x
Wertkettenproblem-Methode	(x)	(x)	x

Quelle: eigene Darstellung

Zu den induktiven Methoden zählen insbesondere die Verfahren der empirischen Sozialforschung, welche prinzipiell auch zur Ermittlung des Informationsbedarfs konkreter Aufgabenträger einsetzbar sind. Das häufigste Instrument ist dabei wohl die **Befragung** in

2005, S. 162ff. und Horvath 2009, S. 312ff.

158 Vgl. Küpper 2005, S. 163

einem persönlichen Interview oder mittels eines schriftlichen Fragebogens. Während schriftliche Befragungen notwendigerweise einen höheren Strukturierungsgrad aufweisen müssen, kann in persönlichen Interviews flexibel auf Äußerungen des Bedarfsträgers reagiert und auch nicht erwartete Zusammenhänge oder Wünsche aufgenommen werden. Ihrem Wesen nach sind alle Formen der Befragung nur für eine partizipative Ermittlung des Informationsbedarfs geeignet: Informationsersteller und Informationsnutzer müssen dabei zusammenarbeiten. Befragungen sind sehr flexible und einfach einsetzbare Instrumente. Allerdings sind sie mit dem Nachteil behaftet, dass der Informationsbedarf zum Zeitpunkt seiner Erfassung hypothetisch bleibt und das Ergebnis deshalb vor allem von den bisher gemachten Erfahrungen und der Vorstellungskraft der Informationsnutzer sowie von der Planbarkeit zukünftig erwarteter Aufgaben abhängt. Das Ergebnis der Befragung kann sich später also mehr oder weniger deutlich vom tatsächlich empfundenen Informationsbedarf der Aufgabenträger unterscheiden.

Im Unterschied zur Befragung wird in der **Beobachtung** tatsächliches Informationsverhalten der Informationsnutzer erfasst. Die Beobachtung kann offen (Informationsnutzer weiß, dass er beobachtet wird) oder verdeckt erfolgen. Eine Selbstbeobachtung (Reflexion) ist zwar denkbar, aber in der Regel wird sich das Instrument eher für die Fremdermittlung des Informationsbedarfs eignen. Die Qualität (Passgenauigkeit) eines derart ermittelten Informationsbedarfs ist umso höher, je stabiler die beobachteten Aufgaben selbst, die Kontextbedingungen und das Verhalten der Bedarfsträger sind. Bei hoher Stabilität kann das Ergebnis einer Beobachtung auch über längere Zeit ein valider Indikator für den Informationsbedarf bestimmter Aufgabenträger sein. Ändern sich die Aufgaben und/oder die Rahmenbedingungen, dann verliert das Beobachtungsergebnis rasch an Validität und müsste entsprechend häufig wiederholt werden (was in der Praxis oft an Ressourcenknappheit und Zeitmangel scheitert).

Prinzipiell vorstellbar ist auch ein **quasi-experimentelles Vorgehen**, bei dem den Informationsnutzern ein konkretes Informationsangebot zur Verfügung gestellt wird (z.B. als Rohfassung eines Berichts) und ihr Umgang mit diesem Informationsangebot untersucht wird, um daraus allfällige Informationslücken oder Verständnisschwierigkeiten zu erkennen, welche danach in einem adaptierten Informationsangebot berücksichtigt werden können. Dem Wesen eines Experiments entsprechend muss sich das Informationsangebot auf eine dem Nutzer zwar vertraute, zum Zeitpunkt der Untersuchung aber nicht real anstehende Aufgabe beziehen. Untersucht wird also das Informationsverhalten nach dem „Was wäre wenn…" Prinzip. Dazu kann den Handlungsträgern z.B. ein Führungsinformationssystem mit vorbereiteten Informationen zusammen mit einer Reihe von realitätsnahen Aufgabenstellungen zur Verfügung gestellt werden und ihr Umgang mit der Information erfasst werden.[159] Handelt es sich um echte Aufgaben der Handlungsträger, so läge eher eine Beobachtung denn ein Experiment vor. Experimente sind vornehmlich zur Fremdermittlung geeignet, wobei eine bewusste Kooperation durch die Informationsnutzer allerdings notwendige Voraussetzung ist.

---

159 Vgl. Rosenhagen 1994, S. 276

Als weitere induktive Methode sei die **Dokumentenanalyse** genannt. Dabei werden alle einem konkreten Handlungsträger (egal auf welchem Medium) zur Verfügung stehenden Dokumente auf ihren Informationsgehalt untersucht und aus dem Dokumenteninhalt auf den Informationsbedarf dieses Handlungsträgers geschlossen. Die Analyse kann sehr umfangreich werden, da in der Regel nicht eindeutig bestimmbar ist, welche Dokumente zur Verfügung stehen (also wie der informatorische Zugriff des Handlungsträgers genau abgegrenzt werden soll). Auch kann die Dokumentenanalyse definitionsgemäß nur aktuell vorhandene Information erfassen und ist damit nicht geeignet, allfällige Informationslücken aufzudecken. Dies macht sie bei gut strukturierten, routinisierten Aufgaben besser geeignet als bei komplexen, dynamischen Aufgaben. Die Dokumentenanalyse wird in der Regel vom Informationsersteller durchgeführt werden.

Sehr gut für die Selbstermittlung des Informationsbedarfs geeignet ist die **Berichtsmethode**. Hierbei erstellt der Informationsnutzer einen Bericht über seine Aufgaben und die von ihm zur Erledigung dieser Aufgaben genutzten Informationen. Zur besseren Vergleichbarkeit zwischen Aufgabenträgern kann eine Struktur für den Bericht vorgegeben sein. Diese Methode kann sehr detaillierte und nutzerspezifische Ergebnisse erzielen, allerdings wird der Aufwand hoch - vor allem bei unstrukturierten und stark wechselnden Aufgabengebieten, wie sie für Führungskräfte typisch sind. Für die Ermittlung des Bedarfs an Führungsinformation ist diese Methode deshalb eher wenig geeignet.

Zu den deduktiven Methoden der Informationsbedarfsermittlung zählen alle Ansätze, die nicht vom konkreten Einzelfall ausgehen, sondern den Informationsbedarf aus allgemeinen Überlegungen zum Unternehmen, dem Geschäftsmodell und dem verfolgten Zielsystem ableiten. Hierzu zählt zum Beispiel die Bestimmung von **kritischen Erfolgsfaktoren**, welche als wesentlich für den Erfolg oder Misserfolg des Unternehmens erachtet werden.[160] Kritische Erfolgsfaktoren sind dadurch gekennzeichnet, dass sie einen bedeutenden Einfluss auf den Erfolg des Unternehmens ausüben und volatil sind, d.h. häufigen Änderungen unterworfen sind.[161]

Eine genaue und aktuelle Kenntnis der Werte und Ausprägungen dieser Größen wird deshalb als unabdingbar für das Führungshandeln und damit als Teil des Informationsbedarfs angesehen. Ein solches Vorgehen wird sich für strategische Entscheidungen besser eignen als für operative, da bei ersteren die kritischen Erfolgsfaktoren stärker beachtet werden müssen. In aller Regel wird die Kenntnis der strategischen Erfolgsfaktoren alleine aber nicht ausreichen, um Führungsaufgaben adäquat erfüllen zu können. Ein solcherart definierter Informationsbedarf bleibt also in wesentlichen Teilen lückenhaft.

Diese Mängel können teilweise behoben werden, indem über die kritischen Erfolgsfaktoren hinaus eine umfassende Auflistung von Informationsobjekten erstellt wird, welche in typischen (wiederkehrenden) Handlungs- und Entscheidungssituationen als relevant erachtet werden. Solcherart erstellte **Informationskataloge** basieren auf expliziten oder auch nur

160 Vgl. Rosenhagen 1994, S. 275
161 Vgl. Anthony/Hawkins/Merchant 2011, S. 773

implizit angenommenen Kausalmodellen über die Beeinflussung der unternehmerischen Zielgrößen durch andere Faktoren und haben Checklistencharakter: Sie listen auf, welche Informationen „man" für bestimmte Handlungstypen im Unternehmen braucht. Beide Ansätze können prinzipiell sowohl von den Informationsnutzern selbst als auch von den Informationserstellern eingesetzt werden. Häufig wird die partizipative Anwendung am sinnvollsten sein.

Bei der **Organisations- und Aufgabenanalyse** werden einzelne Organisationseinheiten bzw. einzelne Aufgabengebiete dahingehend untersucht, welche Aktivitäten in ihnen jeweils durchzuführen sind und welcher Informationsbedarf jeweils entsteht. Auch hier wird von konkreten Subjekten und Einzelausprägungen abstrahiert und nur der „typische" Informationsbedarf abgeschätzt. Dies wird in der Regel von den Informationserstellern durchgeführt– unter Umständen mit Beteiligung der späteren Informationsnutzer.

Ähnlich geht auch die sogenannte **Wertkettenproblem-Methode** vor.[162] Sie kombiniert generische unternehmerische Entscheidungsprobleme (wie etwa die Neueinführung eines Produktes oder eine Partnerauswahl) mit einzelnen Stufen bzw. Elementen des betrieblichen Wertschöpfungsprozesses (Lieferanten, Beschaffungsabteilung, Produktion, Vertrieb, Kunden, etc.). Die daraus entstehenden Felder der zweidimensionalen Matrix definieren jeweils konkrete Ausprägungen von Entscheidungssituationen (z.B. Partnerwahl für gemeinsame Produktion), für die ein generischer Informationsbedarf ermittelt wird. In einem nächsten Schritt kann dann für jedes Informationsbedarfsfeld der Matrix ermittelt werden, aus welchen Quellen die dafür nötigen Daten beschafft werden können.

Die vorstehende Auflistung zeigt, dass praktisch keine Methode der Informationsbedarfsermittlung als ideal und allen anderen überlegen eingestuft werden kann. Induktive Methoden erlauben zwar (relativ) genaue Aussagen für konkrete Einzelfälle, sind aber häufig sehr aufwändig und müssen für unterschiedliche Aufgaben und Situationen jeweils neu durchgeführt werden. Deduktive Methoden sind demgegenüber oft einfacher, aber ungenau und nehmen nicht auf konkrete Einzelfälle Bezug. Entsprechend wird sich meist eine Kombination mehrerer Methoden als zielführend erweisen, sofern die dafür notwendigen Ressourcen zur Verfügung stehen.

Wenngleich die vorgestellten Methoden alle mehr oder weniger fehlerbehaftet sind, so ist die Ermittlung des Informationsbedarfs trotzdem ein unbedingt notwendiger Schritt im Informationsprozess, der kontinuierlich durchgeführt werden muss. Dies ist unter anderem auch darin begründet, dass der Informationsbedarf keine stabile Größe darstellt, sondern kontinuierlich Änderungen unterworfen ist. Diese hohe Dynamik hat ihre Ursache in einer Vielzahl an Faktoren, welche den Informationsbedarf beeinflussen:[163]

- **Zielsystem und Strategie des Unternehmens:** Es ist unmittelbar einsichtig, dass die verfolgten Ziele und die zur Zielerreichung eingeschlagene Strategie den Informations-

162 Vgl. Schulte 1996, S. 346ff.

163 Vgl. zum Folgenden auch Waniczek 2002, S. 154ff., Küpper 2005, S. 160ff., Weber/Malz/Lührmann 2008, S. 21ff., Gräf/Nase 2008, S. 44ff

bedarf wesentlich prägen. Die Führungsverantwortlichen benötigen Information darüber, ob die Strategie überhaupt zur Zielerreichung geeignet ist, wie weit dies bereits erreicht ist und welche weiteren Maßnahmen getroffen werden müssen.[164] Der Informationsbedarf (und damit die geforderten Berichtsinhalte) drückt sich vornehmlich darin aus, für die Beantwortung dieser Fragen relevante Ziel-Mittel Beziehungen verstehen und bewerten zu können.

- **Unternehmenskultur:** Die Unternehmenskultur beeinflusst nicht nur wie Information genutzt wird,[165] sondern auch, welche Informationsinhalte von den Handlungsträgern erwartet werden. So wird eine durch Offenheit und Partizipation geprägte Unternehmenspolitik dazu führen, dass auch Entscheider auf niedrigeren Hierarchieebenen über Sachverhalte informiert werden, welche in anderen Unternehmen vielleicht der Unternehmensspitze vorbehalten bleibt. In einem „bürokratischen" Unternehmen wiederum kann ein sehr hoher Umfang und Detaillierungsgrad an Information gefordert werden, weil die Dokumentations- und Rechtfertigungspflichten höher sind als in anderen Unternehmen.

- **Organisationsstruktur des Unternehmens:** Die Verteilung der Aufgaben innerhalb des Unternehmens auf unterschiedliche Handlungsträger sowie die Festlegung der Weisungs- und Entscheidungskompetenzen bestimmen wesentlich das Handlungsfeld jedes Einzelnen im Unternehmen und somit auch die für diese Handlungen benötigte Information.[166] Abhängig von der jeweiligen Organisationsstruktur fällt der Informationsbedarf eher zentral oder eher dezentral an, muss ein Informationsobjekt an viele unterschiedliche Handlungsträger verteilt oder nur einigen wenigen zugänglich gemacht werden, benötigt jeder einzelne Handlungsträger nur eingeschränkte, auf ein enges Handlungsfeld beschränkte oder umfassende, viele Handlungsalternativen abdeckende Informationen, etc. Die Organisationsstruktur ist auch ein wesentlicher Einflussfaktor für den Umfang und den Aggregationsgrad der benötigten Information.[167] So wird z.B. die Unternehmensleitung einer reinen Finanzholding mit höher aggregierter Information auskommen als die Geschäftsführung einer operativ stark involvierten Management-Holding.[168]

- **Individuelle Eigenschaften der Handlungsträger:** Empirische Untersuchungen bestätigen, dass Individuen mit größerem Know How tendenziell mehr Information nachfragen und diese auch intensiver nutzen.[169] Ebenso wirkt sich die individuelle Risikobereitschaft[170] sowie der persönliche Führungs- und Entscheidungsstil[171] auf die Informationsnutzung der Handlungsträger aus.

---

164 Vgl. Weber/Malz/Lührmann 2008, S. 23
165 Vgl. Kapitel 4.1.3
166 Vgl. Küpper 2005, S 161
167 Vgl. Chenhall/Morris 1986
168 Vgl. Weber/Malz/Lührmann 2008, S. 26
169 So z.B. Flacke 2007 und Holland-Letz 2008
170 Vgl. Gemünden 1992
171 Vgl. Flacke 2007, Abernethy et al. 2010

- **Rahmenbedingungen der Unternehmensumwelt:** Hier sind vor allem die Unsicherheit und die Dynamik der Unternehmensumwelt bedeutsam.[172] Hohe Unsicherheit und Dynamik führt zu einem gesteigerten Informationsbedarf der Handlungsträger in Bezug auf Umfang und zeitlicher Verfügbarkeit der Information. In einer sich rasch ändernden und schlecht beeinflussbaren Umwelt ist das Unternehmen verstärkt auf qualitative (d.h. nicht in Zahlen ausdrückbare) Information angewiesen und muss sein Handeln auch auf externe Information stützen.

5.2 Informationsquellen im Management Reporting

Ist der zu deckende Informationsbedarf identifiziert, so müssen anschließend geeignete Informationsquellen identifiziert werden. Unter einer Informationsquelle kann ein (physischer oder logischer) Ort verstanden werden, „an dem potentielle Information ruht".[173] Da Information aber definitionsgemäß subjektiv ist, ist auch die Eignung der Informationsquellen notwendigerweise subjektiv verschieden: Was für den einen Nutzer eine ausgiebige und gut geeignete Quelle darstellt, ist für den anderen Nutzer völlig irrelevant. Deshalb können Informationsquellen immer nur *potentielle* Information bereitstellen, aber nie per se (d.h. unabhängig vom Informationsnutzer) Information liefern.

> **Management Reporting-Enzyklopädie:**
>
> **Informationsquelle**
>
> Eine Informationsquelle stellt ein Ereignis, eine Person oder einen Gegenstand dar, welches/welcher in der Lage ist, für einen Informationsnachfrager in bestimmten Situationen zweckorientiertes Wissen bereitzustellen. Das Wesen einer Informationsquelle ist nicht absolut definiert, sondern vom Informationsnutzer und der von ihm zu erfüllenden Aufgabe abhängig.

Solche Orte „potentiell zweckorientierten Wissens" finden sich in den unterschiedlichsten Ausprägungen und Formen. Zu ihrer Klassifizierung eignen sich die folgenden Kategorien:[174]

1. **Standort bzw. Fundort der Information**: Hierbei kann zwischen internen und externen Quellen unterschieden werden. Interne Quellen finden sich innerhalb des Unternehmens, externe Quellen außerhalb.
2. **Informationsträger bzw. Medium**: Treten Personen oder Personengruppen als Informationsträger auf, wird von personalen Informationsquellen gesprochen, sonst von sachlichen oder sachbezogenen Informationsquellen. Alle modernen technischen Medien der Datenspeicherung sind damit sachbezogene Medien. Bei persona-

---

172 Vgl. Taschner 2012, S. 123
173 Mag 1975, Sp. 1887
174 Ebenda, Sp. 1888

len Informationsquellen stellt das individuelle Gedächtnis der Personen („... was in den Köpfen steckt...") das Speichermedium dar.

3. **Zeitpunkt der Informationsentstehung**: Dabei wird zwischen ursprünglichen und abgeleiteten Informationen unterschieden. Ursprüngliche Information wird zum ersten Mal gewonnen, während abgeleitete Information durch einen Transformationsakt aus bereits vorhandenen anderen Informationsobjekten entsteht.

Jede Informationsquelle lässt sich prinzipiell in diesen drei Dimensionen beschreiben und damit näher charakterisieren. So lässt sich die große Vielfalt an potentiellen Informationsquellen etwas strukturieren, dennoch sind in jedem Quellentyp weiterhin sehr unterschiedliche Quellen möglich (vgl. **Tabelle 5.2**).

Interne und externe Quellen

In der Praxis zeigt sich häufig ein Übergewicht der internen Informationsquellen für das Management Reporting. So haben in einer Untersuchung von Weber et al. ca. drei Viertel aller Befragten die Unternehmensleitung bzw. die einzelnen Funktionsbereiche des eigenen Unternehmens als Informationsquellen genannt, gefolgt vom externen Rechnungswesen des Unternehmens (55%). Aber nur rund 37% gaben an, auch externe Informationsquellen zu nutzen![175] Dieses informatorische Übergewicht interner Informationsquellen kann auf verschiedene Ursachen zurückgeführt werden:

1. **Relevanz**: Die Steuerung des Unternehmens setzt Wissen über die verfolgten Ziele, die aktuelle Zielerreichung sowie die Kontextfaktoren voraus, welche die Zielerreichung beeinflussen. Viele dieser Steuerungsparameter beziehen sich auf das Unternehmen selbst. Führungshandeln *muss* sich deshalb stark auf interne Information stützen.

2. **Verfügbarkeit**: Viele der von den Handlungsträgern als relevant eingestuften Informationen finden sich ausschließlich in internen Quellen. Information über das eigene Unternehmensgeschehen sind hauptsächlich in verschiedenen operativen Vorsystemen im Unternehmen vorhanden und können nur von dort bezogen werden. Externe Alternativen fehlen.

3. **Vertrautheit**: Interne Quellen sind den Berichtserstellern aus oftmaliger Nutzung bekannt, diese sind mit den Formaten und Inhalten der internen Quellen besser vertraut (z.B. dem Aufbau des unternehmenseigenen Rechnungswesens), was die Verarbeitung der enthaltenen Daten einfacher und schneller macht. Interne Quellen werden also auch aus pragmatischen Gründen vorgezogen.

175 Vgl. Weber et al. 2006, S. 50

Tabelle 5.2 Typologie von Informationsquellen mit Beispielen

	Standort	Informationsträger	Zeitpunkt	Beispiele
1	Intern	Personal	Ursprünglich	Neue Erkenntnis eines Mitarbeiters in der eigenen Entwicklungsabteilung Idee des Geschäftsführers für eine neue Markteintrittsstrategie Etc.
2	Intern	Personal	Abgeleitet	Erfahrungswissen langjähriger Mitarbeiter zu Konkurrenzverhalten Vom Vorstand erinnerte Kennzahlen des Vorjahres als Vergleichsmaßstab für aktuelle Performance Etc.
3	Intern	Sachbezogen	Ursprünglich	Einzelbuchungen im internen Rechnungswesen Abgespeicherte Messdaten des Qualitätsmanagements Etc.
4	Intern	Sachbezogen	Abgeleitet	Schriftliche Auswertung von Kundenreklamationen durch die Vertriebsabteilung Vom Controlling angefertigte kommentierte Übersetzung und schriftliche Zusammenfassung eines Analystenberichts Etc.
5	Extern	Personal	Ursprünglich	Vertrauliches Beratungsgespräch mit einem Unternehmensberater Individuelle Kundenanfrage Etc.
6	Extern	Personal	Abgeleitet	Öffentlicher Vortrag bei einer Konferenz über „Megatrends 2020" Präsentation der Ergebnisse eines durch Berater durchgeführten Benchmarks von eigenem Unternehmen mit der Konkurrenz Etc.
7	Extern	Sachbezogen	Ursprünglich	Ergebnisse einer vom Unternehmen in Auftrag gegebenen Marktstudie Leitartikel in Tageszeitung Etc.
8	Extern	Sachbezogen	Abgeleitet	Übersichtstabelle in statistischem Jahrbuch Steuerbescheid der Finanzamts für das Vorjahr Etc.

Quelle: eigene Darstellung

Allerdings ist Information aus internen Quellen keineswegs frei von Fehlern und ihre Verarbeitung im Reportingprozess kann sich in vielerlei Hinsicht als problematisch erweisen. Dies liegt zum einen daran, dass bereits in den Vorsystemen selbst Fehler bei der Erfassung, Speicherung und Verarbeitung der Grunddaten geschehen. Solche Fehler sind im Berichtsprozess kaum korrigierbar – oft sogar gar nicht erkennbar. Zum anderen können sich Schwierigkeiten daraus ergeben, dass interne Quellen unterschiedliche Datenformate und / oder Begriffsdefinitionen benutzen, was ihre gemeinsame Verarbeitung im Berichtswesen erschwert. Ein dritter Grund liegt in der unterschiedlichen Zweckbestimmung der einzelnen Quellen. Operative Vorsysteme erfüllen einen je eigenen Primärzweck: Kreditorenbuchhaltung, Lohnverrechnung, Warenwirtschaftssysteme und andere Vorsysteme sind in ihrer Funktionalität, ihrer strukturellen Ausgestaltung und in ihrem Datenumfang auf bestimmte betriebliche Funktionsbereiche ausgerichtet. Ihre Nutzung als interne Quelle für das Management Reporting stellt jeweils nur eine „Zweitnutzung" dar, für welche sie in der Regel nicht optimiert sind.[176]

Interne Quellen sind deshalb für das Management Reporting einerseits unerlässlich, andererseits bergen sie vielfältige Probleme und Schwierigkeiten für die Erfassung und Aufbereitung der benötigten Berichtsinformation (vgl. **Tabelle 5.3**).

Tabelle 5.3 Vorsysteme als interne Quellen für Reportinginformation

Vorsystem	Daten	Probleme
Fakturierung	Rechnungspositionen einschließlich Erlösschmälerungen (für Umsatz nach Produkten) Kundenstammdaten	Manuelle „Sonder"-Fakturen (abweichend vom Standard) Wildwuchs an Konditionen (Auswertungskategorien und –dimensionen) Teilrechnungen, problematische Leistungsfeststellung (z.B. bei Projekten)
Personalverrechnung	Lohnarten je Mitarbeiter und Kostenstelle Stunden nach Zeitkategorien	Fehlende Disziplin bei der Zeiterfassung (Lücken, Fehler, falsche Buchungen) Korrekte Verrechnung von Überstunden (Periode, Objekt)
Anlagenbuchhaltung	Abschreibungen pro Kostenstelle und pro Anlageposition	Falsche / verspätete Erfassung von Veränderungen (z.B. Wechsel der Kostenstelle) Nachaktivierungen, Zusatzinvestitionen
Materialwirtschaft	Materialkosten je Materialart und Auftrag Lagerbestände Materialstammdaten	Wareneingang häufig gleich als Wareneinsatz gebucht Verzögerungen bei Erfassung Wechsel im Bewertungsschema (FIFO, LIFO)

176 Vgl. dazu auch die Ausführungen in Kapitel 6.2.

Vorsystem	Daten	Probleme
Produktionsplanungs- und -steuerungssystem	Stunden nach Zeitkategorien Betriebsdaten (Verbrauchsmengen, Zeiten, Auslastung) Unfertige Leistungen (work in progress)	Bestandsbewertung Verfügbarkeit nicht-monetärer Information Fehler / Verzögerungen bei Erfassung und Abrechnung von Aufträgen
Finanzbuchhaltung	Kontensalden (Aufwände, Erträge)	Verzögerungen bei Buchung (langsamer Belegfluss) unregelmäßige Buchungen (z.B. Abschreibung nur einmal im Jahr) keine Normalisierungen oder kalkulatorische Abgrenzungen
Kosten- und Leistungsrechnung	Kosten je Kostenart, Kostenstelle und Kostenträger	Unterschiede zu Finanzbuchhaltung aufgrund von Normalisierungen und Abgrenzungen Verzerrungen durch nicht verursachungsgerechte Zurechnung (z.B. Gemeinkosten)
Sonstige Systeme (z.B. Qualitätsmanagement, CRM)	Nicht-monetäre (aber quantitative!) Daten	Lückenhafte oder nicht gepflegte Daten

Quelle: in Anlehnung an Waniczek 2002, S. 168f.

Interne Quellen stellen häufig den Großteil der im Management Reporting verarbeiteten Information, doch in der Regel können sie den Informationsbedarf nicht vollständig decken. Deshalb sind auch externe Quellen notwendig. Deren Relevanz wird in Zukunft eher noch steigen, da die Unternehmensführung bei steigender Komplexität und Dynamik des Unternehmensumfelds verstärkt auf Informationen über Märkte und Konkurrenten oder rechtliche und gesellschaftliche Rahmenbedingungen angewiesen ist. Umgekehrt kann gesagt werden: Je stabiler das Umfeld und das Geschäftsmodell eines Unternehmens ist, desto stärker kann Führungshandeln auf rein interne Information gestützt werden. Dies trifft aber auf immer weniger Unternehmen zu. So erwartet in der Studie von Weber et al. denn auch fast die Hälfte aller Befragten eine zunehmende Bedeutung externer Quellen.[177]

Dies bringt für das Management Reporting eine Reihe von zusätzlichen Problemen mit sich:[178]

1. Anders als interne Quellen sind externe Quellen nicht automatisch bekannt, sondern müssen erst in einem Suchprozess identifiziert werden, welcher selbst Zeit benötigt und Kosten verursacht.

2. Externe Quellen sind häufig nicht kostenfrei zugänglich (z.B. Datenbanken, Studien, externe Analysen, etc.) was eine vorherige Abwägung des Kosten-Nutzen-Verhältnisses

---

177 Weber et al. 2006, S. 50

178 Vgl. dazu auch Picot/Franck 1992, Sp. 895f.

ihrer Nutzung erforderlich macht.

3. Die Qualität und der Umfang externer Quellen sind meist schwieriger einzuschätzen, womit sich eine höhere Unsicherheit bezüglich des Kosten-Nutzen-Verhältnisses einer allfälligen Nutzung der externen Quelle ergibt.

4. Externe Quellen stellen Information im Regelfall in Formaten und Strukturen bereit, welche nicht unmittelbar im Unternehmen weiterverarbeitet werden können. Die notwendigen Schritte zur Aufbereitung und Transformation der Information werden deshalb häufig aufwändiger sein als bei internen Quellen (Transformation technischer Datenformate, „Übersetzung" unterschiedlicher Terminologien und Begrifflichkeiten, Anpassung abweichender Markt- oder Branchenabgrenzungen, etc.).

5. Die Nutzung externer Quellen ist schwieriger institutionalisierbar als bei internen Quellen. Unter Institutionalisierung der Nutzung soll hier das Bestreben verstanden werden, die für die Nutzung der Quelle Verantwortlichen ebenso verbindlich für einen längeren Zeitraum festzulegen wie die Art und den Umfang des Informationsbezugs von der Quelle (Zyklus, Format, Detaillierungsgrad, etc.). Anders als bei internen Quellen besitzt das Unternehmen keine Definitions- und Verfügungsgewalt über die externe Quelle. Somit können sich Inhalte und Formate oder auch Zugriffsbeschränkungen immer wieder ändern, was laufende Anpassungsmaßnahmen auf der Seite des Unternehmens erforderlich macht.

Aus all diesen Gründen stellt sich die Nutzung externer Informationsquellen a priori als weniger effizient für das Unternehmen dar: wenn gleichartige und gleichwertige Information im Unternehmen selbst vorhanden ist, dann ist deren Nutzung vorzuziehen. In der Unternehmenspraxis führt dies zum pragmatischen Ansatz, die Berichtsinformation soweit als möglich aus internen Quellen zu generieren und auf externe Quellen nur dort zurückzugriefen, wo dies inhaltlich notwendig ist, da die Information intern nicht verfügbar ist.

Wurde die Nutzung externer Quellen prinzipiell als sinnvoll erkannt, so sind zunächst geeignete Quellen zu identifizieren. Einen ersten Anhaltspunkt hierfür können häufig Erfahrungen aus anderen betrieblichen Funktionsbereichen (so etwa der Absatzmarkt- und Beschaffungsmarktforschung bzw. der strategischen Planung) liefern, da dort ebenfalls auf externe Informationsquellen zurückgegriffen wird. In Betracht kommen etwa:[179]

- Statistische Ämter des Bundes, der Länder und Kommunen,
- Datenbanken der EU, der OECD, der Bundesbank oder der Industriestatistiken der UNIDO usw.,
- Industrie- und Handelskammern, Auslandshandelskammern, Handwerkskammern,
- Germany Trade and Invest GmbH (ehem. Bundesstelle für Außenhandelsinformationen - BfAI) in Köln,
- Wirtschaftswissenschaftliche Institute,
- Kreditinstitute, insbesondere Banken (incl. Bundesbank und EZB),

179 Vgl. Berekoven et al. 2009, S. 40ff.

- Universitäten und Hochschulen,
- Wirtschaftsverbände,
- Marktforschungs-Institute und Unternehmensberatungen,
- Gedruckte Veröffentlichungen (Bücher, Zeitschriften),
- Internet,
- etc.

Meist wird die Schwierigkeit nicht darin bestehen, keine externen Quellen zu finden, sondern umgekehrt aus der Vielzahl möglicher externer Quellen diejenigen herauszufiltern, welche den Ansprüchen in Bezug auf Qualität, Datenverfügbarkeit und Kosten-Nutzen-Verhältnis am besten entsprechen.

Rechnungswesen und Management Reporting: "Konvergenz des Reporting"?

Das Rechnungswesen im deutschsprachigen Raum ist traditionell von einer strikten Trennung zwischen dem externen (Finanzbuchhaltung) und internen Rechnungswesen (Kostenrechnung, Controlling) geprägt. Für das Management Reporting bedeutet dies zunächst, dass für ein und dieselbe unternehmerische Fragestellung (z.B. „Wie erfolgreich war das Unternehmen in der abgelaufenen Periode?") zwei unterschiedliche Antworten gegeben werden können – abhängig davon, ob die Daten der Finanzbuchhaltung oder der Kostenrechnung als Basis für die Managementinformation herangezogen werden. Das auf der Finanzbuchhaltung aufbauende externe Berichtswesen richtet sich vornehmlich an Gläubiger, Investoren und Steuerbehörden. Das interne Berichtswesen (Management Reporting im e.S.) stützt sich dagegen auf kalkulatorische Wertansätze wie sie im internen Rechnungswesen erarbeitet werden. Dieses sogenannte „Zweikreissystem" führt dazu, dass interne Steuerungsinformation nicht direkt mit der an Externe kommunizierten Finanzinformation vergleichbar ist.

Durch die zunehmende Bedeutung internationaler Rechnungslegungsstandards wie der International Financial Reporting Standards (IFRS) wird diese strenge Zweiteilung mehr und mehr aufgeweicht. Die IFRS sind seit dem Bilanzrechtsreformgesetz von 2004 auch Teil des deutschen Bilanzrechts. Während im deutschen HGB traditionell der Gläubigerschutz als vorherrschendes Prinzip dominiert, sind die IFRS stärker an den Informationsbedürfnissen der Investoren und der Führungskräfte selbst orientiert.[180] Ein IFRS-basiertes externes Rechnungswesen ist stärker steuerungsorientiert als ein HGB-basiertes. Damit ergibt sich für das Management Reporting aber auch die Möglichkeit, Daten aus dem externen Rechnungswesen als Grundlage für die Managementinformation heranzuziehen. Dieses wird dann zur „single source of truth"[181] und damit zur Informationsquelle sowohl für das externe als auch für das interne Berichtswesen. Basierend auf dieser einheitlichen Informationsquelle können die Inhalte der Berichte zumindest zum Teil vereinheitlicht werden: externen (Investoren) und internen Adressaten (Führungskräfte) werden die gleichen Be-

180 Umgekehrt wird damit Information, die „eigentlich" für Zwecke der Unternehmenssteuerung generiert worden ist, auch zunehmend relevant für das externe Berichtswesen. Diese Grundausrichtung wird deshalb auch „management approach" genannt (vgl. Weißenberger 2007, S. 169ff).

181 Vgl. Müller 2008

richtsinhalte zugänglich gemacht, es entsteht ein (zumindest teilweise) „integriertes Reporting".[182]

Management Reporting-Enzyklopädie:

Integriertes Reporting

Ein integriertes Reporting nutzt die Daten des externen Rechnungswesens (Finanzbuchhaltung) als Grundlage für das Management Reporting an die Führungskräfte des Unternehmens. Soweit es sich um die laufende Berichterstattung über führungsrelevante Vorgänge und Ereignisse handelt, unterscheidet sich in einem integrierten Management Reporting die Berichtsinformation an externe Adressaten nicht von derjenigen an interne Adressaten, da in beiden Fällen das externe Rechnungswesen als „single source of truth" zu Grunde liegt.

In einem derart integrierten Reporting kann für die externe Berichterstattung und für die laufende interne Managementberichterstattung die gleiche Datenbasis zugrunde gelegt werden – was dazu führt, dass ein integriertes Reporting dem Management inhaltlich andere Informationen zur Verfügung stellt als ein Management Reporting, welches auf Daten des internen Rechnungswesens aufbaut.[183]

Abbildung 5.1 Reporting bei getrennter und integrierter Rechnungslegung

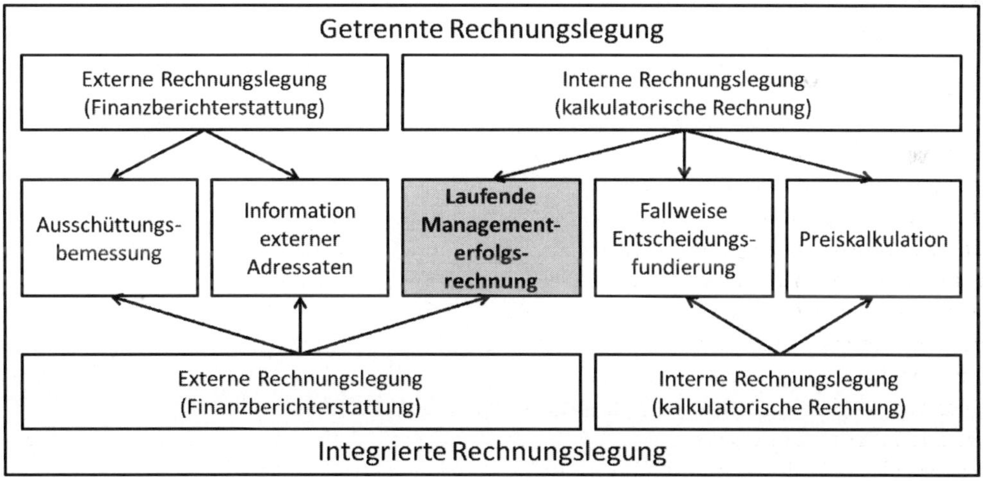

Quelle: in Anlehnung an Weißenberger 2007, S. 193

182 Vgl. Zirkler/Nobach 2008
183 Vgl. Weide 2009a, S. 251ff.

Die für das Zweikreissystem typischen kalkulatorischen Anpassungen der Datenbasis aus der Buchhaltung entfallen im integrierten Reporting – zumindest für das laufende Management Reporting. Im Zweikreissystem regelmäßig notwendige „Brückenrechnungen", welche eine Umrechnung zwischen den pagatorischen und den kalkulatorischen Daten ermöglichen, entfallen damit. Allerdings bleiben kalkulatorische Rechnungen nach wie vor für bestimmte Aufgaben im Unternehmen notwendig (so z.B. für die Preiskalkulation oder kurzfristige Entscheidungen). Die Integration ist also nicht total, sondern beschränkt sich primär auf die regelmäßige Berichterstattung an externe und interne Adressaten (vgl. **Abbildung 5.1**).

Für das Unternehmen eröffnet ein integriertes, auf den Daten der externen Rechnungslegung basierendes, Reporting eine Reihe von Vorteilen:[184]

- Das Management wird gegenüber externen Anspruchsgruppen „sprachfähig", da die für Managemententscheidungen genutzte Information der nach außen kommunizierten Information entspricht und somit leichter erklärt und plausibilisiert werden kann.
- Da externes und internes Reporting auf den gleichen Daten aufbauen, entfallen Brückenrechnungen und kalkulatorische Nebenrechnungen, der Aufwand für die Erstellung der Berichtsinformation wird reduziert.
- Termine für internes und externes Berichtswesen können zusammengefasst werden.
- Der reduzierte Erstellungsaufwand trägt zur Aktualität der Berichtsinhalte bei, da die Berichtsinformation schneller erstellt und früher kommuniziert werden kann.
- Die einheitliche Datenbasis reduziert Fehlerquellen und erleichtert die Qualitätssicherung der Informationsquellen.
- Die im internen Rechnungswesen teilweise sehr umfangreichen kalkulatorischen Anpassungen sind für das Management teilweise nicht unmittelbar verständlich und führen deshalb zu einer verringerten Akzeptanz der Information.[185] Auf IFRS basierende, „Management-konforme", Information kann dies zumindest teilweise vermeiden helfen, da Diskussion um den „vermeintlich richtigen Wert aus zwei verschiedenen Rechenkreisen"[186] überflüssig werden.

Allerdings stehen dem auch einige Nachteile gegenüber:

- Die Entscheidungsorientierung der IFRS richtet sich vornehmlich an die Interessen externer Investoren. Die Eignung für interne Managemententscheidungen ist damit nicht notwendigerweise immer gegeben.
- Das Management Reporting wird zu einer „Geisel des IASB",[187] da Standardänderun-

184 Vgl. dazu auch Weißenberger 2007, S. 196ff. und Kammer 2005, S. 225

185 Vgl. Waniczek 2002, S. 66

186 Weide 2009b, S. 8

187 Weißenberger, S. 198. Das IASB (International Accounting Standards Board) ist die zentrale Instanz bei der Entwicklung und Verabschiedung der IFRS.

gen zwingend auch für das interne Management Reporting gelten und damit auf die internen Rechnungen und Analysen durchschlagen (was sowohl Vergleiche zwischen Perioden als auch das Verständnis der Abnehmer für die erhaltene Information erschwert). Das Management Reporting wird damit inhaltlich sehr unflexibel, da nur IFRS-konforme Information aufgenommen werden kann.

- Landestypische oder kulturelle Unterschiede in der Erfassung oder Interpretation von Information werden durch die einheitlichen Standards ignoriert.[188] Gerade in international tätigen Konzernen kann ein einheitlich dargestellter Sachverhalt abhängig von der kulturellen Prägung des Informationsempfängers durchaus unterschiedlich interpretiert werden.

Ein total integriertes Management Reporting, welches sich ausschließlich auf IFRS-konforme Daten des externen Rechnungswesens stützt, ist deshalb weder inhaltlich sinnvoll noch aus praktischen Erwägungen erstrebenswert. Vielmehr werden spezifische Aufgabenstellungen der Planung und Entscheidungsunterstützung nach wie vor auf Informationen des internen Rechnungswesens zurückgreifen. Das Management Reporting muss weiterhin in der Lage sein, den spezifischen Informationsbedarf zu decken, auch wenn dies mit rein IFRS-konformer Information nicht möglich ist. Hier ist weiterhin das interne Rechnungswesen als Informationsquelle gefragt.

Abbildung 5.2 Konvergenz des Rechnungswesens und Konzernreporting

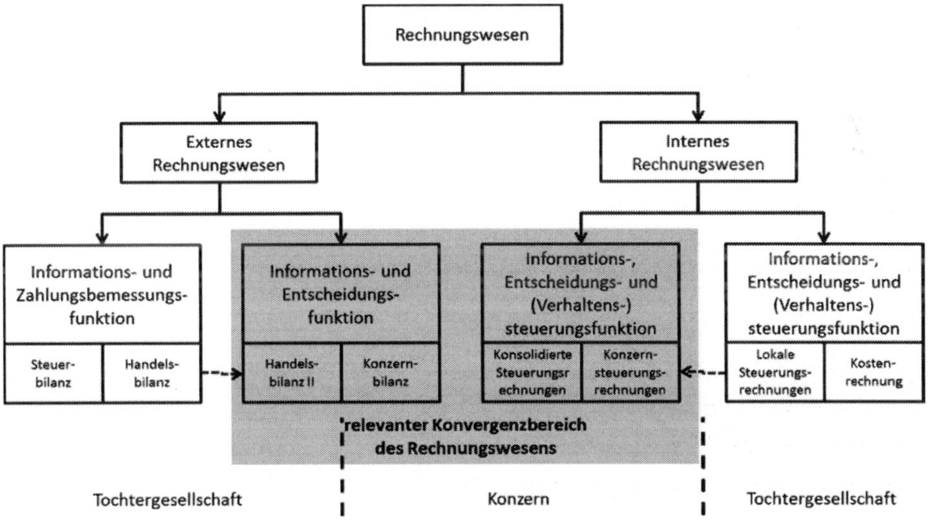

Quelle: in Anlehnung an Kammer 2005, S. 181

188 Vgl. Kammer 2005, S. 155

Der Nutzen eines integrierten Reporting wird tendenziell im Konzernreporting größer sein als auf der Ebene des einzelnen Konzernunternehmens. Hier kann das im Zuge der gesetzlich vorgeschriebenen Konsolidierung erarbeitete Informationsgerüst gleichzeitig auch als Steuerungsinformation für das Konzernmanagement verwendet werden (vgl. **Abbildung 5.2**).[189] Auf der Ebene einzelner Konzernunternehmen wird dagegen häufig der spezifische Informationsbedarf nicht mit einem integrierten Reporting zu befriedigen sein. Für ein nach IFRS bilanzierendes Unternehmen stellt sich damit laufend die Frage, ob und für welche Fragestellungen der Zusatznutzen eines nicht auf IFRS aufbauenden Management Reporting die dafür anfallenden Zusatzkosten rechtfertigt.

Konkret: Integriertes Management Reporting am Beispiel von MAN[190]

Der MAN Konzern ist in mehr als 120 Ländern aktiv und gliedert sich in vier Unternehmensbereiche, welche als eigenständige Teilkonzerne jeweils eine Reihe von Einzelgesellschaften umfassen. Die externe Berichterstattung orientiert sich entsprechend am gesellschaftsrechtlichen Aufbau des Konzerns; in jedem Quartal werden konsolidierte Abschlüsse für die Teilkonzerne und den Gesamtkonzern erstellt. Das auf interne Adressaten ausgerichtete Management Reporting war demgegenüber teils auf Einzelgesellschaften, teils auf mehrere Gesellschaften umfassende SGE (Strategische Geschäftseinheiten) orientiert und umfasste monatliche und vierteljährliche Berichte sowie eine mittelfristige Planung für drei Jahre. Externes und internes Berichtswesen waren also sowohl in ihrer Gliederung als auch in ihrem Erstellungszyklus weitgehend voneinander entkoppelt.

Im Jahre 2005 fiel im MAN Konzern die Entscheidung, beide Reportingsysteme so weit wie möglich zu integrieren und zu automatisieren. Die Integration sollte nicht nur Berichtsinhalte, sondern auch Erstellungs- und Konsolidierungsprozesse umfassen. Dazu wurden eine Reihe von in Eigenentwicklung entstandenen Reportinglösungen sowie einzelne kommerzielle Reporting-Tools durch eine einzige konzernweite Lösung auf Basis von SAP SEM (Strategic Enterprise Management) ersetzt. Die Integration des Reporting sollte also gleichzeitig mit einer Harmonisierung der Softwarebasis sowie einer Standardisierung der betroffenen Prozesse verbunden werden. Das entwickelte integrierte Reportingsystem stimmt nunmehr die externe und interne Berichterstattung in mehrfacher Hinsicht auf einander ab, indem:

- auf die gleichen Stammdaten zugegriffen wird,
- einheitliche Systemeinstellungen (z.B. für Währungsumrechnung oder Konsolidierung) genutzt werden,
- die Objekthierarchien vereinheitlicht sind.

[189] In einer Befragung von 98 Führungskräften aus den Bereichen Rechnungswesen, Controlling und Finanzen konnten Gleich et al. bereits im Jahr 2001 feststellen, dass viele Konzerne bei den berichteten finanziellen Kennzahlen keinen Unterschied mehr zwischen externen und internen Adressaten machten und das von den Autoren als „corporate performance reporting" bezeichnete integrierte Berichtswesen einen sehr hohen Standardisierungsgrad aufwies (Gleich/Sasse/Gräf 2003). Es ist zu vermuten, dass sich dieser Befund seitdem nicht geändert hat.

[190] Vgl. Krey 2007

5.3 Von den Quellen zu den Berichtsinhalten

Mit der Berichtserstellung befasste Aufgabenträger müssen die in den Informationsquellen vorhandenen Daten und Informationsobjekte so aufbereiten, dass die entstehende Berichtsinformation dem subjektiven Informationsbedarf der Berichtsadressaten möglichst weitgehend entspricht. Verfügbare Inputinformation muss deshalb zweckorientiert transformiert (aufbereitet) werden und in Umfang, Struktur und Darstellungsweise an die Bedürfnisse der Berichtsempfänger angepasst werden. Diese Tätigkeiten stellen in der Praxis häufig den inhaltlichen Kern der Tätigkeit „Berichtswesen" dar.

Für regelmäßig genutzte Quellen und die aus ihnen zu extrahierende Inputinformation können zu diesem Zwecke sogenannte „Informationspfade" festgelegt werden.[191]

Management Reporting-Enzyklopädie:

Informationspfad

Ein Informationspfad legt nachvollziehbar dokumentiert fest, aus welchen Quellen welche Informationsobjekte für welche Zwecke (Handlungssituationen bzw. Entscheidungsprobleme) extrahiert und in welcher Form transformiert werden müssen, um eine bestimmte (wiederkehrend benötigte) Berichtsinformation zu erstellen.

Informationspfade dürfen nicht mit Berichtsvorlagen („Templates") verwechselt werden.[192] Während Vorlagen primär eine Struktur zur Darstellung und Dokumentation vorgeben, fokussieren Informationspfade auf den *Prozess* der Informationsgewinnung und Informationsverarbeitung. Information, welche aus einem Informationspfad gewonnen wird, kann also in unterschiedlichen Vorlagen dargestellt werden. Umgekehrt werden die Informationsobjekte eines Berichtstemplates häufig aus verschiedenen Informationspfaden entstanden sein.

5.3.1 Transformation der Inputdaten

In den seltensten Fällen können die aus verschiedenen Quellen gesammelten Informationsobjekte völlig unverändert als Berichtsinformation an die endgültigen Adressaten weitergegeben werden. Normalerweise entsprechen der Umfang und der Inhalt der Datenquellen nicht dem subjektiven Informationsbedarf der Berichtsempfänger. Deshalb ist im Prozess des Management Reporting vor der Weitergabe der Information noch eine Phase der Aufbereitung und Transformation der Information erforderlich. Diese Transformation (von lat. „transformare" = umgestalten) kann auf unterschiedliche Weise erfolgen:[193]

---

191 Vgl. auch Baumöl 1996, S. 13
192 Vgl. zu Berichtsvorlagen auch Kapitel 5.3.4.
193 Vgl. dazu auch Wittmann 1980, Sp. 896

1. Wechsel der Zeichenart zur Darstellung der Information, z.B. können binär codierte Zahlen in das dekadische Zahlensystem umgewandelt werden.
2. Wechsel des Mediums zur Darstellung, Speicherung oder Weitergabe der Information, z.B. kann elektronisch vorhandene Information ausgedruckt werden.
3. Wechsel des Informationsinhalts selbst. Dies stellt für das Berichtswesen den wichtigsten Fall dar, auf welchen im Folgenden näher eingegangen wird.

Jede Transformation von Daten ist mit Aufwand (Zeit, Ressourcen) verbunden und birgt selbst Fehlerquellen. Deshalb ist eine Transformation nie Selbstzweck, sondern nur dann gerechtfertigt, wenn die Benutzeradäquanz der Information dadurch verbessert oder überhaupt erst erreicht werden kann: Der Informationsempfänger versteht die Sprache nicht, deshalb muss übersetzt werden. Der Informationsempfänger kann seine Email nicht abrufen, deshalb muss ihm die Nachricht auf Papier weitergeleitet werden, der Informationsempfänger wäre mit seitenlangen Zahlenkolonnen überfordert, deshalb müssen diese in einigen wenigen Kennzahlen zusammengefasst werden, etc.

Management Reporting-Enzyklopädie:

Transformation von Information

Eine Transformation von Information findet immer dann statt, wenn ihre Zeichendarstellung, ihr Trägermedium, oder der Informationsinhalt selbst geändert wird. Eine Informationstransformation wird vorgenommen, um die Information dem subjektiven Informationsbedarf des Empfängers anzupassen und damit ihre Zweckorientierung sicherzustellen.

Im Berichtswesen dominiert dabei die inhaltliche Transformation von Daten. Typische Möglichkeiten der inhaltlichen Transformation sollen im Folgenden kurz dargestellt werden (vgl. auch **Abbildung 5.3**).

Aggregation

Darunter versteht man das Zusammenfassen einzelner (zusammengehöriger) Informationsteile zu einer umfassenden, führungsrelevant(er)en Information (z.B. die Aggregation von Kostenstelleninformation zu Information, welche das Gesamtunternehmen darstellt). Diese Transformation wird häufig auch als „Verdichten" bezeichnet. Die Verdichtung kann von einer einfachen Punkt- und Strichrechnung[194] (z.B. Summen- oder Mittelwertbildung, Prozentuierung, Indexbildung) über umfangreichere Konsolidierungsrechnungen bis zu komplexen Zusammenfassungen von Informationsobjekten unterschiedlicher Kategorien (z.B. in Zahlen und in Text dargestellte Information) reichen.[195]

---

194 Vgl. Landsberg 1988, S. 102

195 Vgl. dazu z.B. Birk 1991, S. 32ff. Birk sieht auch Gliederungen und die Bildung von Beziehungszahlen als Formen der Verdichtung. Dieser Ansicht wird hier nicht gefolgt, da es sich in diesen beiden Fällen um eine Art der Informations*kombination* handelt.

Abbildung 5.3 Arten der Transformation von Informationsobjekten

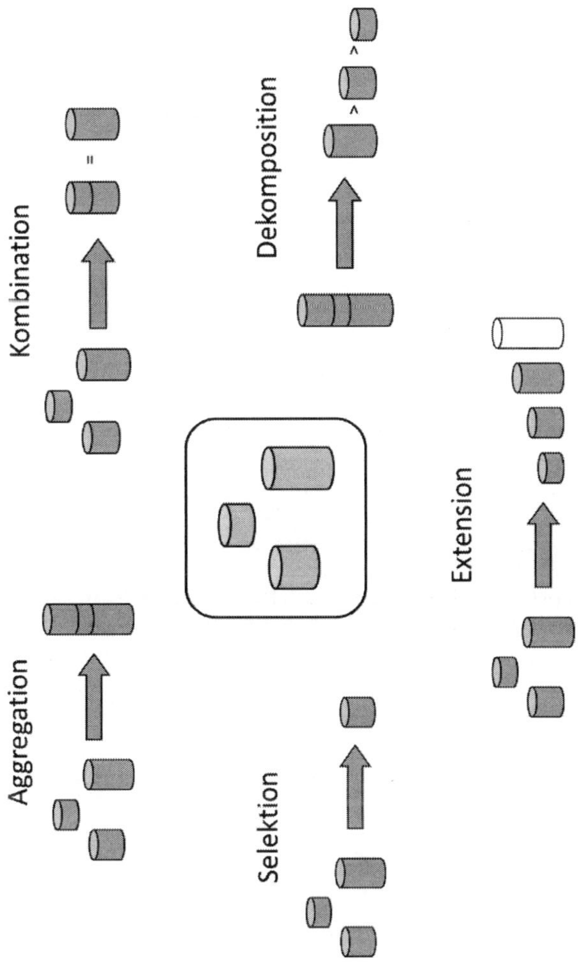

Quelle: eigene Darstellung

Nur in den einfachsten Fällen lässt sich der Aggregationsprozess unmittelbar und jederzeit eindeutig nachvollziehen, so z.B. bei mathematischen Transformationen. Allerdings bleibt die Aggregation für den Informationsempfänger meist unumkehrbar, d.h. er kann aus der ihm weitergegebenen aggregierten Information nicht auf die ursprünglichen Informationsobjekte schließen. Die aggregierte Information kann deshalb entweder als Ersatz (Reduktion von Komplexität) oder als Ergänzung zu den ursprünglichen Teilinformationen weitergegeben werden. In diesem Fall tritt bereits die Kombination als weitere Art der Informationsaufbereitung hinzu.

Kombination

Bei der Informationskombination wird durch Inbeziehungsetzen von verschiedenen Teilinformationen ein neues Informationsobjekt gewonnen. Die in der Praxis wichtigste Form der Kombination ist der Vergleich. Dabei wird die Ausgangsinformation mit einem weiteren Informationsobjekt zu Vergleichszwecken in Beziehung gesetzt. Dies geschieht z.B. bei Plan-Ist-Vergleichen, Konkurrenzvergleichen oder bei der Nutzung von Benchmarks. Vielfach wird der Vergleich als die wichtigste Form der Informationstransformation im Berichtswesen angesehen. Vergleiche können sehr einfach gehalten sein (direkte Gegenüberstellung einzelner Datenobjekte, z.B. Istwert und Planwert), aber auch komplexer ausgestaltet werden (z.B. Vergleich ganzer Zeitreihen oder logisch-mathematisch zusammenhängender Zahlengruppen, etwas bei Kennzahlensystemen).[196]

Dekomposition

Unter einer Dekomposition wird das Zerlegen eines Informationsobjektes in mehrere Teilinformationen verstanden. Die Dekomposition ist demnach die logische Gegenoperation zur Aggregation. Die Zerlegung eines Informationsobjekts in mehrere Teile ist immer dann sinnvoll, wenn für den Informationsnutzer die Interpretation der einzelnen Teile einfacher ist bzw. durch die Zerlegung der pragmatische (handlungsorientierte) Wert der Information gesteigert wird.

Die Dekomposition erhöht zunächst zwar die Menge der Informationsobjekte, steigert aber gerade dadurch häufig den Informationswert, d.h. die Nutzbarkeit der Information für den Handelnden. In Teilinformationen zerlegte Informationsobjekte sind kognitiv einfacher zu verarbeiten und besitzen eine konkretere Handlungsorientierung. So wird bei einer Routenplanung die aggregierte Information „500 km in Richtung Westen" für den Reisenden eine deutlich geringere Handlungsorientierung aufweisen als die einzelnen Hinweise zu Straßenkreuzungen, Abbiegungen und Entfernungen bis zur nächsten Wegmarke.

Selektion

Unter Selektion kann jede Art der Auswahl und Filterung von Informationsobjekten verstanden werden, welche dazu führt, dass bestimmte Informationsobjekte nicht in den Bericht aufgenommen werden, während andere (unverändert oder weiter transformiert) Teil der Berichtsinformation werden. Da die vom Management Reporting genutzten Informationsquellen in der Regel immer ein Übermaß an Informationsobjekten enthalten, ist die Selektion ein regelmäßig notwendiger Transformationsschritt: Management Reporting muss mehrfach selektieren: zunächst müssen fehlerhafte (d.h. nicht den Tatsachen entsprechende) Inputdaten gefiltert werden (Mängelbeseitigung),[197] danach muss für den Adressaten relevante von irrelevanter Information getrennt werden. Häufig muss auch bei der erstellten Berichtsinformation selbst noch ein Selektionsprozess erfolgen, um die wichtige

196 Vgl. Mayer/Winter 2008, S. 33

197 Zum Vorgehen bei der Filterung von Inputdaten siehe ausführlicher z.B. Kemper/Baars/Mehanna 2010, S. 28ff.

von weniger wichtiger Information zu trennen (und die Darstellung bzw. Informationsanordnung im Bericht entsprechend anpassen zu können).

Extension

Extension bezeichnet jede Art der Erweiterung von Informationsobjekten bzw. deren Anreicherung mit zusätzlichen Informationsobjekten. So stellt das Fortschreiben einer Zeitreihe mit den erwarteten Prognosewerten ebenso eine Extension dar wie das Ergänzen einer verbalen Erklärung oder Interpretation zu einem gegebenen Zahlenwert. In allen Fällen der Extension wird das ursprünglich gegebene Informationsobjekt selbst nicht verändert, sondern um zusätzliche Informationsobjekte erweitert. Die Extension führt also zu einer Ausdehnung der Informationsmenge und ist logisch betrachtet die Gegenoperation zur Selektion.

Es gehört zur "Kunst" der Berichtserstellung, diese Transformationsmöglichkeiten so anzuwenden, dass der subjektive Informationsbedarf der Berichtsempfänger möglichst effektiv und effizient befriedigt werden kann. Dabei werden die einzelnen Transformationsarten häufig in Kombination miteinander eingesetzt, sodass die Berichtsinhalte in einem mehrstufigen Analyse- und Syntheseprozess aus den Eingangsdaten gewonnen werden. So kann zunächst eine Selektion von Inputdaten stattfinden, die derart gefilterten Datenobjekte werden danach aggregiert und anschließend durch eine verbale Interpretation ergänzt.[198]

Konkret: Kombinierte Transformationsmöglichkeiten von Inputdaten

Wie intensiv die Transformationsmöglichkeiten bei der Erstellung von Berichtsinformation kombiniert genutzt werden, soll an einem fiktiven, aber durchaus realitätsnahen Beispiel gezeigt werden:

Der mit der Erstellung des monatlichen Standardberichts beschäftigte Controller lädt die im abgelaufenen Monat verbuchten Umsätze pro Kunde aus dem ERP-System. Da die Darstellung für die Geschäftsführung nur für vordefinierte Kundensegmente erfolgt, fasst er die Inputdaten pro Einzelkunde zunächst in Segmente zusammen (Aggregation). Diesen stellt er die ebenfalls im ERP-System verfügbaren Planwerte für den abgelaufenen Monat in einer tabellarischen Darstellung gegenüber und errechnet für jedes Kundensegment die Abweichung (Kombination). Für das Kundensegment C ergibt sich eine Abweichung, welche über den vordefinierten Toleranzschwellen liegt – hier muss der Geschäftsführung eine detailliertere Analyse geliefert werden. Deshalb wird das Segment C nun doch aufgespalten und die Werte für jeden einzelnen Kunden dargestellt (Dekomposition). Es zeigt sich, dass die Kunden x und y deutlich von den Erwartungen abweichen und als Hauptursache für die Differenz gelten können. Nach einer Rücksprache mit den zuständigen Vertriebsmitarbeitern können die Gründe in einem kurzen Kommentar zur Tabelle ergänzt werden (Extension). Die Vertriebsmitarbeiter haben ihrerseits eine Schätzung darüber abgegeben, ob und in welchem Ausmaß die negativen Abweichungen im Umsatz bis zum Ende des Geschäftsjahres noch aufgeholt werden

[198] Vgl. Kemper/Baars/Mehanna 2010, S. 27f.

können. Dabei zeigt sich, dass die extrem optimistische Schätzung von Mitarbeiter Müller von keinem Kollegen geteilt wird. Vielmehr sehen alle anderen Befragten keine Möglichkeit mehr, den Rückstand vollständig aufzuholen. Deshalb wird der Ist-Wert mit einem Prognosewert für das Jahresende ergänzt (Extension), wobei aber die optimistische Erwartung von Mitarbeiter Müller ignoriert (Selektion) und die Prognose als arithmetisches Mittel aller anderen Mitarbeiter-Inputs ermittelt wird.

Moderne Business Intelligence Systeme[199] unterstützen die verschiedenen Möglichkeiten der Datentransformation in hohem Ausmaß. So ist die – auch von Tabellenkalkulationsprogrammen bekannte – Möglichkeit der Pivotierung lediglich ein Werkzeug zur einfachen Erstellung unterschiedlicher Datenkombinationen. Selektionen werden durch sogenannte „slice and dice" Funktionen realisiert (Beschränkung der vorhandenen Daten auf einen festen Wert in einer Informationsdimension), Dekomposition ist in Form von „drill down" und Aggregation als „roll up" Funktion verfügbar.[200]

5.3.2 Spezifität und Universalität der Berichtsinhalte

Im vorangegangenen Kapitel wurden die Berichts*zwecke* (und die daraus abgeleiteten Berichtsarten) als kontingent, d.h. abhängig von externen Einflussfaktoren, beschrieben.[201] Eine ähnliche Aussage lässt sich auch für die *Inhalte* von Berichten treffen. Auch sie sind kontingent, es gibt keine „absolut richtigen" oder „generell notwendigen" Berichtsinformationen. Vielmehr sind die in einen Bericht aufzunehmenden Informationen vom subjektiven Informationsbedarf abhängig, welcher wiederum von einigen wesentlichen Einflussfaktoren determiniert ist:[202]

1. **Geschäftsmodell:** Welche Marktleistungen sollen wie für welche Abnehmer erbracht werden und welche Ziele verfolgt das Unternehmen dabei? Das Geschäftsmodell determiniert wesentlich, worüber die Entscheider informiert werden müssen.
2. **Individuelle Aufgabe und Rolle im Unternehmen:** Wofür ist der Handelnde selbst verantwortlich, wofür wird er verantwortlich gemacht? Welche individuellen Ziele verfolgt er mit seinem Handeln? Während das Geschäftsmodell die Perspektive des Gesamtunternehmens widerspiegelt, findet sich in der individuellen Aufgabe die subjektive Perspektive des Einzelnen.
3. **Situativer Rahmen:** Was geschieht in der Unternehmensumwelt und was könnte Einfluss auf das eigene Handeln und/oder die Zielerreichung des Unternehmens haben? Der situative Rahmen öffnet den Informationsbedarf für die Umwelt.

---

199 Zum Begriff „Business Intelligence" und zu seiner Bedeutung für das Management Reporting vgl. auch Kapitel 6.2.

200 Vgl. dazu auch Kemper/Baars/Mehanna 2010, S. 101ff.

201 Vgl. Kapitel 4.1.3.

202 Vgl. Axson 2007, S. 136

Die Inhalte des Management Reporting sind deshalb notwendigerweise spezifisch auf bestimmte Adressaten in einem bestimmten Unternehmen in einer bestimmten Situation zugeschnitten. Da alle drei Faktoren kontinuierlich Veränderungen unterworfen sind, bleibt auch dieser spezifische Informationsbedarf nicht stabil. Entsprechend müssen auch die Inhalte von regelmäßig erstellten Standardberichten in regelmäßigen Abständen auf ihre Eignung zur Deckung des Informationsbedarfs geprüft werden.

Allerdings erweisen sich bestimmte Arten von Berichtsinhalten als relativ „robust" gegenüber Änderungen dieser Einflussfaktoren: der Bedarf der Führungshandelnden nach diesen Informationsobjekten ist auch bei wechselnden Strategien oder Umwelteinflüssen nach wie vor gegeben. Solche Informationsobjekte stellen den Kern vieler typischer Berichte in Unternehmen dar – auch wenn diese in unterschiedlichen Branchen tätig sind und völlig unterschiedliche Geschäftsmodelle verfolgen. Trotz der im Detail immer notwendigen Spezifität der Inhalte lässt sich doch in vielen Fällen auch ein „universeller inhaltlicher Kern" des Management Reporting identifizieren. So unterscheidet Drucker z.B. vier verschiedene Arten von Informationen, welche Manager benötigen.[203] Diese sollten deshalb Bestandteil eines Management Reporting sein:

- **„Foundation information"**: Drucker versteht darunter Basisinformation über die aktuelle Situation des Unternehmens ähnlich zu den in einer ärztlichen Routineuntersuchung gesammelten Informationen: solange die Werte normal sind, ist ihr Aussagegehalt begrenzt. Abweichungen von den „Normalwerten" geben allerdings erste Aufschlüsse über Probleme. Im Unternehmen können viele der üblichen Finanzkennzahlen solche „foundation information" darstellen (Umsatz, Cash Flow, Liquidität, etc.)
- **Productivity information"**: Dies sind zunächst die klassischen Produktivitätskennzahlen für einzelne Produktionsressourcen (Arbeit, Maschinen, etc.). Drucker versteht darunter aber auch explizit die Produktivität des im Unternehmen eingesetzten Kapitals, wie sie in vielen wertorientierten Kennzahlen (wie z.B. dem Economic Value Added) gemessen wird.
- **„Competence information"**: Hier sollen die Entscheider mit Informationen darüber versorgt werden, was das Unternehmen besser als seine Mitbewerber kann, welche dieser Kernkompetenzen in Zukunft am Markt nötig sein werden und wie man diese erwerben, ausbauen oder erhalten kann, um die eigene Wettbewerbsfähigkeit nicht zu verlieren. Drucker betont, dass die Kernkompetenzen jeweils individuell und quasi Teil der „Persönlichkeit" eines Unternehmens sind. Er sieht einzig die Innovativität als eine universelle Kompetenz, welche jedes Unternehmen benötigt (und worüber das Management folglich auch informiert werden muss).
- **„Resource allocation information"**: Als letzte universelle Informationsart für Manager versteht Drucker darunter Information, die Aufschluss über den Einsatz knapper Ressourcen gibt. Besonders im Fokus stehen dabei die Ressourcen „Kapital" und „Arbeitskraft".

---

[203] Vgl. Drucker 1995, S. 58ff

Konkret: Bedeutung der Berichtsinhalte in der Praxis

Die von Peter Drucker geforderte ausgewogene Mischung unterschiedlicher Informationsarten für das Management lässt sich in der betrieblichen Praxis nur teilweise wiederfinden. So dominiert in den meisten Unternehmen eindeutig die Finanzinformation. Sie scheint in den meisten Unternehmen die Funktion der „foundation information" wahrzunehmen: ihre kontinuierliche Beobachtung soll möglichst früh und konkret Hinweise auf Probleme im Unternehmen geben.

Im Vergleich dazu werden andere Informationsarten als deutlich weniger bedeutsam eingeschätzt. Besonders auffällig ist die „Geringschätzung" von Innovationsinformation, welche in der Unternehmenspraxis offensichtlich nicht den Stellenwert einnimmt, den ihr die Theorie zuschreibt.

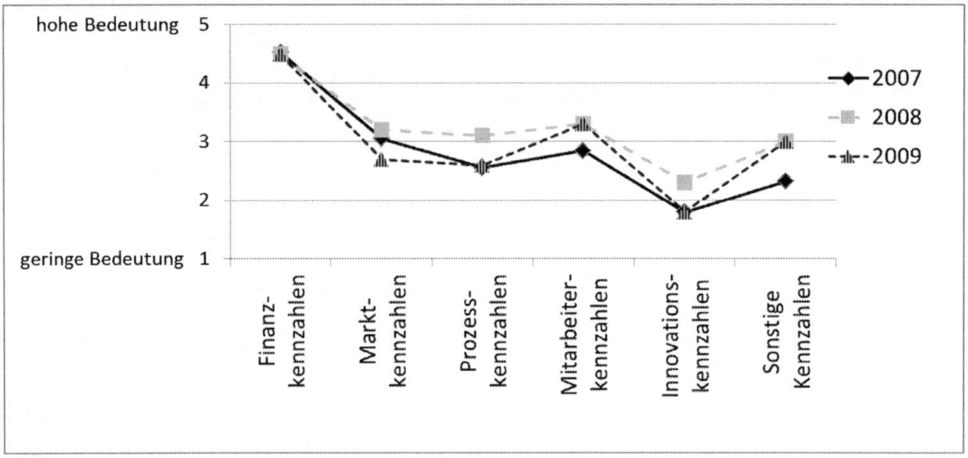

Quelle: WHU Controllerpanel 2007, 2008 und 2009, eigene Darstellung

Auffallend ist, dass sich die Bedeutung der unterschiedlichen Informationsarten als zeitlich weitgehend stabil zu erweisen scheint. In den jährlichen Studien erwies sich auch die Bedeutung von externer Information im Vergleich zu intern generierten Informationen als generell deutlich geringer: Berichte enthalten in der Unternehmenspraxis weitgehend interne Information, welche darüber hinaus stark finanzlastig geprägt ist. Dies ist zumindest zum Teil darin begründet, dass diese Informationen in den meisten Fällen relativ einfach aus den Rechnungswesen-Systemen zu generieren sind und auch ein einheitliches Verständnis über ihre Bedeutung bei den Berichtsadressaten einfacher herzustellen ist.[204] Hinter der nach wie vor überragenden praktischen Bedeutung von Finanzinformationen in typischen Standardberichten mag sich also vor allem eine gehörige Portion an Pragmatismus aller Beteiligten verbergen. Gerade im Konzernreporting nimmt Finanzinformation empirisch eine herausragende Stellung ein,[205] da sie einfach über einzelne

204 Vgl. dazu Weber/Rehring/Voußem 2011, S. 85

205 Vgl. Gleich et al 2002, S. 340; Hirsch et al 2008, S. 328f.

Konzernteile (Tochtergesellschaften) aggregierbar ist und die Konzernsteuerung häufig vornehmlich über finanzielle Kenngrößen erfolgt.

Wenngleich bestimmte Informationsarten (in Berichten häufig in Kennzahlen ausgedrückt) in der Berichtspraxis also häufiger anzutreffen sind als andere, so ändert dies nichts an der prinzipiellen Kontingenz aller Berichtsinhalte. Diese Kontingenz besteht nämlich nicht nur in der Wahl bestimmter Informationsarten, sondern auch in der Festlegung der Objektdimensionen, für welche die Information benötigt wird (vgl. **Abbildung 5.4**).

Abbildung 5.4 Berichtsinhalte als Konkretisierung eines speziellen Informationsbedarfs

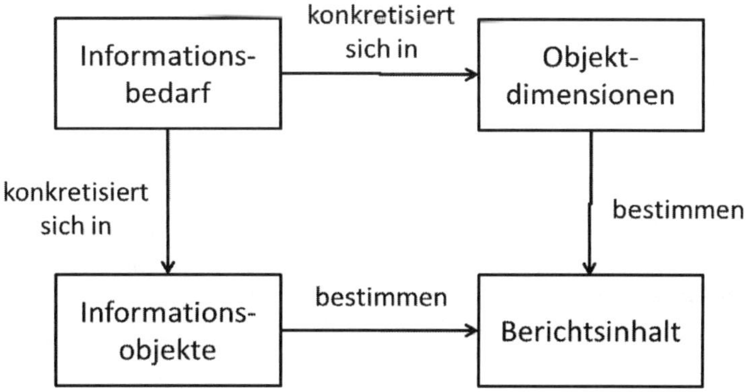

Quelle: in Anlehnung an Becker 2006, S. 504

So ist mit der Angabe, dass der Umsatz (als ein Beispiel für „foundation information") im Bericht enthalten sein soll der Berichtsinhalt noch nicht ausreichend konkretisiert. Hierfür muss zusätzlich noch bestimmt werden, auf welche Ausschnitte einzelner Objektdimensionen sich das Informationsobjekt „Umsatz" beziehen soll: z.B. auf den abgelaufenen Monat, jedes einzelne Produkt des Geschäftsbereichs A, die Region Süddeutschland, etc.

Neben der Zeitdimension stellen die Steuerungsobjekte (d.h. die Objekte, an welchen sich das Steuerungshandeln der Berichtsadressaten manifestiert) die wichtigste Konkretisierung dar. Typische Steuerungsobjekte sind dabei:[206]

- Organisatorisch-hierarchische Einheiten (Konzern, Einzelunternehmen, Abteilung, etc.)
- Marktleistungen (Produkte, Produktgruppen, etc.)
- Markteinheiten (Einzelkunden, Kundengruppen/Segmente, Teilmärkte, etc.)
- Teilbereiche der Wertschöpfungskette, Prozesse
- Projekte

206 Vgl. dazu auch Gräf/Nase 2008, S. 50ff.

Die Spezifität der Berichtsinhalte kann demnach zum einen in der Wahl der Informationsobjekte liegen (ein Adressat benötigt den Umsatz, ein anderer Adressat aber Information zur Kundenzufriedenheit), zum anderen in der Konkretisierung der Ausschnitte einzelner Objektdimensionen (ein Adressat benötigt den Umsatz für Süddeutschland, ein anderer für Norddeutschland).

5.3.3 Aussagekategorien in Berichten, Modalitäten

Mit der Wahl der jeweils in das Reporting aufgenommenen Informationsobjekte sowie der Festlegung der Informationsdimensionen, auf welche sich die Information bezieht ist bereits ein hohes Maß an Spezifität ermöglicht. Allerdings ist der konkrete Aussagegehalt der Information noch ganz wesentlich von ihrer Modalität abhängig. In den Sprachwissenschaften wird unter der Modalität „das Verhältnis des Sprechenden zur Aussage bzw. das Verhältnis der Aussage zur Realität"[207] verstanden. Durch Veränderung bzw. gezielten Einsatz der Modalität kann der Informationssender bestimmte subjektive Effekte erzielen – z.B. eine Erlaubnis oder einen Befehl erteilen, eine Erwartung oder eine Befürchtung ausdrücken, etc.

Die Modalität einer Aussage wird bei verbalen (d.h. in Worten ausgedrückten) Informationen durch die Verwendung von Modalverben (können, dürfen, müssen, etc.) bzw. durch Einsatz bestimmter Modalwörter ausgedrückt (leider, hoffentlich, angeblich, etwa, etc.). Ebenso können die grammatischen Modi selbst (Indikativ, Konjunktiv, Imperativ) zur Erzielung einer bestimmten Modalität eingesetzt werden.

> **Management Reporting-Enzyklopädie:**
>
> **Modalität von Information**
>
> Die Modalität eines Informationsobjekts stellt die durch unterschiedliche sprachliche Formen bzw. durch den Gebrauch bestimmter Schlüsselwörter ausgedrückte subjektive Perspektive dar, welche der Sender in Bezug auf den Informationsinhalt einnimmt.

Die Modalität eines Informationsobjekts ist für das Verstehen und weitere Nutzen der Information überaus wichtig. „Falsch" verstandene Modalität wird beim Empfänger meist zu Handlungen führen, welche der Sender nicht beabsichtigt hat: Was als „einfache Feststellung" gedacht war, wird als Warnung verstanden und löst eine Panikreaktion des Empfängers aus, die „durch die Blume" ausgedrückte Aufforderung zum Handeln wird nicht erkannt und keine Maßnahme ergriffen, etc.

Während bei sprachlich übermittelter Information ein breites Repertoire an Ausdrucksformen für unterschiedliche Modalitäten zur Verfügung steht, sind die Möglichkeiten bei der in Berichten häufigen quantitativen Darstellung (d.h. in Zahlenwerten ausgedrückte Information) deutlich eingeschränkter. Dem Eurobetrag (Umsatz des letzten Monats) ist zu-

---

[207] http://www.duden.de/rechtschreibung/Modalitaet

nächst keine bestimmte Modalität eigen. Durch Einsatz von Bildzeichen (Icons, etwa den weitverbreiteten „Smileys"), Satzzeichen (z.B. Ausrufezeichen) und/oder grafischen Gestaltungselementen (z.B. rote oder grüne Farbe) können aber auch quantitative Informationsobjekte mit einer bestimmten Modalität belegt werden. **Da Berichte immer der Verhaltensbeeinflussung dienen, ist es essentiell, für jede Art von enthaltener Information die beabsichtigte Modalität möglichst eindeutig auszudrücken, damit die intendierte Verhaltensbeeinflussung ermöglicht wird.** Die Modalität eines Informationsobjekts wirkt also primär auf der pragmatischen Ebene.

Konkret: Modalität als zentrale Eigenschaft von Information

Bei festgelegtem Informationsobjekt und klar definierten Informationsdimensionen stellt die Modalität der Aussage den zentralen „Stellhebel" für die Information dar. So macht es für den Adressaten ganz offensichtlich einen wesentlichen Unterschied, ob die Aussage in einem Bericht „Der Umsatz *wird* im aktuellen Geschäftsjahr um 5% steigen" oder „Der Umsatz *könnte* im aktuellen Geschäftsjahr um 5% steigen" lautet. Zwei wiederum völlig unterschiedliche Aussagen werden durch die beinahe gleichen Sätze „Der Umsatz *soll* im aktuellen Geschäftsjahr um 5% steigen" bzw. „Der Umsatz *soll angeblich* im aktuellen Geschäftsjahr um 5% steigen" ausgedrückt: Während ersteres eine Erwartung (oder eine Zielvorgabe) darstellt, kommt in der zweiten Aussage eine Vermutung oder noch wahrscheinlicher eine Distanzierung vom Inhalt der Aussage zum Ausdruck.

Die Verwendung bestimmter Modalwörter ist zwar ein Indiz für eine bestimmte Modalität, kann diese aber nicht immer eindeutig bestimmen. So kann die Aussage „Der Umsatz steigt um 5%!" eine faktische Feststellung des Controllers sein. Ebenso könnte es sich aber um eine Zielvorgabe (normative Aussage) des Geschäftsführers an den Vertriebsleiter handeln: bei entsprechender Intonation (nämlich starker Betonung des Verbs) ist dem Vertriebsleiter klar, dass es sich um eine klare Erwartung des Geschäftsführers an ihn handelt, welche er lieber zu erfüllen versucht...

Wird Umsatzanstieg nur durch ein „+5%" ausgedrückt, so ist zunächst unklar, welche Modalität das Informationsobjekt aufweist. Wird das Feld grün hinterlegt oder mit einem lachenden Smiley (☺) ergänzt, werden die meisten Berichtsadressaten darin eine Zufriedenheit des Absenders erkennen. Umgekehrt drückt die Farbe Rot allgemein Handlungsbedarf aus, der durch einen traurigen Smiley (☹) als Ausdruck für Enttäuschung noch verstärkt werden kann.

Die Modalität von Berichtsinformation kann damit „Segen und Fluch" in einem sein: zum einen ist sie notwendig, damit Berichte ihren Zweck (Verhaltensbeeinflussung) überhaupt erfüllen können. Zum anderen aber kann durch bewusst oder unbewusst falsch oder missverständlich eingesetzte Modalität das Verhalten der Berichtsadressaten in eine gänzlich unerwartete und unbeabsichtigte Richtung gelenkt werden: Das „Spielen mit Modalitäten" wird damit zu einem zentralen Betätigungsfeld für den Berichtsersteller.[208]

208 Darauf wird in Kapitel 6 noch genauer eingegangen.

Welche Modalitäten sind für Berichte typisch bzw. in der Regel in Berichtsinformation vorzufinden? In der Literatur zum Berichtswesen finden sich diesbezüglich unterschiedliche Taxonomien, welche aber Gemeinsamkeiten aufweisen. Im Folgenden sollen acht verschiedene Modalitäten unterschieden werden (vgl. **Tabelle 5.4**).

Tabelle 5.4 Kategorien von Aussagearten in Berichten

Infokategorie	Aussageart	Inhalt
Faktische Information	Ist	Wirklichkeit (Vergangenheit)
Prognostische Information	Wird	Zukunft
Konjunktive Information	Kann	Möglichkeit
Normative Information	Soll	Ziele, Werte, Normen
Explanatorische Information	Warum	Ursachen von Sachverhalten
Logische Information	Muss	Notwendigkeit
Explikative Information		Definitionen, Sprachregelungen
Instrumentale Information		Methodologische Beziehungen

Quelle: Dellmann 1992, S.131

Teilweise werden in der Literatur nur die ersten vier Modalitäten genannt bzw. als relevant für Berichte angesehen.[209] Dies entspricht aber weder den theoretischen Notwendigkeiten noch der betrieblichen Praxis. Dort muss das Management Reporting den Adressaten z.B. sehr wohl auch Informationen über Ursache-Wirkungszusammenhänge (explanatorische Information) oder begriffliche Festlegungen und Definitionen (explikative Information) bereitstellen. Dies zeigt sich auch in empirischen Untersuchungen, welche (nicht überraschend) faktische und prognostische Informationen als die in der Praxis bedeutendsten Informationsarten identifizieren, an dritter Stelle aber bereits explanatorische Information listen.[210]

Andere Autoren entwerfen ähnliche Taxonomien, welche aber Modalitäten mit anderen Konzepten vermischen[211] bzw. andere logische Gliederungskriterien zugrunde legen.[212]

209 So etwa Töpfer 1983, S. 783, Koch 1994, S. 41 oder Kammer 2005, S. 183.

210 Vgl. z.B. Weber/Schaier/Strangfeld 2005, S.46. Ähnlich kann auch das Ergebnis von Stadler/Weißenberger (1999) interpretiert werden, welche die größten Änderungswünsche der Berichtsadressaten bei nicht-monetären und externen (d.h. nicht dem Unternehmen entstammenden) Informationen ausmachen. Auch dies kann als verstärkter Wunsch nach „Erklärungen" gedeutet werden.

211 Huch (1984) unterscheidet etwa vier Informationsarten, die er „protokollarisch", „aufbereitet", „erklärend" und „prognostisch" nennt. Interpretiert man protokollarische als faktische Information, so lässt sich einzig „aufbereitete" Information nicht den oben genannten Modalitäten zuordnen. In der Tat ist die Aufbereitung von Information völlig unabhängig von ihrer Modalität, sodass

Eine Unterscheidung nach ihrer Modalität ist damit zwar nicht die einzige, aber eine für die Praxis offenbar sehr wichtige und nützliche Gliederung der Informationsarten in Berichten: Sowohl die Ersteller als auch die Adressaten von Berichtsinformation müssen mit einer Pluralität von Modalitäten umgehen bzw. diese bewusst einsetzen können. Im Regelfall werden Berichte Informationen mit unterschiedlichen Modalitäten enthalten. Erst dadurch entsteht meist ein subjektiv erlebter „Informationsreichtum".

5.3.4 Strukturierung und Anordnung der Berichtsinhalte

Selbst wenig umfangreiche Berichte enthalten immer eine Mehrzahl an einzelnen Informationsobjekten, welche nicht unabhängig voneinander sind, sondern in Beziehung zu einander stehen (da sie alle den Zweck der Beeinflussung von Führungshandeln teilen).

Für das Management Reporting ist es deshalb wesentlich, die Berichtsinhalte nicht als unverbundene, lose Abfolge von Einzelinformationen zu gestalten, sondern durch eine adäquate Anordnung und Strukturierung der einzelnen Inhalte auch die Beziehungen zwischen den Einzelinformationen (zumindest teilweise) auszudrücken. Allerdings ist es praktisch nicht möglich, die gesamte Komplexität der hinter den Informationsobjekten stehenden realen Vorgänge und Zustände im Berichtswesen abzubilden.[213] Vielmehr muss das Management Reporting versuchen, die Struktur und Anordnung der Berichtsinformationen an den vorherrschenden Informationsbedürfnissen der Adressaten auszurichten. Auch hier gilt also: welche Verknüpfungen und Beziehungen zwischen den einzelnen Berichtsinhalten sind für die Berichtsadressaten wesentlich?

Die Berichtsstruktur wird damit selbst zur Informationsquelle, die den Empfängern Einblicke und Erkenntnisse erlaubt, welche über den Informationsgehalt jedes einzelnen Berichtsobjekts hinausgeht: „Das Ganze ist mehr als die Summe seiner Teile!". Zusätzlich erleichtert sie das Verständnis der Einzelinhalte. Struktur schafft Übersichtlichkeit und erleichtert damit die Aufnahme und Verarbeitung auch umfangreicherer Berichte.[214]

Für die Strukturierung der Berichtsinhalte existieren einige grundsätzliche Optionen, die sich durch die jeweils zugrundeliegende „Leitdimension" unterscheiden:

Huch hier zwei logisch unterschiedliche Konzepte vermischt. Axson (2006) nennt „measures of performance", „reporting of events" und „provision of context" als die drei Informationsarten in Berichten. Kennzahlen können aber mit unterschiedlichen Modalitäten kommuniziert werden (Ist-Werte, Plan-Werte, Soll-Werte), sodass auch diese Taxonomie nicht eindeutig Modalitäten zugeordnet werden kann.

212 Szyperski (1975) nennt etwa faktisches, empirisch-nomologisches, zielorientiertes und methodisches Wissen. Diese stellen unterschiedliche, aufeinander aufbauende Komplexitätsstufen eines umfassenden Informationssystems (als Menge miteinander verbundener Informationsobjekte) dar.

213 Darauf wird im nachfolgenden Kapitel 5.4 noch weiter eingegangen werden.

214 Vgl. Weber/Malz/Lührmann 2008, S.36

Hierarchische Struktur (Leitdimension: Organisation, Hierarchie)

Diese in der Berichtspraxis sehr häufig anzutreffende Strukturierungsform nutzt die Aufbauorganisation des Unternehmens (bzw. des Konzerns) als Leitdimension.[215] Berichtsinhalte werden danach gruppiert, auf welchen organisatorischen Ausschnitt des Gesamtunternehmens (z.B. Gesamtkonzern, Tochterunternehmen, Geschäftsbereich, Abteilung, etc.) sie sich beziehen. Die Berichtsinformation ist selbst also ebenfalls hierarchisch gegliedert.

Der wesentliche Vorteil dieser Strukturierungsform ist der hohe Wiedererkennungswert bei den Berichtsadressaten. Diese werden in der Regel keine Probleme haben, die dargestellten Ausschnitte korrekt zu identifizieren und mit ihrem eigenen Handlungsfeld in Verbindung zu bringen: Der Geschäftsführer des Tochterunternehmens erkennt, welche Informationen sich auf den Gesamtkonzern beziehen und welche auf sein Einzelunternehmen. Der Leiter des Geschäftsbereichs kann die seinen Verantwortungsbereich betreffenden Informationen einfach von den restlichen Berichtsinhalten trennen, etc. Meist sind die für die Berichtsinformation genutzten Quelldaten (z.B. Buchhaltung, ERP-Systeme) ebenfalls entlang der Aufbauorganisation strukturiert, was ihre Verarbeitung und Anordnung im Bericht vereinfacht und umfangreiche Transformationen erspart. Für diese Strukturierungsform der Berichtsinhalte sprechen also ihre hohe Akzeptanz bei den Adressaten und die vereinfachte Verarbeitung der Inputdaten.

Allerdings stehen dem auch wesentliche (in der Praxis häufig nicht ausreichend erkannte) Probleme entgegen:[216]

- Organisationsstrukturen sind nicht stabil, entsprechend muss auch die Berichtsstruktur häufig geändert werden, was die Wiedererkennbarkeit beeinträchtigt und den Erstellungsaufwand erhöht.
- Die Organisationsstruktur gibt ein stark intern fokussiertes Berichtsraster vor. Dies erhöht die Gefahr, dass Information aus der bzw. über die Unternehmensumwelt nicht adäquat berücksichtigt wird, da sie „nicht in das Berichtsschema passt" oder „nirgendwo so richtig dazugehört". Dies erhöht die Gefahr, dass „blinde Flecke" entstehen, also für das Führungshandeln relevante Information nicht erkannt und deshalb auch nicht berichtet wird.
- Eine Strukturierung entlang der Aufbauorganisation begünstigt die Bildung von „organisatorischen Silos". Die Berichtsempfänger fokussieren ihre Aufmerksamkeit auf die Berichtsteile, die sich auf ihren jeweiligen organisatorischen Teilbereich beziehen und ignorieren andere Teile („Das geht mich ja nichts an."). Damit steigt die Gefahr, dass Berichte den Adressaten vornehmlich Informationen über Vorgänge und Tatsachen liefern, über die sie aus dem eigenen Handeln und Erleben bereits informiert sind – während potentiell wichtige Informationen aus anderen Organisationsbereichen nicht oder nicht ausreichend wahrgenommen wird. Die Gefahr der „Betriebsblindheit" steigt.

---

215 Hirsch et al (2008) finden sogar in *allen* befragten Konzernen eine Strukturierung der Berichte entlang der hierarchischen Aufbauorganisation vor! (vgl. Hirsch et al. 2008, S. 328).

216 Vgl. dazu auch Axson 2006, S. 136f.

Lineare Struktur (Leitdimension: Wertschöpfungskette, Prozessmodell)

Eine Alternative zur hierarchischen Anordnung der Berichtsinformation besteht in der Strukturierung entlang der Hauptprozesse des Unternehmens. Die Darstellung der Einzelinformationen orientiert sich vornehmlich an der logischen Abfolge einzelner Aktivitäten oder Teilprozesse im Zuge des übergeordneten Wertschöpfungsprozesses des Unternehmens.[217] Die Berichtsinhalte bilden also typische Handlungszyklen ab, die z.B. unter Begriffen wie „cash to cash" oder „order to cash" den Adressaten geläufig sind: Auftragseingänge ➔ Auftragsbestand ➔ Kapazitätsauslastung ➔ Bestand an unfertigen Leistungen ➔ Auslieferungen ➔ Umsatz ➔ Zahlungseingang ➔ Reklamationen etc.

Bei dieser Anordnung von Berichtsinformation werden organisatorische Teileinheiten (z.B. einzelne Landesgesellschaften oder Standorte) zugunsten von Prozessschritten in den Hintergrund gestellt: die Adressaten sollen in der Berichtsstruktur nicht „organisatorische Silos", sondern den Wertschöpfungsprozess des Unternehmens wiederfinden. Der Bericht spiegelt in seiner Struktur die Informationsabfolge wieder, die im täglichen Ausführungshandeln auftritt. Typischerweise wird diese Darstellungsform mit einer weiteren Strukturierung nach Produkten und/oder Kunden kombiniert werden. Bei Vorliegen einer Prozesskostenrechnung ist diese Strukturierungsform – zumindest für Kosteninformation - naturgemäß relativ einfach zu realisieren (und auch naheliegend).

Der Hauptvorteil dieser Anordnungsform der Berichtsinhalte liegt in der Möglichkeit, Kausalbeziehungen zwischen Informationsobjekten, die sich aus ihrer Prozessverbundenheit ergeben, klar darstellen zu können.

Zielbezogene Struktur (Leitdimension: Performance Measurement System)

Da Berichte das Führungshandeln unterstützen sollen und dieses wiederum immer an Zielen orientiert ist, liegt es nahe, das Zielsystem des Unternehmens auch als Strukturierungsrahmen für die Berichtsinformation heranzuziehen. Das Management Reporting wird so zu einem integrierten Bestandteil eines umfassenden Performance Managements, welches die Effektivität und Effizienz der Leistungen und Leistungspotentiale des Unternehmens misst und steuert.[218] Diese Messung und Steuerung erfolgt mit Hilfe von Kennzahlen, die logisch und/oder mathematisch zu Kennzahlensystemen verknüpft werden. Welches konkrete Kennzahlensystem das Unternehmen nutzt, ist für das Management Reporting dabei nicht essentiell. So können die Berichtsinhalte analog zu „klassischen" Kennzahlensystemen wie dem ROI-Schema (Du Pont Kennzahlensystem) oder neuerdings zunehmend nach der Logik der Balanced Scorecard strukturiert sein. Abgesehen von den unterschiedlichen, jeweils zur Abdeckung des Kennzahlensystems benötigten Berichtsinhalten stellen die einzelnen Performance Measurement Ansätze prinzipiell keine unterschiedlichen Anforderungen an das Vorgehen bei der Erstellung der Inhalte.

---

[217] Vgl. auch Axson 2006, S. 137f.

[218] Vgl. Gleich 2011, S. 17

Allerdings werden die Inhalte des Management Reporting selbst durch den vom Unternehmen verfolgten Steuerungsansatz wesentlich beeinflusst:

- „Klassische", vornehmlich an internen Finanzgrößen ausgerichtete Steuerungskonzepte (wie das erwähnte ROI-Schema) werden dazu führen, dass das Management Reporting ebenfalls hauptsächlich monetäre Größen abdecken und diese in einer „ROI-Logik" darstellen muss.
- Steht die Balanced Scorecard (BSC) als Steuerungsinstrument im Mittelpunkt, so muss das Management Reporting alle vier klassischen Perspektiven der BSC abdecken, d.h. sowohl monetäre als auch nicht-monetäre Größen (Kunden-, Prozess-, Entwicklungsgrößen) enthalten und diese entlang der BSC-Perspektiven gruppiert darstellen.
- Abermals unterschiedlich wird die Strukturierung der Berichtsinhalte ausfallen, wenn im Unternehmen ein wertorientierter Managementansatz verfolgt wird.[219] Im Mittelpunkt dieser Ansätze steht die Steigerung des Unternehmenswertes für die Eigentümer. Neben spezifischen Kennzahlen wie dem Economic Value Added (EVA) oder dem Cash Value Added (CVA), welche im Management Reporting abgebildet werden müssen, rücken in der wertorientierten Steuerung verstärkt auch Informationen über die bzw. aus den Kapitalmärkten in den Mittelpunkt. Dies wird auch als der „external view" des Berichtswesens bezeichnet.[220] Anders als in den beiden vorgenannten Beispielen wird das Management Reporting nun auch Informationen über die Aktienkursentwicklung oder Aktienrendite, über aktuelle Analystenmeinungen zum Unternehmen oder veröffentlichte Ratininformationen etc. enthalten. External und internal view bilden damit eine erste Hauptdimension zur Strukturierung der Berichtsinhalte, welche entlang der einzelnen wertorientierten Kennzahlen und den jeweils dahinterliegenden Werttreibern weiter strukturiert werden.

Aus diesen kurzen Ausführungen wird deutlich, dass das Zielsystem zusammen mit dem zu seiner Erreichung verfolgten Steuerungsansatz des Unternehmens einen maßgeblichen Einfluss auf die Strukturierung der Berichtsinhalte ausübt.

Temporale Struktur (Leitdimension: Zeitbezug der Information)

Zuletzt soll der Zeitbezug der Informationsobjekte als Strukturierungsdimension angesprochen werden. Die sich daraus ergebende temporale Struktur der Berichtsinhalte (d.h. ihre Anordnung nach dem jeweils ausgedrückten Zeitbezug) wird typischerweise nicht als primäres Strukturierungsmerkmal eingesetzt, findet sich in vielen Berichten aber als sekundäres Strukturierungsmerkmal: die anhand von Organisationsmerkmalen, Kennzahlensystemen oder Prozessabläufen geordnete Berichtsinformation wird *zusätzlich* nach ihrem Zeitbezug geordnet. Typischerweise finden sich in Berichten die folgenden Größen wieder:

---

219 Vgl. Weber et al 2004, S. 239ff.

220 Ebenda, S. 248ff

- **Plan-Größe:** Der zukünftige Wert einer Größe, welcher zum *ursprünglichen* Planungszeitpunkt erwartet worden ist, d.h. unter Nutzung der zum Planungszeitpunkt verfügbaren Information.
- **Soll-Größe:** Die Anpassung des Planwertes unter Nutzung der *zusätzlichen* Information, welche zwischen Planungszeitpunkt und Berichtszeitpunkt verfügbar wurde.
- **Ist-Größe:** Die Messung des zum Berichtszeitpunkt tatsächlich eingetretenen bzw. *realisierten* Wertes der Größe.
- **Wird-Größe:** Die Prognose des *zukünftig* zu erwartenden Wertes der Größe unter der Annahme, dass keinerlei Anpassungsmaßnahmen erfolgen und sich die in der Vergangenheit beobachteten Ursache-Wirkungszusammenhänge auch in Zukunft nicht ändern.

Die Strukturierung der Berichtsinformation entlang ihres Zeitbezugs ermöglicht die Durchführung von vielfältigen Kontrollhandlungen,[221] indem jeweils zwei Informationsobjekte mit unterschiedlichem Zeitbezug verglichen werden (= Durchführung einer Kontrollhandlung, vgl. **Abbildung 5.5**).

Abbildung 5.5 Kontrolle von Informationen mit unterschiedlichem Zeitbezug

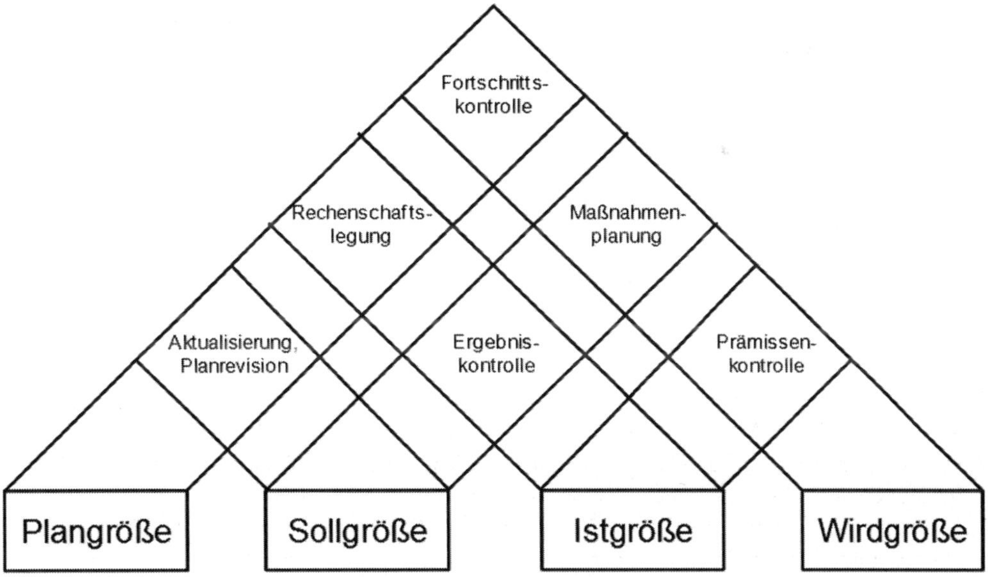

Quelle: eigene Darstellung

[221] Vgl. dazu auch Schäffer 2001, S. 224

Es wurde bereits mehrfach erwähnt, dass nicht eine einzelne Leitdimension zur Strukturierung der Berichtsinhalte genutzt werden muss. In der Praxis wird sich vielmehr häufig eine Kombination mehrerer Dimensionen zur Strukturierung der Berichtsinhalte anbieten, so etwa die sehr häufige Kombination „hierarchisch + temporal", aber auch „zielbezogen + temporal" oder „zielbezogen + hierarchisch".

Konkret: Einsatz unterschiedlicher Leitdimensionen zur Strukturierung von Berichtsinformation

Der Controller erstellt den üblichen Monatsbericht, dessen Inhalte und Aufbau ihm inzwischen beinahe „in Fleisch und Blut" übergegangen sind. Wie üblich stellt er an den Beginn eine Zusammenfassung der wichtigsten Berichtsinhalte („management summary"). In ihr finden sich die wichtigsten Kennzahlen (zielbezogene Struktur) mit ihren jeweiligen Monats-, Quartals- und Jahreswerten (temporale Struktur).

Im Hauptteil folgt eine detaillierte Darstellung der von der Unternehmensleitung vorgegebenen Kenngrößen (zielbezogene Struktur) für jeden Geschäftsbereich bzw. für jeden Standort (hierarchisch-organisatorische Struktur). Ein besonderes Augenmerk wird auf das seit mehreren Monaten laufende Projekt „Markteinstieg in China" gelegt. Abweichend vom Rest des Monatsberichtes erfolgt die Darstellung des Status Quo hier nach Aufgabenbereichen bzw. Funktionen wie „Einkauf", „Vertrieb", etc. (lineare Struktur), wobei auch hier zeitliche Vorgaben aus dem Projektplan (temporale Struktur) sowie Zielvorgaben der Geschäftsführung (zielbezogene Struktur) berücksichtigt werden.

Die Berichtsstruktur wird in der Regel für einen längeren Zeitraum festgelegt werden, sodass Berichte zu unterschiedlichen Zeitpunkten die gleiche Struktur aufweisen. Dies erhöht den Wiedererkennungswert und vereinfacht die Verarbeitung der Information durch die Adressaten. Um auch die Berichtserstellung in der gewählten Struktur möglichst effizient zu gestalten, greift man auf Berichtsvorlagen („Templates") zurück. Kemper et al. verstehen unter einem Template „... eine parametrisierbare Vorlage [...], in der ein bewährter Lösungsentwurf in wiederverwendbarer Form hinterlegt ist."[222]

Management Reporting-Enzyklopädie:

Berichtsvorlage („Template")

Eine Berichtsvorlage oder Berichtstemplate stellt einen teilweise oder vollständig vorstrukturierten, aber inhaltsleeren Entwurf eines zu erstellenden Berichts dar, welcher genutzt wird, um definierte Berichtsinhalte zu unterschiedlichen Zeitpunkten in jeweils gleichbleibender Struktur und Abfolge darzustellen. Wird ein Berichtstemplate mit konkreten Informationsobjekten gefüllt, so entsteht eine „Berichtsinstanz". Berichtstemplates können beliebig häufig verwendet („instanziiert") werden.

Vorlagen werden nicht nur für die Darstellung der Berichte selbst, sondern auch bereits für im Prozess der Aufbereitung der Berichtsinhalte eingesetzt. Die Struktur des Berichts (dar-

[222] Kemper et al. 2010, S. 142

gestellt in seiner Berichtsvorlage) bestimmt dabei (zumindest zum Teil) die Struktur der Transformationsschritte sowie die Struktur der für diese Transformationen notwendigen Inputdaten. Damit können auch für diese Prozessschritte jeweils passende Vorlagen erstellt (und deren Weiterverarbeitung soweit als möglich automatisiert) werden.

5.4 Inhaltseigenschaften von Berichtsinformation

Bei der Sammlung, Aufbereitung und strukturierten Anordnung der Berichtsinformation stellt sich für den Ersteller die zentrale Frage, welche Eigenschaften die Inhalte aufweisen müssen, damit ein „guter" Bericht entsteht. Wünschenswert wäre für den Ersteller deshalb eine Art „Checkliste", deren Befolgung einen möglichst guten Bericht als Ergebnis garantiert (oder zumindest sehr wahrscheinlich macht).

In der Tat finden sich in der Literatur häufig Checklisten und Anforderungskataloge bzw. Sammlungen von Eigenschaften, die „gute" Berichtserstellung berücksichtigen sollte.[223] Derartige Sammlungen haben zweifelsohne einen (zumindest heuristischen) Wert, sind aber dennoch mit kritischer Vorsicht zu betrachten:

- Zum einen kann es definitionsgemäß kein allgemeingültiges „Rezept für einen guten Bericht" geben, da die Qualität eines Berichts sich vornehmlich darin bemisst, wie gut der Bericht den subjektiven Informationsbedarf der Empfänger deckt. Da dieser aber individuell verschieden ist, müssen auch Berichte jeweils unterschiedlich sein. Regeln mit universellem Gültigkeitsanspruch sind deshalb nur bedingt zielführend.
- Zum anderen trennen Checklisten oder Sammlungen von Gestaltungsprinzipien häufig nicht streng genug zwischen *inhaltlichen* Eigenschaften der Berichtsinformation und Eigenschaften der Informations*darstellung*. Während sich der erste Aspekt auf das „Was?" des Berichts bezieht, wird im zweiten Aspekt das „Wie?" thematisiert.[224]

Gerade diese Unterscheidung ist für die Berichtserstellung zentral (vgl. **Abbildung 5.6**). Die Eigenschaften der Berichtsinhalte haben nämlich wesentlichen Einfluss darauf, wie gut der Bericht den subjektiven Informationsbedarf des Empfängers decken kann: was wird gebraucht und was wird geliefert? Die Berichtsinhalte beeinflussen auch die Möglichkeiten des Empfängers zur Aufnahme und Verarbeitung der Berichtsinformation, allerdings ist dieser Einfluss geringer. Die Verarbeitung der Information wird wiederum stärker durch die Darstellung der Inhalte beeinflusst, während der inhaltliche Informationsbedarf durch die Darstellungsform nur wenig beeinflusst wird.

---

223 Vgl. beispielshaft für solche Aufzählungen etwa Blohm 1980, Sp. 318f., Blohm 1982, S. 870f, Birk 1991, S. 57ff, Bloech 1994, S.195f., Waniczek 2002, S. 123ff., Göpfert 2002, Sp. 152f., Weide 2009a, S. 28ff. oder Horvath 2009, S. 549ff.

224 Deshalb wird im Folgenden nur auf *inhaltliche* Eigenschaften eingegangen, während die Frage der Berichts*darstellung* in Kapitel 6.1 aufgegriffen wird.

Inhaltliche Eigenschaften der Berichtsinformation bestimmen also, wie gut das „subjektive Mangelempfinden" der Berichtsempfänger gedeckt werden kann. Eigenschaften ihrer Darstellung bestimmen, wie die verfügbare Berichtsinformation aufgenommen und verarbeitet wird. Für einen „guten Bericht" ist es notwendig, dass beide Aspekte benutzeradäquat erfüllt werden – doch müssen sie dazu getrennt betrachtet (und situationsspezifisch optimiert) werden.

Abbildung 5.6 Bedeutung von inhaltlichen und formalen Informationseigenschaften

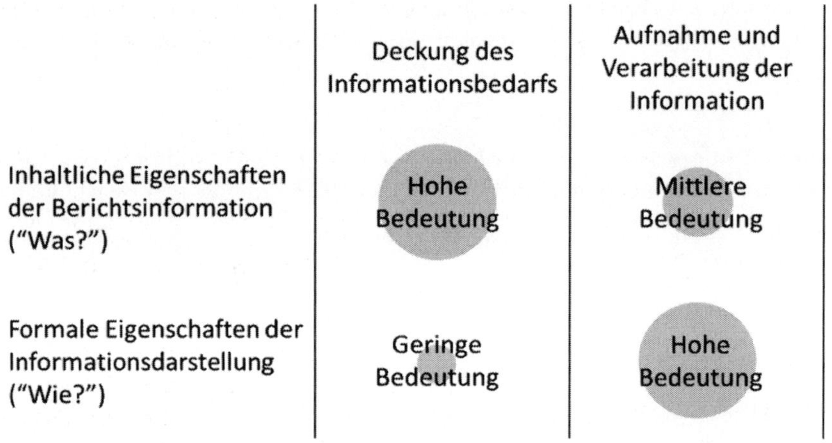

Quelle: eigene Darstellung

<u>**Konkret**: Inhaltliche und formale Eigenschaften von Berichtsinformation</u>

Ein Berichtsempfänger benötigt für eine bevorstehende Entscheidung „... detaillierte Umsatzinformationen über alle Produkte des Geschäftsbereiches ABC – und zwar aus den letzten vier Quartalen!" (Originalton Entscheider). Der für ihn erstellte Bericht kann Monatswerte mit quartalsweisen Zwischensummen oder nur Quartalswerte enthalten. Den Ist-Werten können Budgetwerte gegenübergestellt sein (oder auch nicht), die Umsatzinformation kann nicht nur nach Produkten, sondern zusätzlich auch nach Teilmärkten oder Hauptkunden gegliedert sein, Auslandsumsätze sind in die Heimatwährung umgerechnet (unter Angabe des Umrechnungskurses), etc. Wie detailliert der Empfänger die Information benötigt, um seinen Informationsbedarf decken zu können, lässt sich ohne weitere Kenntnis der Situation nicht allgemeingültig sagen. Ob er die benötigte Information findet, hängt aber vornehmlich von diesen Eigenschaften ab.

Der Detaillierungsgrad wird daneben auch die Verständlichkeit und die Weiterverarbeitung der Berichtsinformation beeinflussen. So benötigt der Empfänger mehr Zeit, um sich durch sehr detaillierte Tabellen „zu wühlen" oder muss mit zusätzlichen Hilfsmitteln (z.B. einem Taschenrechner) Berichtsinhalte überprüfen. Die Aufgliederung nach

Kunden löst vielleicht zunächst Verwirrung aus, weil der Empfänger gar nicht an diese Möglichkeit gedacht hat. Auf jeden Fall können inhaltliche Eigenschaften der Berichtsinformation (Was ist enthalten?) auch deren Aufnahme und Verarbeitung beeinflussen.

Stärker wird die Informationsverarbeitung aber durch formale Eigenschaften der Darstellung beeinflusst werden: Besteht der Bericht aus Tabellen oder aus Grafiken? Und was bevorzugt der Empfänger? Sind das Format und das Layout des Berichts dem Empfänger bekannt und findet er sich darin zurecht? Sind die für ihn wichtigsten Teilinformationen leicht erkennbar (z.B. durch Hervorhebungen), kann er auf bei anderen Berichten bereits geübte und bekannte Interpretationsmuster zurückgreifen? Der Bericht mag die „eigentlich benötigte" Information enthalten, aber eine unpassende (d.h. nicht empfänger-adäquate) Darstellung verhindert deren zielführende Nutzung.

Umgekehrt kann eine noch so gelungene (und an den Empfänger angepasste) Darstellung inhaltliche Lücken nicht ausgleichen. Fehlt die benötigte Information pro Quartal und werden nur Jahreswerte berichtet, so kann deren Darstellung diesen inhaltlichen Mangel nicht verdecken („Sieht zwar gut aus – nützt mir aber nichts!").

Im Folgenden soll auf Überlegungen zu den inhaltlichen Eigenschaften von Berichtsinformation näher eingegangen werden. Hier empfiehlt es sich, diese Eigenschaften in drei logische Ebenen zu gliedern (vgl. **Abbildung 5.7**).

Informationseigenschaften können sich auf ein einzelnes Informationsobjekt (z.B. eine Zahl oder eine Aussage) oder auf die Gesamtheit mehrerer verbundener Informationsobjekte (z.B. eine Tabelle, eine Übersicht, eine grafische Darstellung, einen Kommentar) beziehen. Auf einer dritten Ebene lassen sich Eigenschaften der Berichtsinformation in Bezug auf ihre Verwendungssituation (also vornehmlich der Aufgabe und dem Informationsadressaten) unterscheiden.

Abbildung 5.7 Kategorisierung inhaltlicher Eigenschaften von Berichtsinformation

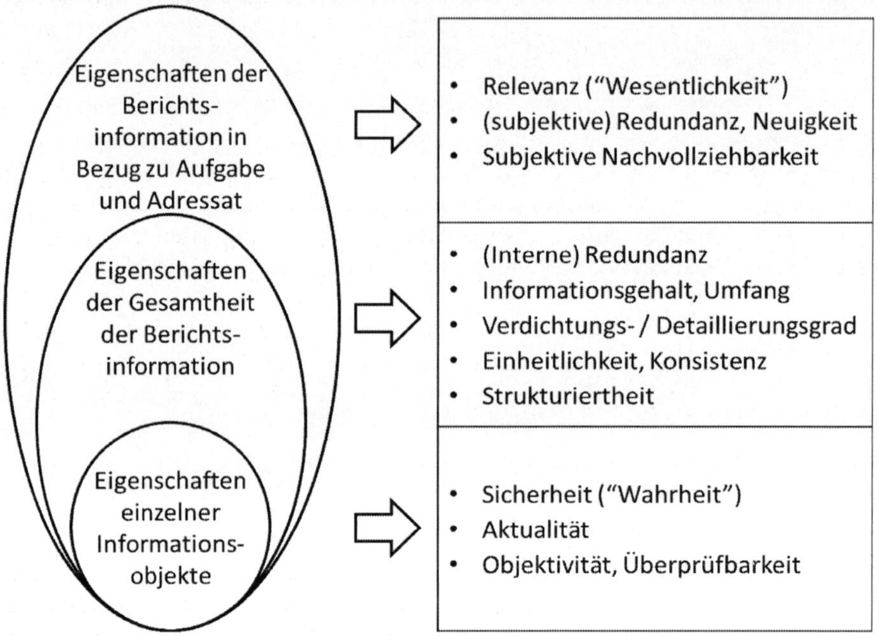

Quelle: eigene Darstellung

5.4.1 Inhaltseigenschaften einzelner Informationsobjekte

Einige Informationseigenschaften lassen sich für jedes einzelne Informationsobjekt feststellen bzw. beeinflussen. Die in einem Bericht enthaltene Informationsmenge kann folglich in diesen Eigenschaftskategorien völlig unterschiedliche Ausprägungen aufweisen. So kann ein Teil der Berichtsinformation aktuell sein, während ein anderer Teil bereits veraltet ist. Eigenschaften dieser Kategorie erlauben bzw. erfordern eine „Einzeloptimierung". Als die wichtigsten Inhaltseigenschaften einzelner Informationsobjekte sind Sicherheit, Aktualität und Objektivität zu nennen.

Sicherheit

Unter Sicherheit (oder Un-Sicherheit) kann die Wahrscheinlichkeit verstanden werden, dass sich der semantische Gehalt eines Informationsobjekts bei Überprüfung als wahr (d.h. mit den realen Sachverhalten übereinstimmend) erweist.[225] Sichere Berichtsinformation ist „abbildungstreu", d.h. sie stellt eine verlässliche Abbildung (eine verlässliche Darstellung)

225 Ähnlich auch Wall 2006, S. 49

der realen Situation bzw. Entwicklung dar.[226] Diese Übereinstimmung kann auch nur partiell sein. Deshalb wird man meist nicht absolute Sicherheit (oder auch Unsicherheit) vorfinden, sondern einem Informationsobjekt einen gewissen Grad an Wahrscheinlichkeit zumessen können: auch aus internen Systemen des Unternehmens extrahierte Information muss nicht absolut sicher sein, da sich Fehler bei der Erfassung und/oder Verarbeitung eingeschlichen haben können oder die Erfassung lückenhaft erfolgt ist.

Naturgemäß werden die Erwartungen an die Sicherheit bei auf die Vergangenheit bezogener Information höher sein als bei zukunftsbezogener Information (da vergangene Sachverhalte und Ereignisse einfacher erfasst und dokumentiert werden können als zukünftige Ereignisse). Allerdings ist die Sicherheit bei interner Information *nicht* generell höher als bei Informationen aus externen Quellen.

Sicherheit in diesem Sinne ist also nicht an einen bestimmten Adressaten der Berichtsinformation gebunden. Vielmehr kann sie unabhängig von den Empfängern bestimmt werden und manifestiert sich vor allem in der Genauigkeit und Zuverlässigkeit (d.h. der inhaltlichen Richtigkeit) des Informationsgehalts.[227]

Aktualität

Aktualität kann generell als „Wichtigkeit für die heutige Situation"[228] verstanden werden. Im Management Reporting drückt sich Aktualität in der Zeitspanne aus, welche zwischen dem Auftreten des Sachverhalts, den die Information beschreibt, und der Informationsaufnahme durch den Berichtsempfänger liegt.[229] Da der Zeitpunkt der Informationsaufnahme streng genommen nicht exakt gesteuert werden kann, ist für den Berichtsersteller in der Regel der Zeitpunkt der Berichtserstellung der maßgebliche zeitliche Maßstab: je näher eine Berichtsinformation zeitlich an dem Ereignis liegt, welches sie selbst beschreibt, desto aktueller ist sie.[230]

In der Berichtspraxis findet sich daneben noch ein anderes Begriffsverständnis von Aktualität, nämlich die zeitliche Nähe der Berichtsinformation zu einem bestimmten Berichtster-

---

226 Vgl. dazu auch Bloech 1994, S. 195f.

227 Vgl. dazu auch Wurl/Mayer 1999, S. 16 und Weber/Malz/Lührmann 2008, S.52

228 So etwa das Langenscheidt Fremdwörterbuch.

229 Vgl. Wall 2006, S. 49. Ederer definiert „Aktualität" als die Differenz zwischen der Artikulation des Informationswunsches durch den Berichtsempfänger und dem Vorliegen der Antwort in Form des Berichts (vgl. Ederer 1995, S. 708).

230 Meist wird Aktualität in diesem Sinne als ein „Wert an sich" begriffen: je aktueller die Berichtsinformation, desto besser. Dies muss aber nicht unbedingt der Fall sein: auch Information über zeitlich weit zurückliegende Ereignisse oder Tatsachen kann in bestimmten Entscheidungs- und Handlungssituationen außerordentlich nützlich sein: man denke im Unternehmenskontext z.B. nur an Zeitreihen oder an Erfahrungsberichte aus vergangenen Projekten. Aktualität ist also kein Garant für Relevanz oder Nützlichkeit (diese lassen sich nur in Beziehung zu einem Informationsempfänger bestimmen), sondern lediglich eine neutrale Eigenschaft eines einzelnen Informationsobjekts. Allerdings wird sich tatsächlich eine durch ein zeitnahes Berichtswesen zur Verfügung gestellte aktuelle Information in der betrieblichen Praxis häufig als steuerungsrelevant erweisen als inaktuelle Information.

min oder Berichtszeitpunkt. Aktuell in diesem Sinne ist Information dann, wenn sie „pünktlich" ist und zu einem bestimmten Termin dem Empfänger vorliegt. Pünktlichkeit setzt voraus, dass diese Termine vorab bekannt sind, also Berichtskalender und Berichtsfrequenzen definiert worden sind.[231] Aktualität im Sinne von Pünktlichkeit definiert sich also als zeitliche Nähe zwischen Informationsverfügbarkeit und Informationsbedarf.

Objektivität

Objektivität bildet die dritte inhaltliche Kerneigenschaft eines einzelnen Informationsobjekts. Ein Informationsobjekt ist objektiv, wenn seine Bedeutung unabhängig von der Person des Berichtserstellers ist.[232] Objektivität bedeutet also zunächst vor allem, dass die Information nicht manipuliert worden ist. Eine Manipulation liegt immer dann vor, wenn der Informationsersteller den Informationsgehalt bewusst verändert in der Absicht, die Verarbeitung bzw. Nutzung der Information durch den Empfänger zu stören bzw. für die Erreichung der eigenen Ziele des Erstellers zu beeinflussen.[233]

Vollständige Objektivität der Berichtsinformation ist allerdings kaum erreichbar. Die Transformation von Inputdaten in Berichtsinformation setzt notwendigerweise subjektive Entscheidungen über geeignete Transformationsmethoden voraus. Ebenso sind die Darstellung und Strukturierung der Berichtsinformation oder die Filterung zwischen relevanter und nicht relevanter Information immer subjektiv geprägt. Objektivität bedeutet also *nicht*, dass Berichtsinformation nicht vom Berichtsersteller beeinflusst werden darf (eine solche Forderung wäre nie erfüllbar), sondern „nur" dass die notwendigerweise immer subjektive Erstellung der Berichtsinformation durch den/die Berichtsersteller frei von Täuschungs- oder Störungsabsichten erfolgen muss. Der Berichtsersteller muss bei der Erstellung der Information „nach bestem Wissen und Gewissen" gehandelt haben.[234] Irrtümer in der Erstellung der Berichtsinformation beeinträchtigen dann nicht die Objektivität der Information, sehr wohl aber ihre Sicherheit im oben definierten Sinn (d.h. ihre Wahrscheinlichkeit, „wahr" zu sein). Manipulierte Information büßt dagegen in der Regel sowohl an Objektivität als auch an Sicherheit ein (ohne dass dies der Informationsempfänger allerdings erkennen muss oder kann).

Im Einzelfall kann es sehr schwierig sein, Manipulation zu erkennen bzw. sie überhaupt als solche zu benennen: Wird Information „geschönt", um Schwierigkeiten nicht „unnötig drastisch" erscheinen zu lassen oder wird durch eine bewusst gewählte Darstellungsform eine bestimmte Interpretation des Informationsgehalts durch den Empfänger nahegelegt, so stellt dies bereits Manipulation im strengen Sinne dar. Allerdings könnte mancher Berichtsersteller und -nutzer dies durchaus auch noch als natürlichen Teil der Aufgabe einer Berichtserstellung ansehen.[235]

---

231 Vgl. Kieninger 1993, S. 75. Auf diese Aspekte wird in Kapitel 7 noch näher eingegangen.

232 Ähnlich auch Erbslöh/Heyd 2000

233 So auch Blohm 1965, S. 18, Birk 1991, S. 57, Kammer 2005, S. 90

234 Waniczek 2002, S. 127.

235 Manipulation erfolgt durchaus auch „mit den besten Vorsätzen" – um z.B. befürchteten Schaden

5.4.2 Eigenschaften der Gesamtheit der Berichtsinhalte

Die zweite Kategorie von Inhaltseigenschaften umfasst solche Eigenschaften, welche nur *für eine Mehrzahl von Informationsobjekten gemeinsam* – hier: für die Berichtsinhalte in ihrer Gesamtheit – ermittelt (und beeinflusst) werden können. Zur näheren Beschreibung einzelner Informationsobjekte eignen sich diese Eigenschaften nicht. Zu nennen sind hier vor allem (interne) Redundanz, Informationsumfang, Verdichtungsgrad, Konsistenz und Strukturiertheit der Berichtsinformation.

(Interne) Redundanz

In der Informationstheorie bezeichnet Redundanz jenen Teil einer Nachricht, „der ohne Beeinträchtigung ihres Informationsgehaltes weggelassen werden kann."[236] Im Management Reporting tritt Redundanz immer dann auf, wenn Informationen mehrfach (unter Umständen auch in unterschiedlicher Darstellung) auftreten. Diese Redundanz kann innerhalb der gleichen Berichtsinstanz auftreten, aber auch über mehrere Berichte hinweg. Bei einer solchen „Doppelberichterstattung"[237] kehren gleiche Tatbestände in mehreren Berichten wieder, ohne dass diese Angaben dem Vergleich oder der Ergänzung von anderen Berichten dienen – sie liefern also keinen informatorischen Mehrwert.

> **Management Reporting-Enzyklopädie:**
>
> **Redundanz**
>
> Redundanz bezeichnet im Management Reporting eine mehrfache Nennung bzw. ein mehrfaches Auftreten von Informationsobjekten, welche zu keiner weiteren Deckung des Informationsbedarfs des Empfängers führt und damit überflüssig ist.

Redundanz kann in zwei unterschiedlichen Aspekten auftreten (vgl. **Abbildung 5.8**):

- **Interne Redundanz** kann bei einem Vergleich zwischen Teilen des gleichen Berichts oder zwischen unterschiedlichen Berichten ermittelt werden. Von interner Redundanz kann dann gesprochen werden, wenn inhaltliche Überlappungen innerhalb eines Berichts oder zwischen verschiedenen Berichten auftreten: Teile des Berichts (bzw. des Berichtssystems in seiner Gesamtheit) sind dann redundant.
- **Subjektive Redundanz** wird bei einem Vergleich zwischen Berichtsinhalten und dem beim Berichtsempfänger vorhandenen Informationsstand ermittelt. Wenn und insoweit sich die Berichtsinhalte mit dem Informationsbestand beim Berichtsempfänger überlappen tritt Redundanz auf. Diese Redundanz ist subjektiv, da sie nur in Bezug auf einen

---

vom Unternehmen abzuwenden oder die Interessen einer Gruppe (z.B. der eigenen Mitarbeiter) zu schützen (vgl. Blohm 1982, S. 872). Nicht immer muss Manipulation von Berichtsinformation also aus rein egoistischen Motiven erfolgen – sie bleibt aber nichtsdestotrotz Manipulation!

[236] Töpfer 1983, S. 781

[237] Blohm 1965, S. 25

bestimmten Adressaten gilt – für andere Berichtsempfänger kann das Informationsobjekt völlig neu sein.[238]

Abbildung 5.8 Interne versus subjektive Redundanz

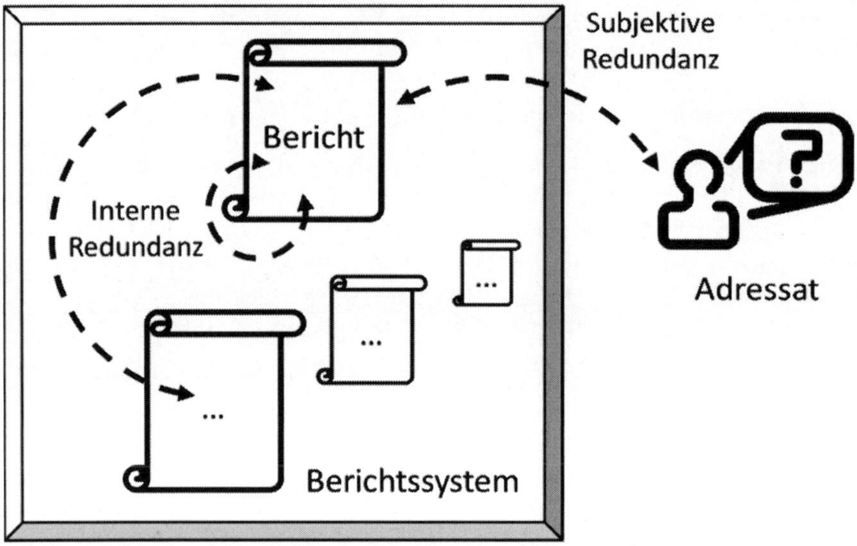

Quelle: eigene Darstellung

Redundanz im reinen Sinne von „Fehlen eines informatorischen Mehrwerts" ist im Management Reporting zu vermeiden. Sie ist Ausdruck sowohl von Ineffizienz (Ressourcen werden für die Sammlung, Aufbereitung und Verarbeitung von Information eingesetzt, welche keinen Mehrwert liefert) als auch von Ineffektivität (den Adressaten werden Informationsobjekte zur Verfügung gestellt, die den Informationsbedarf nicht decken, da dieser bereits durch gleiche oder ähnliche, früher verfügbare, Information gedeckt worden ist). Redundante Information wird vom Empfänger entweder als „unnötig" bzw. „doppelt" wahrgenommen und ignoriert oder kann sogar die Aufnahme und Weiterverarbeitung anderer Informationsobjekte stören – z.B. da der Empfänger nach dem „Sinn" hinter der Dopplung sucht und sich von anderen Inhalten ablenken lässt oder zumindest Zeit für einen Interpretationsversuch investiert, welche für den Rest der Berichtsinformation fehlt.

Allerdings ist nicht jede Wiederholung oder veränderte Darstellung von bereits vorhandener Information automatisch „Redundanz". Vielmehr kann im Management Reporting scheinbare Redundanz durchaus gezielt und nutzbringend eingesetzt werden:

238 Subjektive Redundanz ist deshalb eine Eigenschaft der Berichtsinformation in Bezug zu ihren Adressaten und wird in Kapitel 5.4.3 noch einmal aufgegriffen.

- Wiederholungen wirken als Bestätigung bzw. Bekräftigung der Gültigkeit früherer Information, was wiederum als eigenständiges Informationsobjekt aufgefasst werden kann und damit einen informatorischen Mehrwert erbringt (... gut zu wissen, dass das noch immer richtig ist..."),
- Wiederholungen oder veränderte Darstellungen erleichtern die Aufnahme des Informationsinhalts (z.B. wenn Information sowohl in Tabellen als auch in Grafiken dargestellt wird)[239],
- Redundanz kann darüber hinaus die Information „robuster" gegenüber Fehlern, Störungen oder Verzerrungen in der Übertragung machen, da die Inhalte auch dann noch interpretierbar und „entschlüsselbar" bleiben, wenn Teile des Informationsobjekts verloren gehen.[240]

Konkret: „Nützliche Redundanz" von Berichtsinformation

Standardberichte enthalten in der Regel in zeitlich aufeinanderfolgenden Instanzen jeweils die gleichen Budgetwerte. Streng genommen wären diese im zweiten Monatsbericht bereits „redundant", da der Empfänger die Information bereits erhalten hat. Allerdings wird durch das regelmäßige Wiederholen ausgedrückt, dass die Budgetwerte nach wie vor gültig sind und als Zielvorgabe beachtet werden müssen. Dies stellt durchaus einen informatorischen Mehrwert für den Empfänger dar!

Wichtige Information wird häufig sowohl in Text oder in Zahlen als auch in Grafiken dargestellt. Diese „Redundanz" dient zum einen zur Hervorhebung der Wichtigkeit bestimmter Informationsobjekte: Unwichtiges wird nicht hervorgehoben, wenn die Plan- und Ist-Umsätze derart „prominent" auf unterschiedliche Arten dargestellt werden, dann muss dies offensichtlich eine wichtige Information sein, welche man als Berichtsempfänger nicht übergehen sollte. Andererseits ermöglicht Redundanz eine einfachere Erfassung der semantischen Bedeutung, da jeder Empfänger die für ihn „passende" Darstellungsform zur Aufnahme der Berichtsinformation wählen kann: ein „grafischer Typ" versteht das Liniendiagramm auf einen Blick, der „Zahlentyp" hält sich lieber an die übersichtliche Tabelle – beide können die Berichtsinformation effizient aufnehmen.

Redundante Information ist schließlich auch „fehlertoleranter". Erhält man den Monatsbericht mit den wichtigen Eckdaten sowohl per Email als auch in Papierform, steigt die Wahrscheinlichkeit, dass die Inhalte beim Empfänger ankommen, selbst wenn eine der beiden Übertragungen scheitert. Wird die wichtige Information mehrfach wiederholt, so ist ein allfälliger Tippfehler (bei schriftlicher Kommunikation) oder Versprecher (bei mündlicher Kommunikation) leichter erkennbar. Der Empfänger kann erkennen, „was eigentlich gemeint ist".

---

239 Koch bezeichnet dieses Vorgehen als „Hinzufügen semantischer Redundanz" (vgl. Koch 1994, S. 133ff.).

240 Vgl. Töpfer 1983, S. 781, Koch 1994, S. 127

Informationsmenge, Umfang

Eine wesentliche, unmittelbar wahrnehmbare Eigenschaft eines jeden Berichts ist sein Umfang, der landläufig über „die Menge an bedrucktem Papier" ausgedrückt wird. Den Berichtsumfang über die Anzahl der bedruckten Seiten zu definieren, greift allerdings zu kurz:

1. Berichte werden nicht unbedingt im Seitenformat erstellt und verteilt. Moderne Reporting-Systeme erlauben den direkten Zugriff auf elektronisch verfügbare Reportinginformation am Computer oder anderen elektronischen Endgeräten. „Seiten" im traditionellen Sinn lassen sich oft gar nicht unterscheiden.
2. Auch wenn Berichte im traditionellen Seitenformat erstellt und verteilt werden, ist die Seitenanzahl ein sehr ungenauer Indikator der im Bericht enthaltenen Informationsmenge. Die Informationsdichte, d.h. die durchschnittliche Informationsmenge pro Seite, wird maßgeblich durch die gewählten Darstellungsformen bestimmt. Deshalb können Berichte mit ähnlichen Seitenzahlen völlig unterschiedliche Informationsmengen enthalten.[241]

Deshalb lässt sich der Berichtsumfang allgemeiner als die Menge der in einem Bericht enthaltenen Informationsobjekte beschreiben. Die im Bericht enthaltene Informationsmenge ist bei rein theoretischer Betrachtung dann optimal, wenn die Differenz aus dem durch die Berichtsinformation gestifteten Nutzen und den zur Generierung der Berichtsinformation anfallenden Kosten maximal ist. Betrachtet man Information als ein typisches Gut, das mit zunehmender Menge einen abnehmenden Grenznutzen erzielt bei gleichzeitig ansteigenden Grenzkosten, dann ergibt sich ein idealtypischer Verlauf (vgl. **Abbildung 5.9**). Die in einem Bericht enthaltende Menge ist optimal, wenn der Grenznutzen den Grenzkosten entspricht.

Die zunehmende IT-Unterstützung, welche die Sammlung und Aufbereitung von Information kostengünstiger werden lässt, führt ceteris paribus zu einer Ausweitung der Berichtsumfänge: nun lohnt es, mehr Information in die Berichte aufzunehmen.[242]

---

241 Darauf wird in Kapitel 6.1 noch genauer eingegangen.

242 Vgl. Ederer 1995, S. 705

Abbildung 5.9 Theoretisch optimale Informationsmenge in Berichten

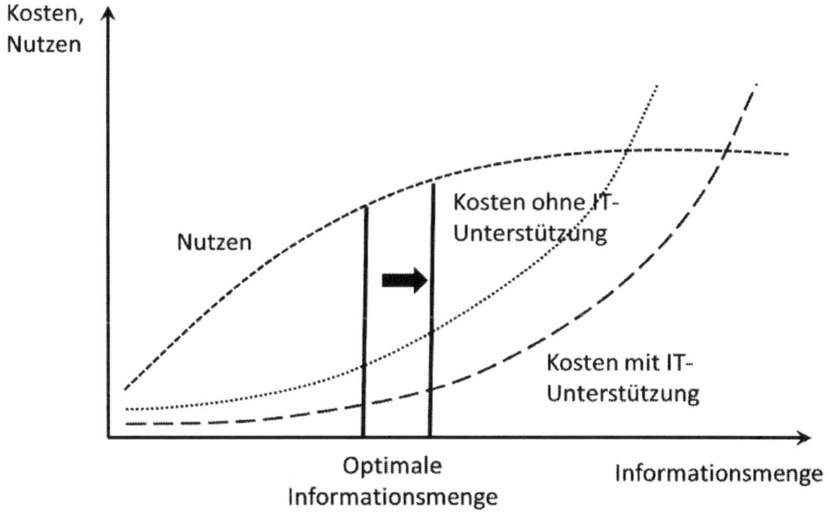

Quelle: in Anlehnung an Ederer 1995, S. 706

Naturgemäß kann es aber keine allgemeingültige Regel für den optimalen Berichtsumfang geben, da dieser von den Informationsbedürfnissen des Empfängers abhängt. Der Berichtsumfang sollte sich deshalb immer – kaum überraschend… - am Bedarf der Empfänger orientieren.[243] Allerdings führt genau dies bei der häufigsten Berichtsart, den regelmäßig erstellten Standardberichten, zu großen Problemen. Standardberichte werden meist an einen großen Adressatenkreis verteilt, der einen sehr heterogenen Informationsbedarf aufweist. Um dem Informationsbedürfnis aller Empfänger möglichst vollständig gerecht zu werden, muss sehr viel Information aufgenommen werden, was den Umfang des Berichts stark vergrößert und damit gleichzeitig die Nutzbarkeit einschränkt. Eine (relativ) große Informationsmenge in möglichst benutzerfreundlicher Form aufzubereiten wird deshalb zu einer zentralen Gestaltungsaufgabe des Management Reporting.[244]

In der Berichtspraxis finden sich auch Berichte mit völlig unterschiedlichem Umfang: So schwankte bei den im Zuge einer im Jahr 2004 durchgeführten Feldstudie analysierten deutschen Großunternehmen der Umfang der Monatsberichte zwischen 5 und 295(!) Seiten.[245] Offensichtlich wird in der Praxis der regelmäßig notwendige Ausgleich zwischen umfassender Information einerseits und Fokussierung der Aufmerksamkeit auf das We-

243 Vgl. Horvath 2009, S. 549
244 Darauf wird in Kapitel 6.1 genauer eingegangen.
245 Vgl. Hirsch et al. 2008, S. 328

sentliche andererseits[246] sehr unterschiedlich realisiert! Sowohl eine zu hohe als auch eine zu niedrige Informationsmenge beeinträchtigt die Nutzbarkeit des Berichts. Das Management Reporting kann deshalb sowohl in eine „Komplexitätsfalle" als auch umgekehrt in eine „Simplizitätsfalle" laufen.[247]

Verdichtungs- / Detaillierungsgrad

Eng verbunden mit der Informationsmenge als inhaltlicher Berichtseigenschaft ist der Verdichtungs- bzw. umgekehrt der Detaillierungsgrad eines Berichts. Verdichtung bzw. Aggregation wurde als die Zusammenfassung inhaltlich verbundener Informationsobjekte zu einem neuen Informationsobjekt beschrieben.[248] Bei quantitativen Einzelinformationen geschieht dies in aller Regel durch die Anwendung verschiedener mathematischer Operationen (Summe, Differenz, Durchschnitt, gewichtetes Mittel, etc.). Kennzahlen stellen das typische Ergebnis mathematischer Verdichtungsoperationen dar. Aber auch bei qualitativer (verbaler) Information ist eine Verdichtung möglich (Zusammenfassung, „executive summaries").

Eine Verdichtung ist nur sinnvoll möglich, wenn sich die Einzelinformationen auf die gleiche Klasse von logischen Konstrukten und von realen Phänomenen beziehen und wenn für die Aggregation ein einheitlicher Klassifikationsschlüssel genutzt werden kann. Der Klassifikationsschlüssel legt dabei die Gruppenzugehörigkeit der Einzelinformationen fest. Er bestimmt also, welche Einzelinformationen jeweils zusammengefasst werden.

> **Konkret**: Verdichtungsmöglichkeiten von Berichtsinformation
>
> Mathematisch lassen sich Umsätze und Absatzmengen beliebig zusammenfassen, doch ist die dadurch entstandene verdichtete Information („Summe von Umsatz und Absatz") nicht mehr sinnvoll interpretierbar, da Umsätze in Geldeinheiten, Absätze aber in Mengeneinheiten gemessen werden (also zwei unterschiedliche logische Konstrukte darstellen). Umsatzerlöse und Kosten des Umsatzes lassen sich allerdings sehr wohl aggregieren, da beide monetäre Größen darstellen: durch Differenzbildung entsteht z.B. eine monetäre Erfolgsgröße. Eine Aggregation kann erfolgen, wenn sich sowohl Umsatz als auch Kosten auf die gleichen empirischen Objekte beziehen – z.B. auf die Kunden eines Unternehmens oder auf die einzelnen Filialen einer Verkaufsregion. Der Klassifikationsschlüssel legt dann fest, in welche Gruppen die Einzelinformationen zusammengefasst werden. So kann die Klassifikation z.B. nach Kundengruppe, nach Vertriebskanal, nach Verkaufsrepräsentant oder nach Produktgruppe erfolgen.

Verdichtung reduziert die Menge an Informationsobjekten, was die Aufnahme und Verarbeitung der Information erleichtert. Eine hohe Verdichtung geht gleichzeitig mit einem reduzierten Detaillierungsgrad einher. Das aggregierte Informationsobjekt kann reale Sachverhalte nicht mit der gleichen Genauigkeit abbilden, wie dies die Mehrzahl von Ein-

---

246 Vgl. Weber/Schaier/Strangfeld 2005, S. 24
247 Vgl. Weber/Malz/Lührmann 2008, S. 35
248 Vgl. Kapitel 5.3.1.

zelinformationen kann. Verdichtung gibt also Präzision zugunsten von Übersichtlichkeit auf. Der Verdichtungsgrad muss sich deshalb an den Bedürfnissen der Adressaten orientieren. Benötigen die Adressaten eher überblicksartige Information (z.B. Geschäftsführung, oberste Hierarchieebenen) ist ein hoher Verdichtungsgrad angebracht. Niedrigere Hierarchieebenen werden tendenziell detaillierte Informationen über organisatorische und/oder funktionale Ausschnitte des Gesamtunternehmens benötigen, welche entsprechend geringer verdichtet werden.[249]

Der Bezug zur zuvor dargestellten Eigenschaft „Berichtsumfang" ist offensichtlich. Aggregation erlaubt Berichte mit geringerem Umfang, während ein hoher Präzisions- und Detaillierungsgrad zu größeren Berichtsumfängen führt. Auch hier ist keine allgemeingültige Aussage über den optimalen Verdichtungsgrad möglich. Die stark gestiegenen Möglichkeiten der IT-Unterstützung im Unternehmen haben die Datenmenge und auch den Detaillierungsgrad der vorhandenen Information stark ansteigen lassen, sodass ein Berichtsersteller der Versuchung unterliegen könnte, die vorhandenen Details auch zu berichten und eine allfällige Aggregation dem Berichtsempfänger zu überlassen („Wenn ihn die Summe interessiert, kann er sie ja leicht aus den Detailinfos ausrechnen!"). Allerdings ist jeder Genauigkeitsgrad, der über die Anforderungen der Berichtszwecke hinausgeht eine ineffiziente und ineffektive „Überfeinerung"[250] und damit prinzipiell zu vermeiden. Als sinnvoll erweisen sich hier flexible, elektronische Berichtssysteme, die dem Berichtsempfänger eine flexible und den jeweiligen Informationsbedürfnissen angepasste Änderung des Verdichtungsgrads erlauben.[251]

Einheitlichkeit, Konsistenz

Da selbst wenig umfangreiche Berichte immer eine Vielzahl von Einzelinformationen enthalten, ist für die Gesamtheit der Berichtsinformationen das Kriterium der Einheitlichkeit ein wesentlicher Faktor. Unter Einheitlichkeit oder Konsistenz soll hier die Tatsache verstanden werden, dass die Berichtsinformation sowohl *formal* (d.h. in Bezeichnung und Definition) als auch *substantiell* (d.h. in den ausgedrückten Sachverhalten) widerspruchsfrei ist.[252]

Einheitlichkeit der Berichtsinformation bezieht sich zunächst auf eine einheitliche Definition von verwendeten Begriffen. So müssen Begriffe wie „Umsatz" oder „Mitarbeiterstand" in allen Berichtsteilen und auch über verschiedene Berichtsinstanzen hinweg (z.B. aufeinanderfolgende Monatsberichte) identisch verwendet werden.[253] So muss z.B. klar sein, ob es sich um Umsätze *vor* oder *nach* Abzug von Erlösschmälerungen handelt und ob der Mitarbeiterstand in Personen („Headcount") oder rechnerischen Vollzeitstellen („Full Time Equivalents") ermittelt wird. Die Einheitlichkeit von Definitionen ist zentral für eine stö-

---

249 Vgl. auch Liessmann 1997, S. 51
250 Blohm 1965, S. 35
251 Dies ist ein wesentlicher Vorteil moderner Business Intelligence Systeme – vgl. Kapitel 6.2.
252 Vgl. dazu auch Kieninger 1993, S. 74
253 Weide nennt diese Eigenschaft deshalb auch „Vergleichbarkeit im Zeitablauf" (vgl. Weide 2009a, S. 28).

rungsfreie Verarbeitung der Berichtsinformation und deshalb auch eine sehr häufig anzutreffende Forderung in der Literatur.[254] Stammt Berichtsinformation aus unterschiedlichen Vorsystemen bzw. wird sie von unterschiedlichen Erstellern vorbereitet, so sind Inkonsistenzen durchaus möglich – und nachträglich nur sehr schwer als solche zu erkennen. Gerade heterogene IT-Systemlandschaften (wie sie in vielen größeren Unternehmen durchaus üblich sind) bieten hier viele Möglichkeiten für Ungenauigkeiten und Inkonsistenzen.[255] Eine weitere potentielle Quelle für divergierende Begriffsdefinitionen stellt das in vielen deutschen Unternehmen übliche Zweikreissystem des Rechnungswesens dar: externes (Finanzbuchhaltung) und internes Rechnungswesen (Kostenrechnung) verwenden unterschiedliche Rechnungsgrößen und benutzen gleiche Begriffe in unterschiedlichen Bedeutungen: So wird der „Periodenerfolg" eines Unternehmens in aller Regel im internen und externen Rechnungswesen unterschiedlich ausfallen. Wenn nicht eindeutig geklärt ist, welche Datenbasis der Berichtsinformation zugrunde liegt und wie der Begriff „Periodenerfolg" im Bericht gebraucht wird, ist keine eindeutige Interpretation möglich.

Unklare Begrifflichkeiten bilden damit eine wesentliche Quelle für Störungen im Berichtsprozess[256] - sowohl bei der Erstellung als auch bei der Nutzung der Berichtsinformation. Deshalb ist es wichtig, auch Meta-Information (also „Information über die Information") in den Bericht aufzunehmen. Definitionen und Begriffsabgrenzungen sind typische Beispiele für Meta-Information und als solche wesentliche Hilfsmittel zur Sicherstellung der formalen Konsistenz von Berichtsinformation.

Management Reporting-Enzyklopädie:

Meta-Information

Meta-Information bezeichnet Information über andere Informationsobjekte. Meta-Information beschreibt die Eigenschaften, die Quelle und die Entstehung von Informationsobjekten, um dadurch deren Interpretation und Nutzung einfacher zu machen.[257]

Eine Möglichkeit zur Prüfung der *formalen* Konsistenz der Berichtsinformation (informieren gleich bezeichnete Informationsobjekte tatsächlich über den gleichen Sachverhalt?) besteht darin, *substantielle* Konsistenzprüfungen durchzuführen. Dabei wird versucht, entweder durch direkte Vergleiche oder durch mathematisch und/oder logische Umformungen den Gehalt eines Informationsobjekts in ein anderes, gleich bezeichnetes, Informationsobjekt überzuführen:[258] „Ergeben die addierten Spartenumsätze den gleichen Gesamtumsatz wie die addierten Umsätze nach Regionen? Und stimmt der Headcount nach Kostenstellen mit dem Gesamt-Headcount in der Berichtszusammenfassung überein?" Die Forderung nach substantieller Konsistenz verlangt also primär Widerspruchsfreiheit der Berichtsinformationen in Bezug auf die bezeichneten Sachverhalte.

254 So etwa Birk 1991, S. 59, Waniczek 2002, S. 126 oder Weber/Malz/Lührmann 2008, S.52.
255 Vgl. auch Waniczek 2002, S. 126
256 Vgl. Blohm 1965, S. 29
257 Vgl. auch Kemper/Baars/Mehanna 2010, S. 47
258 Vgl. auch Weber/Malz/Lührmann 2008, S.54

Im Prinzip kann Einheitlichkeit nicht nur auf die Definition und die Inhalte der Informationsobjekte angewendet werden, sondern darüber hinaus auch auf die Strukturierung und Darstellung. In diesem Sinne bezeichnet Konsistenz dann einen über einzelne Berichtsteile und Berichtsinstanzen hinweg einheitlichen formalen Aufbau und eine einheitliche Gliederung der Berichtsinformation.[259] Die Eigenschaft der Strukturiertheit wird im Folgenden getrennt behandelt.[260]

Strukturiertheit

Unter der Berichtsstruktur wurde die inhaltliche Anordnung der Informationsobjekte entlang bestimmter Ordnungsdimensionen verstanden.[261] Strukturiertheit in diesem engeren Sinn stellt ein Merkmal der Informationsobjekte innerhalb eines einzelnen Berichtes dar. Allerdings kann Strukturiertheit auf einer umfassenderen Ebene auch auf die Gesamtheit aller Berichte und Berichtsinstanzen in einem Unternehmen bezogen werden. Strukturiertheit in diesem weiteren Sinn bezieht sich auf die Anordnung und Verteilung von Information auf unterschiedliche Berichte und die Beziehungen einzelner Berichte innerhalb des Berichtssystems eines Unternehmens. Berichtsinformation soll sich homogen in das Berichtssystem des Unternehmens einfügen (Welche Information findet sich in welcher Form in welchem Bericht wieder?).[262] Das Berichtssystem selbst stellt eine „geordnete Struktur" mehrerer unterschiedlicher Berichte dar.[263]

Strukturiertheit der Berichtsinformation kann – wie zuvor bereits gezeigt - am einfachsten dadurch sichergestellt werden, dass der Berichtserstellung klare Regelungen und Standards zugrunde liegen.[264] Dies kann durch Prozessbeschreibungen einerseits und durch Vorlagen (Templates) andererseits erreicht werden. Mit ihrer Hilfe wird versucht, Strukturen zu verstetigen und auf effiziente Weise reproduzierbar zu machen. Typische Ansatzpunkte für eine standardisierte Struktur sind dabei der formale Aufbau von Informationsobjekten (z.B. Zeilen- und Spaltenstruktur von tabellarischen Übersichten), grafische Darstellungsformen (Diagrammtyp, Layout) oder die Festlegung von Datenhierarchien (Aussage- und Aggregationsebenen).[265]

Neben den bereits dargestellten Grundformen der Strukturierung von Berichtsinhalten[266] finden sich in der Literatur noch weitere Vorschläge zur Strukturierung – so etwa die Forderung einer ausgewogenen Mischung aus vor- und nachlaufenden Informationen[267] bzw. aus internen und externen Informationen,[268] oder die Idee der „trichterförmigen" Anord-

259 So etwa Kammer 2005, S. 89 und Horvath 2009, S. 550.
260 Konsistenz der Darstellung bezieht sich nicht auf die Inhaltsdimension des Berichtswesens und wird deshalb hier nicht weiter vertieft. Auf Darstellungsoptionen wird in Kapitel 6.1 eingegangen.
261 Vgl. Kap. 5.3.4.
262 Vgl. Erbsloh/Heyd 2000, S. 384
263 Vgl. Horvath 2009, S. 542
264 Vgl. Wall 2006, S. 49
265 Vgl. dazu auch Waniczek 2009, S. 35
266 Vgl. Kap. 5.3.4.
267 Vgl. Weber/Malz/Lührmann 2008, S.29
268 Ebenda

nung von Berichtsinformation (von allgemeinen zu speziellen Aspekten, d.h. zuerst Überblicks- und dann erst Detailinformation).[269]

5.4.3 Eigenschaften der Berichtsinformation in Bezug zu Aufgabe und Adressat

Als dritte Eigenschaftsgruppe von Berichtsinhalten soll nun auf diejenigen Charakteristika eingegangen werden, welche die Beziehung zwischen den Berichtsinformationen und den Informationsnutzern beschreiben. Hier sind vor allem Relevanz, subjektive Redundanz und Nachvollziehbarkeit zu nennen.

Relevanz ("Wesentlichkeit")

Relevanz wurde als Deckungsgrad zwischen dem von der Aufgabe determinierten objektiven Informationsbedarf einerseits und dem verfügbaren Informationsangebot andererseits beschrieben.[270] Relevanz drückt die Bedeutsamkeit eines Informationsobjekts oder einer Mehrzahl von Informationsobjekten für eine Handlung oder Entscheidung aus. Eine Information ist relevant, wenn sie für einen bestimmten Verwendungszweck wesentlich ist. Da der Verwendungszweck typischerweise an einer Handlung oder Entscheidung festgemacht werden kann, ist Information dann relevant, wenn sie den Handelnden in seinem Handeln beeinflusst (für ihn „einen Unterschied macht"). Die Relevanz oder Wesentlichkeit einer Information lässt sich also nicht ohne Kenntnis des Verwendungszwecks bestimmen.

Über die Bedeutung der Relevanz als Informationseigenschaft herrscht in der Literatur weitgehend Einigkeit, allerdings werden unterschiedliche Bezeichnungen verwendet. So finden sich auch die Begriffe „Wesentlichkeit"[271], „Adäquanz"[272] oder auch „Vollständigkeit".[273] Die Relevanz von Information beinhaltet zwei komplementäre Aspekte:[274]

- sachlicher Bezug: Information ist relevant, wenn sie einen inhaltlichen Entscheidungsbezug aufweist (die Entscheidung bzw. der Entscheidungsprozess durch sie beeinflusst wird).
- zeitlicher Bezug: Information ist relevant, wenn die Informationsbereitstellung in zeitlicher Nähe zum Auftreten der Entscheidungssituation erfolgt (eine durch die Information beeinflussbare Entscheidung oder Handlung also tatsächlich ansteht).

---

269 Weber/Schaier/Strangfeld 2005, S.23f.

270 Vgl. Kapitel 2.2

271 So etwa Birk 1991

272 Vgl. für viele weitere Autoren z.B. Weber/Schäffer 2011, S. 94. Weber und Schäffer unterscheiden zwischen „Problemadäquanz" und „Nutzeradäquanz". Ähnlich argumentiert auch Axson, wenn er zur Klärung der Relevanz die beiden Fragen „So what?" (Relevanz für das Unternehmen bzw. die Situation) und „Who cares?" (Relevanz für konkrete Nutzer) vorschlägt (vgl. Axson 2006, S. 146). Beide Aspekte lassen sich unter dem hier präferierten Begriff der Relevanz subsummieren.

273 Vgl. Wurl/Maier 1999, S. 16 oder Wall 2006, S. 49

274 Vgl. dazu auch Kammer 2005, S.88f oder Weide 2009a, S. 28

Konkret: Relevanz von Berichtsinformation

Das in einem Monatsbericht enthaltene Informationsangebot wird nur relevant, wenn die Berichtsadressaten konkrete Aufgaben oder Entscheidungen zu bewältigen haben, für welche die Berichtsinformation einen Unterschied macht: Die monatliche Umsatzinformation pro Produktgruppe und Verkaufsregion ist die Basis für die regelmäßig stattfindende Planung weiterer Verkaufs- und Marketingaktionen.

Ohne den Monatsbericht könnte das Management diese Entscheidungen überhaupt nicht oder nur verzögert treffen oder aber würde zumindest *anders* entscheiden als mit Kenntnis der Berichtsinformation (also z.B. andere Märkte oder Produkte forcieren). Dies setzt aber auch voraus, dass derartige Entscheidungen aktuell zu treffen sind. Werden die Verkaufs- und Marketingaktionen nur einmal im Quartal geplant, so kann die Relevanz der Berichtsinformation in den anderen Berichtsmonaten deutlich nachlassen: „Das brauchen wir uns erst wieder nächsten Monat im Detail anzusehen!".

In der Berichtspraxis lässt sich häufig feststellen, dass vormals sachlich und zeitlich relevante Information über lange Zeiträume hinweg als Berichtsinhalt beibehalten wird, ohne diese sachliche und zeitliche Relevanz regelmäßig zu hinterfragen. Dies kann dazu führen, dass Berichtsinhalte letztendlich in falschen Abständen berichtet werden (also häufiger oder seltener als für die Entscheidung nötig ➔ sachliche Relevanz gegeben, zeitliche Relevanz eingeschränkt) oder dass Berichtsinhalte „pünktlich abgeliefert" werden, die Inhalte aber nicht an inzwischen veränderte Entscheidungssituationen angepasst wurden (➔ zeitliche Relevanz gegeben, sachliche Relevanz eingeschränkt). Im Extremfall werden überhaupt nicht mehr benötigte Berichte einfach weitergeführt, da sie früher relevant waren.[275]

Das Konzept der Relevanz ist offensichtlich ein guter Indikator für den optimalen Berichtsumfang. Berichte sollten nur relevante Information enthalten – nicht mehr, aber auch nicht weniger. Ein Bericht ist inhaltlich also „komplett", wenn er alles enthält, was der Adressat für die anstehenden Entscheidungen und Handlungen an Information benötigt.[276]

Subjektive Redundanz, Neuigkeit

Subjektive Redundanz wurde als eine teilweise Überlappung der Berichtsinhalte mit dem beim Empfänger vorhandenen Informationsbestand bezeichnet.[277] Umgekehrt wird das Fehlen von subjektiver Redundanz beim Empfänger ein Gefühl der „Neuigkeit" auslösen: „Das habe ich nicht gewusst, das war mir nicht bekannt, das ist mir völlig neu!"

Eine Überlappung zwischen Berichtsinhalten und subjektivem Informationsstand stellt allerdings nicht automatisch subjektive Redundanz dar. Subjektiv empfundene „Neuigkeit" ist nicht unbedingt Voraussetzung.[278] Vielmehr kann auch die wiederholte Übermittlung der gleichen Information den Informationsbestand des Empfängers vergrößern:

---

275 So auch schon bei Blohm 1965, S. 27 und S. 50
276 Vgl. dazu auch die Eigenschaft „Completeness" bei Weber/Malz/Lührmann 2008, S.52
277 Vgl. Kapitel 5.4.2
278 Vgl. dazu auch Koch 1994, S. 33

- **Bestätigung:** Unter Umständen kann der Berichtsempfänger die Übermittlung von ihm bereits bekannten Inhalten auch als explizite Bekräftigung oder Bestätigung ihrer Gültigkeit interpretieren. Der wiederholte Zugang oder Zugriff auf die gleiche Information gibt ihm dann das Gefühl, „ ja doch alles Notwendige zu wissen".[279] So wird der Berichtsempfänger unter Umständen die weitere Informationssuche einstellen oder seine weiteren Handlungen danach ausrichten, welche Information er nunmehr als besonders bestätigt (valide) ansieht.
- **Überraschung:** Ebenso wenig kann von subjektiver Redundanz gesprochen werden, wenn der Berichtsempfänger nicht mehr mit dem wiederholten Auftreten einer ihm bereits bekannten Information rechnet, diese dann aber doch noch einmal auftritt. Die abermalige Übermittlung einer an sich bereits bekannten, aber nicht erwarteten Information wird als „Überraschung" interpretiert werden. Die dadurch ausgelöste Änderung der subjektiv erwarteten Wahrscheinlichkeit ist eine neue Information („Hätte nicht gedacht, dass das noch immer gilt!")
- **Erinnerung:** Eine Wiederholung kann beim Berichtsempfänger auch die Erinnerung von früher aufgenommener, in der Zwischenzeit aber nicht mehr bewusster („vergessener") Information auslösen. Durch die abermalige Aufnahme der Information rückt diese wieder ins Bewusstsein des Adressaten (wird von ihm erinnert) und kann dadurch sein bewusstes Handeln und Entscheiden beeinflussen – was ohne Erinnerung nicht geschehen wäre.

Diese Ausführungen machen deutlich, dass es im Berichtswesen durchaus sinnvoll sein kann, bereits bekannte oder zu früheren Zeitpunkten übermittelte Informationsobjekte erneut in die Berichtsinhalte einzubauen. Die sinnvolle (und nicht übertriebene) Wiederholung von Information kann vielmehr ein effektives Mittel zur Verhaltensbeeinflussung der Berichtsempfänger sein und damit den Zweck des Management Reporting unterstützen.[280]

Subjektive Nachvollziehbarkeit

Als dritte wesentliche Inhaltseigenschaft von Informationsobjekten ist die subjektive Nachvollziehbarkeit bzw. Nachprüfbarkeit zu nennen. Unter Nachvollziehbarkeit soll im Folgenden die Möglichkeit für den Informationsadressaten verstanden werden, den Ursprung (Quelle) und die Entstehung (Aufbereitung) eines Informationsobjekts zu verstehen und gedanklich zu wiederholen.[281] Das Informationsobjekt wird damit für den Empfänger transparent: er kann den sachlich-inhaltlichen Gehalt der Information überprüfen und für sich selbst als gültig verifizieren.[282] Nachvollziehbarkeit ist eine wesentliche Voraussetzung für die Akzeptanz und damit für die intendierte Nutzung der Berichtsinformation durch die Empfänger.[283] Wenn diese die ihnen zur Verfügung gestellte Information nicht nach-

---

279 Vgl. Witte 1975, Sp. 1918

280 Vgl. zum gezielten Einsatz von Redundanz in Berichten auch Koch 1994, S. 124ff

281 Weber/Schäffer fordern diesbezüglich, dass die Berichtsinformation „unmittelbar verstanden werden" kann (Weber/Schäffer 2011, S. 94).

282 Vgl. auch Wall 2006, S. 49

283 Vgl. Waniczek 2002, S. 125

vollziehen können, werden sie bezüglich der anderen Informationseigenschaften (Objektivität, Aktualität, Konsistenz, etc.) Zweifel haben, welche die weitere Nutzung beeinflussen.

Deshalb wird häufig gefordert, dass Berichte „selbsterklärend" sein sollen. Diese Forderung kann dahingehend konkretisiert werden, dass zur Sicherstellung der Nachvollziehbarkeit Meta-Information eingesetzt werden muss:[284] Informationsquellen werden genannt, Verarbeitungsschritte werden (zumindest kurz) beschrieben, allfällige Einschränkungen der zeitlichen und/oder inhaltlichen Gültigkeit der Information werden angegeben, etc. Welche und wie viel Meta-Information zur Sicherstellung der Nachvollziehbarkeit notwendig ist, hängt allerdings von den Berichtsempfängern ab: ihrer Vertrautheit mit der Berichtsinformation an sich (Fachwissen, Kenntnis ähnlicher Berichte aus Vorperioden, etc.), ihrer Einstellung gegenüber den Berichtserstellern (Vertrauen, Wertschätzung) und den Umständen der Berichtsaufnahme (Zeitdruck, Ablenkungen, etc.). Bei günstigen Rahmenbedingungen ist die Nachvollziehbarkeit der Berichtsinformation einfacher sicherzustellen. Deshalb ist Nachvollziehbarkeit keine Eigenschaft der Berichtsinhalte an sich, sondern wiederum nur ein Merkmal der *Beziehung* zwischen der Berichtsinformation und ihren Adressaten.

Konkret: Nachvollziehbarkeit von Berichtsinformation

Das Controlling erstellt wieder den regelmäßigen Monatsbericht. Dieser ist in Inhalt und Darstellung weitgehend standardisiert. Die meisten Mitglieder der Geschäftsführung sind deshalb mit dem Format und den Inhalten bereits gut vertraut. Das Controlling gilt im Unternehmen allgemein als sehr zuverlässig und gewissenhaft – bisher hat sich die vom Controlling gelieferte Information immer als objektiv, weitestgehend vollständig und sehr nützlich erwiesen. Die Mitglieder der Geschäftsführung haben deshalb auch diesmal keinen Grund, die Berichtsinformation anzuzweifeln oder umfassend zu hinterfragen. In einigen Fußnoten wird im Bericht auf Quellen hingewiesen, am Schluss des Berichts findet sich – wie jeden Monat – eine kurze Auflistung von verwendeten Begriffen und ihrer Bedeutung. Beides nehmen die erfahrenen Empfänger des Berichts aber praktisch nicht mehr zur Kenntnis.

Nur das seit kurzem in die Geschäftsleitung aufgestiegene Mitglied muss sich mit dem Berichtsformat erst vertraut machen. Die Fußnoten und Begriffsklärungen am Berichtsende helfen zwar, doch bleiben einige Punkte unklar: welche Vorsysteme verbergen sich konkret hinter den kryptischen Abkürzungen? Und sind im „Netto-Umsatz" eigentlich die Erlösschmälerungen bereits berücksichtigt? Die regelmäßig berichteten Werte zur Kundenzufriedenheit zeigen nur Indexwerte, deren Zustandekommen dem Neuling aber noch völlig rätselhaft ist. Kurz: bei einigen Teilen des Berichts ist dem „Neuen" einfach nicht klar, wie die Information zu verstehen ist und was sie für seine Arbeit genau bedeuten könnte. Dazu muss er erst genauer verstehen, „... was da nun wirklich geschrieben steht..." – er muss die Berichtsinformation nachvollziehen können.

[284] Vgl. dazu auch Kap. 5.4.2.

Vereinzelt wird Nachvollziehbarkeit nicht nur für die Berichtsempfänger, sondern auch für Dritte gefordert.[285] Dieser Anspruch geht allerdings zu weit: Für die Ersteller von Berichtsinformation ist vorab nicht bestimmbar, welchen über den eigentlichen Adressatenkreis hinausgehenden „unbeteiligten Dritten" die Berichtsinformation eventuell noch zugänglich gemacht wird. Deren Vorkenntnisse sowie die möglichen Umstände der Informationsaufnahme sind unbekannt. Damit ist auch nicht bestimmbar, welche Meta-Information für diesen Personenkreis notwendig wäre.

5.4.4 Interdependenzen zwischen Inhaltseigenschaften

Die genannten Eigenschaften von Berichtsinformation sind keineswegs unabhängig voneinander. Vielmehr tritt eine Vielzahl von gegenseitigen Abhängigkeiten auf, welche sowohl komplementären als auch konkurrierenden Charakter haben können.[286] Einige dieser Interdependenzen wurden bei der Beschreibung der einzelnen Eigenschaften bereits angesprochen. Ob und in welcher Stärke diese auftreten, ist auch von der Situation abhängig.

Dabei können die Abhängigkeiten sowohl wechselseitig (zweiseitige Pfeile) als auch einseitig (einseitige Pfeile) sein. Eine taxonomische Aufzählung ist deshalb weder möglich noch sinnvoll. Einige typische Beispiele mögen genügen, um die Komplexität und die Vielfalt der möglichen Verbindungen anzudeuten (vgl. **Abbildung 5.10**).

Die subjektive Nachvollziehbarkeit von Berichtsinformation wird sowohl durch eine hohe Konsistenz als auch durch ausgeprägte Strukturiertheit der Informationsobjekte unterstützt (positive, einseitige Abhängigkeit). Die subjektive Nachvollziehbarkeit wiederum fördert die subjektive Relevanz der Berichtsinformation: was man versteht, legt man eher seinem Handeln zugrunde (positive, einseitige Abhängigkeit). Die Relevanz von Berichtsinformation wird ebenso durch ihre Aktualität gefördert (positive, einseitige Abhängigkeit), während Aktualität und Sicherheit typischerweise konkurrierende Informationseigenschaften darstellen (negative, wechselseitige Abhängigkeit). Eine negative, wechselseitige Abhängigkeit findet sich auch zwischen dem Verdichtungsgrad und dem Umfang der Berichtsinformation. Der Umfang der Berichtsinformation steht seinerseits in einem positiven, wechselseitigen Zusammenhang mit ihrer internen Redundanz.

Für die Berichtserstellung ergibt sich aus diesem (hier nur andeutungsweise aufgezeigten) Netz an Interdependenzen die wesentliche Erkenntnis, dass ein perfekter Bericht weder praktisch noch theoretisch möglich ist. Vielmehr stellt jeder Bericht einen Kompromiss dar, bei abgewogen werden muss, welche Information in welchem Umfang und in welcher Art aufgenommen wird, um den Berichtszweck bestmöglich erfüllen zu können. Damit stellt sich laufend die Frage, welche Information „es wert ist, in den Bericht aufgenommen zu werden." Dieser Frage soll abschließend nachgegangen werden.

---

285 So etwas Erbslöh/Heyd 2000, S. 384.

286 Eine Diskussion verschiedener Interdependenzen und Konflikte zwischen Inhaltseigenschaften von Berichten findet sich z.B. bei Weide 2009a, S.31ff.

Abbildung 5.10 Beispiele für typische Interdependenzen zwischen Inhaltseigenschaften

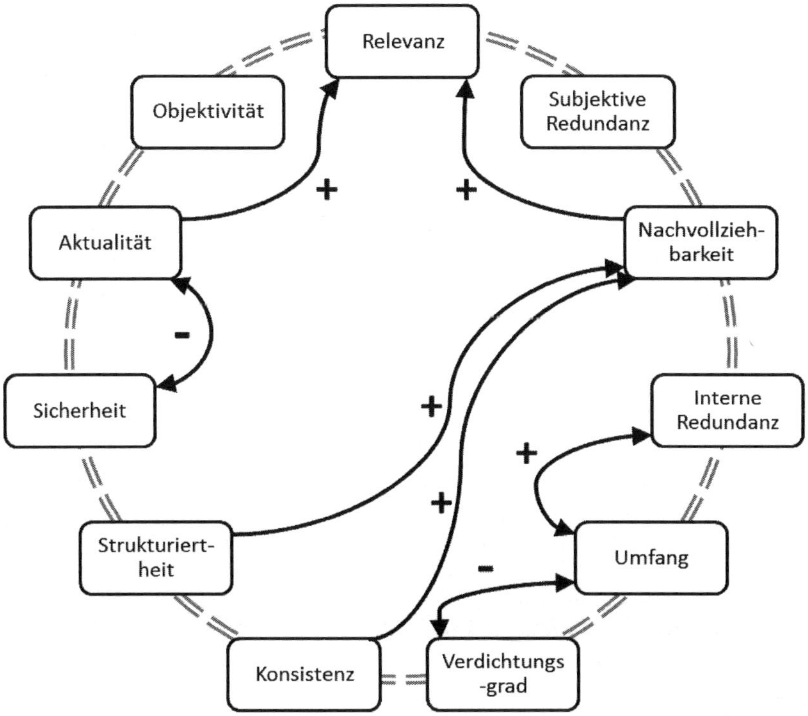

Quelle: eigene Darstellung

5.5 „Informationswert" - ein (un)brauchbarer Maßstab?

Die Diskussion der verschiedenen Eigenschaften von Berichtsinformation hat deutlich gemacht, dass eine „optimale", d.h. in ihren Eigenschaften auf die Bedürfnisse aller Berichtsempfänger perfekt abgestimmte, Berichtsinformation nicht existiert. Kompromisse sind aufgrund der begrenzten Ressourcen der Berichtsersteller und der konkurrierenden Anforderungen der Berichtsempfänger unvermeidbar. Die Auswahl der im Bericht darzustellenden Inhalte kann deshalb nie eindeutig und zwingend sein.

Gleichzeitig ist die Menge der prinzipiell verfügbaren und in Berichte integrierbaren Information extrem groß: Selbst in kleinen Unternehmen sind inzwischen große Datenmengen in verschiedenen IT-Systemen verfügbar, das Internet bietet Zugriff auf vermeintlich unbeschränkte Informationsmengen außerhalb der organisatorischen Grenzen des Unternehmens. Durch dieses extreme Anwachsen der „informatorischen Grundgesamtheit" wird die Selektion der in den Bericht aufzunehmenden Inhalte weiter erschwert.

Damit rückt für den Berichtsersteller zunehmend eine zentrale Frage in den Mittelpunkt: Welche Inhalte sind es überhaupt „wert", in einen Bericht aufgenommen zu werden? Diese Frage wird in der Literatur unter den Stichworten „Informationsnutzen" bzw. „Informationswert" seit geraumer Zeit intensiv diskutiert.

Da Information eine Ressource darstellt, welche im Unternehmen zur Erreichung der angestrebten Ziele eingesetzt wird,[287] liegt eine ökonomische Behandlung dieser Frage nahe: der Wert einer Information bestimmt sich aus dem durch ihre Verwendung gestifteten Nutzen. Da Berichtsinformation vornehmlich für Führungshandeln eingesetzt wird, kann ihr Wert prinzipiell darin gesehen werden, dass durch sie bessere Entscheidungen ermöglicht werden.[288]

Ein ökonomischer Entscheider wird versuchen, seine Entscheidung so zu treffen, dass der erzielte Nutzen (z.B. monetärer Gewinn) maximal ausfällt. Jede Entscheidung wird auf Basis eines bestimmten Informationsstandes getroffen. Verändert sich dieser, so kann sich auch die subjektive Bewertung der verfügbaren Handlungsalternativen verändern und in der Folge unter Umständen auch eine andere Alternative gewählt werden. Neu verfügbare Information kann den Alternativenraum selbst verändern, d.h. neue Alternativen sichtbar machen oder bisher für möglich gehaltene Alternativen als nicht realisierbar kennzeichnen. Der Handelnde wird sein Verhalten immer dann ändern, wenn er auf Basis der neuen Information nun eine andere Handlungsalternative als vorteilhafter ansieht – wenn er also erwartet, dass der Nutzen der neu gewählten Alternative höher ist als derjenige der zuvor präferierten Alternative. Der Wert der neuen Information bemisst sich demnach in der Nutzendifferenz zwischen der Handlungsalternative *mit* Information und der Handlungsalternative *ohne* Information.[289] Der (subjektive) Wert einer Information wird also auf der *pragmatischen* Ebene bestimmt.[290]

Management Reporting-Enzyklopädie:

Informationswert

Der Wert einer Information bemisst sich in der Nutzendifferenz, welche die Information für den Informationsempfänger stiftet. Der Informationswert ist immer auf ein Subjekt bezogen und bezeichnet den Nutzenzuwachs, den das Subjekt erzielen kann, wenn es die bisher präferierte Handlungsoption durch Kenntnis der Zusatzinformation gegen eine andere Handlungsoption ersetzt, welche einen höheren Nutzen stiftet.

---

287 vgl. Kapitel 2.3.

288 Vgl. zum Folgenden insbesondere Wall 2006, S. 136ff und Laux 2007, S. 353ff.

289 In der Literatur wird auch zwischen dem normativen, dem realistischen und dem subjektiven Informationswert unterschieden (vgl. Krcmar 2005, S. 90f.). Diese Konzepte sind in der Praxis allerdings nur schwierig voneinander abgrenzbar und basieren auch alle auf der hier dargestellten Differenzbetrachtung.

290 Vgl. Koreimann 1975, S. 57

In diesem einfachen theoretischen Modell kann der Wert einer zusätzlich verfügbaren Information nie negativ sein:[291] Dem Handelnden steht ja auch *nach* Kenntnis der Zusatzinformation noch immer die Möglichkeit offen, seine ursprünglich präferierte Handlung beizubehalten – er wird also nie zu einer für ihn schlechteren Alternative gezwungen. Der „Brutto-Nutzen" der Information ist also immer größer oder gleich Null. Die Informationsbeschaffung ist in der Regel aber mit „Dis-Nutzen" (sprich: Kosten) verbunden. Der Netto-Nutzen eines Informationsobjekts bestimmt sich als die Differenz aus ihrem Brutto-Nutzen und den bei ihrer Gewinnung anfallenden Kosten:[292]

	Nutzen der gewählten Handlungsalternative *nach* Kenntnis der Information
-	Nutzen der gewählten Handlungsalternative *vor* Kenntnis der Information
=	Brutto-Nutzen der Zusatzinformation
-	Kosten der Informationsbeschaffung
=	Netto-Nutzen der Zusatzinformation

Dieser Netto-Nutzen stellt gleichzeitig den maximalen Preis dar, den der Informationsempfänger zu zahlen bereit ist, wenn er seine Situation nicht verschlechtern will.[293] Auf das Management Reporting übertragen bedeutet dies, **dass ein Bericht alle Inhalte enthalten sollte, deren Netto-Nutzen für die Berichtsempfänger positiv ist, d.h. deren Brutto-Nutzen die Kosten der Informationsbeschaffung und -aufbereitung übersteigt.**

So unmittelbar logisch dieses einfache theoretische Kalkül erscheint, so schwierig erweist sich doch häufig seine praktische Umsetzung:

- Die Ermittlung des Informationswerts unterliegt häufig dem sogenannten „Bewertungsparadoxon":[294] Man kann eine bisher unbekannte Information erst angemessen bewerten, wenn man sich Zugang zu ihr verschafft hat. Dadurch hat man sich aber die Information bereits angeeignet, womit das Ziel der Informationsbewertung (nämlich die Entscheidung, ob die Information beschafft werden soll) hinfällig geworden ist: „Ob ich diese Information brauche, kann ich erst sagen, wenn ich sie habe!"
- Auch die Ermittlung der Informationskosten erweist sich in der Praxis als schwierig: [295] zum einen muss zwischen unterschiedlichen Kostenarten differenziert werden. So fallen Kosten in jeder Phase des Informationsprozesses an:[296] Suche und Identifikation der Informationsquellen, Beschaffung und Aufbereitung der Information, Informationsspei-

[291] Vgl. Laux 2007, S. 357
[292] Vgl. Wall 2006, S. 138
[293] Vgl. Teichmann 1975, Sp. 1894, Chwolka 2002, Sp. 725
[294] Vgl. Picot/Franck 1988a, S. 545, Horvath 2009, S. 324
[295] Vgl. Töpfer 1983, S. 790
[296] Unter „Kosten" soll hier ganz im Sinne der Betriebswirtschaftslehre ein „bewerteter Ressourcenverzehr" verstanden werden. Bei den Ressourcen kann es sich z.B. um Arbeitskraft, um EDV-Ausstattung oder um externe zugekaufte Beratungsleistungen handeln.

cherung, Aufnahme und Weiterverarbeitung der Information. Eine genaue Erfassung dieser Kosten ist äußerst schwierig.

- Darüber hinaus ist auch die Zurechnung dieser Kosten auf einzelne Informationsobjekte nicht eindeutig möglich, da der Informationsprozess in der Regel nicht nur ein einzelnes Informationsobjekt als Output generiert, sondern eine Vielzahl von verschiedenen Informationsobjekten, auf welche entsprechend die Kosten verteilt werden müssten.
- Zusätzlich ist ein einmal vorhandenes Informationsobjekt auch mehrmals verwendbar, sodass die Kosten einer einzelnen Zusatzinformation auch auf mehrere (vorab nicht bekannte) Nutzungsakte verteilt werden müssten. Die hier auftretenden kostenrechnerischen Probleme können getrost als „komplex" bezeichnet werden, zu deren (ansatzweiser) Lösung wiederum Ressourcen nötig sind, was zusätzliche Informationskosten erzeugt – ein informatorischer Teufelskreis…
- Auch für den Informationsnutzen stellt sich das Zurechnungsproblem: eine Information kann mehrmals genutzt werden, wobei die einzelnen Verwendungszeitpunkte auch weit auseinander liegen können. Umgekehrt liegen einer Entscheidung viele unterschiedliche Einzelinformationen zugrunde.[297] Selbst wenn es also gelingt, den Nettonutzen einer Entscheidung zu ermitteln, so ist es praktisch unmöglich, diesen verursachungsgerecht auf die ihr zugrunde liegenden Einzelinformationen zu verteilen.
- Im Berichtswesen tritt neben den bisher dargestellten Problemen noch zusätzlich die Tatsache in den Vordergrund, dass die Beschaffung und die Nutzung der Information personell auseinanderfallen. Der Nachfrager der Information (der Berichtsempfänger) zieht den Nutzen aus der Information, kann aber häufig nicht die Kosten ihrer Beschaffung und Aufbereitung abschätzen. Umgekehrt ist es auch für einen erfahrenen und verständigen Ersteller von Berichtsinformation kaum möglich, alle potentiellen Einsatzsituationen der von ihm zur Verfügung gestellten Berichtsinformation abzuschätzen und deren Nutzen für den Verwender (bzw. für das Unternehmen insgesamt) zu ermitteln. Die arbeitsteilige Realisierung des Informationsprozesses im Berichtswesen verschärft die vorgenannten Probleme also weiter.

Eine genaue Ermittlung des Informationswertes muss deshalb als eine theoretische Idealforderung angesehen werden, welche in der Praxis nicht realisierbar ist. Eine ähnliche Fragestellung wird unter dem Schlagwort „Bewertung von Wissen" oder „Wissensmessung" in der Literatur diskutiert.[298] Die dabei meist unterschiedenen deduktiv-summarischen und induktiv-analytischen Bewertungsansätze sind allerdings für die konkrete Bewertung einzelner Informationsobjekte ungeeignet. Jedoch kann das Konzept des Informationswerts den Erstellern und den Empfängern von Berichtsinformation als Heuristik dienen, mit deren Hilfe besser abgeschätzt werden kann, wann eine weitere Suche und/oder Aufbereitung von Berichtsinformation lohnt und wann der Abbruch des Informationsprozesses die effektivere und effizientere Alternative darstellt. Manchmal ist weniger eindeutig mehr!

---

297 Vgl. Koreimann 1975, S. 59, Horvath 2009, S. 324

298 Vgl. dazu etwa North et al 1998 oder Lehner 2009, S. 218ff.

6 „Wie“ - Umsetzung des Management Reporting

Nachdem im vorangegangenen Kapitel die Inhaltsdimension von Berichten dargestellt worden ist, soll nunmehr darauf eingegangen werden, wie die Umsetzung des Berichtswesens erfolgen kann, um die Berichtszwecke möglichst weitgehend zu erfüllen. Dabei sollen sowohl die gestalterischen Aspekte von Berichten behandelt werden (vgl. Kapitel 6.1) als auch die Möglichkeiten der Unterstützung des Management Reporting durch moderne IT-Lösungen (vgl. Kapitel 6.2). Zu Unrecht vernachlässigt wird häufig die Frage, wie das menschliche Verhalten (sowohl des Berichtserstellers als auch des Berichtsempfängers) die Zweckerfüllung von Berichten beeinflusst. Diesem Aspekt soll hier ebenfalls ausführlich Raum gewidmet werden (vgl. Kapitel 6.3).

6.1 Formale Gestaltungsoptionen von Berichten

Häufig findet sich bei mit der Erstellung von Berichten befassten Personen ein subjektiv empfundener Zwiespalt zwischen der Arbeit an den Berichtsinhalten einerseits und der gestalterischen Aufbereitung dieser Inhalte andererseits. Die einen halten die im Bericht enthaltenen Informationen für den wahren Kern des gesamten Management Reporting. Die Beschäftigung mit bunten Grafiken, aufwändig gestalteten Tabellen und Schaubildern oder der Entwurf eines professionellen Berichtslayouts erscheint dieser Menschengruppe als Aufstellen von potemkinschen Dörfern: viel Fassade, wenig dahinter. „Die Zahlen sprechen für sich“ kann als Leitspruch für diese Gruppe von Berichtserstellern gelten. Sauber recherchierte Fakten und umfassende, gut strukturierte Informationen benötigen kein gestalterisches Beiwerk, um ihren Zweck zu erfüllen.

Die anderen sehen in der intuitiven, benutzerfreundlichen Darstellung und Präsentation von Berichtsinformationen die eigentliche Kunst. Abfragen aus Datenbanken und das monatliche Abspulen der immer gleichen Berechnungsroutinen erscheint diesen Personen als wenig anspruchsvoll. Das dabei geschaffene „Zahlengrab“ verdient den Namen „Bericht“ nicht– wenn nicht der erfahrene Berichtsersteller seine Menschenkenntnis (Was versteht der Berichtsempfänger?) mit seinem gestalterischen und kommunikativen Fähigkeiten verknüpfen kann (Wie muss man deshalb die Information darstellen?), um aus dem Zahlengrab eine Informationsfundgrube zu machen.

Eine Diskussion, welche der beiden Sichtweisen die richtige ist, erweist sich als müßig. Die Wahrheit liegt wohl in der Mitte: die besten Informationen erfüllen nicht ihren Zweck, wenn sie nicht akzeptiert und verstanden werden – und dies hat unzweifelhaft etwas mit ihrer Darstellung und Präsentation zu tun. Umgekehrt kann ein noch so perfektes Layout einen Berichtsempfänger nicht dauerhaft darüber hinwegtäuschen, dass sein Informationsbedarf unbefriedigt bleibt. Es ist nun einmal Fakt, dass Berichte kaum jemals zur persönlichen Unterhaltung oder Ablenkung konsumiert werden, sondern weil ein subjektiver Informationsbedarf für konkretes Führungshandeln gedeckt werden muss. Es geht im Berichtswesen also nicht um „Excel-Heinis“ oder „PowerPoint-Fuzzies“, sondern um die problem- und benutzeradäquate Darstellung und Aufbereitung von relevanten Berichtsinhalten. Die formale Gestaltung von Berichten ist deshalb weder „hohe Kunst“ noch „unnützer Zuckerguss“, sondern *ein* Baustein von mehreren notwendigen, um die Berichtszwecke zu erreichen – nicht mehr, aber auch nicht weniger.

Bei der gestalterischen Umsetzung von Berichten sind primär die folgenden vier Fragen zu klären:

- Welcher Umfang? Wie viele Einzelinformationen sollen in den Bericht aufgenommen werden?
- Welche Anordnung? Wie soll die in den Bericht aufgenommene Information strukturiert werden?
- Welche Informationsbeziehungen? Wie sollen die zwischen den Informationsobjekten bestehenden Beziehungen adäquat im Bericht dargestellt bzw. umgesetzt werden?
- Welche Darstellungsformen? Wie kann die Information dem Berichtsempfänger optimal über den Bericht als Medium nähergebracht werden?

Auf diese Punkte wird im Folgenden jeweils näher eingegangen, wobei auch hier keine allgemeingültigen Rezepte präsentiert werden können. Die Kenntnis der gestalterischen Möglichkeiten mit ihren jeweiligen Vor- und Nachteilen ist allerdings Voraussetzung dafür, im Einzelfall eine passende Darstellungsform wählen und umsetzen zu können.

6.1.1 Umfang, Informationsselektion

Der Berichtsumfang, also die Menge der in den Bericht aufgenommenen Informationsobjekte, stellt eine wesentliche Gestaltungsvariable für die Berichtserstellung dar. Wie schon an früherer Stelle dargestellt, schwankt der Umfang in der Berichtspraxis ganz erheblich.[299] Der Berichtsersteller hat die Wahl zwischen einem Bericht als „Nachschlagewerk“ und einem Bericht als „Eckdatenblatt“.[300] Tatsächlich lassen sich sowohl für umfangreiche als auch für knapp gehaltene Berichte eine Reihe von Vor- und Nachteilen anführen (vgl. **Tabelle 6.1**).

---

299 Vgl. Kapitel 5.4.2.

300 Vgl. zum Folgenden Waniczek 2002, S. 156f.

Tabelle 6.1 Vor- und Nachteile von unterschiedlichen Berichtsumfängen

	„Nachschlagewerk"	„Eckdatenblatt"
Vorteile	■ Berichtsinhalte sind für einen großen Adressatenkreis (zumindest teilweise) relevant, keine Mehrfachberichte nötig ■ Reduktion von eventuellen Rückfragen, da sehr viel (potentielle) Information bereits enthalten ■ Umfassende Information der Führungskräfte über alle relevanten Tatbestände möglich	■ Komprimierte, auf das Wesentliche beschränkte Information erleichtert Aufnahme und Verarbeitung ■ Erstellung des Berichts einfacher, da weniger Datensammlung und Informationsaufbereitung nötig
Nachteile	■ Überblick geht für Adressaten leicht verloren, Übersichtlichkeit eingeschränkt ■ Gefahr, dass auch nicht relevante Daten kommuniziert werden ■ Aufwändige Berichtserstellung, Gefahr der Ineffizienz	■ Informationslücken möglich, häufige Rückfragen oder Ergänzungswünsche ■ Fehlender Überblick, mangelhafter Informationsgrad der Führungskräfte möglich ■ Notwendigkeit, für einzelne Adressatengruppen unterschiedliche Eckdatenblätter zu erstellen

Quelle: in Anlehnung an Waniczek 2002, S. 156f.

Die Wahl des passenden Berichtsumfangs wird deshalb häufig zum einen durch die individuellen Vorlieben der Berichtsempfänger als „Auftraggeber" der Berichte bestimmt und zum anderen durch die im Unternehmen generell verfolgte „Berichtsphilosophie". Weniger Einfluss auf den Berichtsumfang hat dagegen die Größe des Unternehmens. Zwar ist in Großkonzernen „mehr zu berichten", weshalb das Management Reporting umfangreicher ausfallen muss als in kleineren Unternehmen. Doch zeigt die bereits mehrfach angeführte Benchmarking-Untersuchung von 7 DAX-Konzernen, dass auch in großen Unternehmen ein auf wenige Seiten beschränktes Management Reporting durchaus möglich ist. Andererseits kann auch in relativ kleinen Unternehmen das Berichtswesen „ausufern".

Konkret: „Berichtswildwuchs" in einem mittelständischen Unternehmen

Benz, Buchner und Burgath berichten von ihren Erfahrungen bei der Neuorganisation des Berichtswesens in einem mittelständischen Unternehmen.[301] Die Marquart GmbH

301 Vgl. Benz/Buchner/Burgath 1999

war zum Zeitpunkt der Untersuchung (1999) ein Automobilzulieferer mit ca. 200 Millionen Euro Jahresumsatz, welcher über Tochterunternehmen in mehreren europäischen und außereuropäischen Ländern verfügte. Das Wachstum führte dazu, dass in den Tochtergesellschaften jeweils lokale Berichtslösungen entstanden, welche zu einem wahren „Wildwuchs" im Berichtswesen führten.

Bei einer detaillierten Bestandsaufnahme konnten innerhalb des Konzerns insgesamt 222(!) verschiedene Monatsberichte identifiziert werden. Die Führungskräfte wurden mit Berichten in unterschiedlichen Zeitintervallen (täglich, wöchentlich, monatlich, vierteljährlich, jährlich) „bombardiert". So hatten alleine die täglich erstellten Berichte einen Umfang von 25 Seiten, die monatlichen Berichte brachten es insgesamt auf 1.675(!) Seiten.

Ein solch umfangreiches Berichtswesen verfehlt seine Funktion als Instrument der Entscheidungsunterstützung und wird vielmehr zu einem Hindernis für das Management: Man sieht den Wald vor lauter Bäumen nicht mehr …

Nicht jedes umfangreicher angelegte Reporting muss automatisch als Management-Hindernis gesehen werden. Doch findet sich sowohl in der Literatur als auch in der Praxis zunehmend die Forderung nach einem „schlanken" Berichtswesen: „Grundsätzlich gilt: In der Regel sollten die Controllerberichte *eher ein Minimum als ein Maximum* an Informationen anstreben."[302] Als Ideal der Berichtsgestaltung wird oftmals das „One-Page Reporting" genannt. Der Begriff soll ausdrücken, dass idealerweise alle für die Unternehmensführung wesentlichen Informationen zusammengefasst in einem einzigen „Tableau" präsentiert werden.[303]

Management Reporting-Enzyklopädie:

One-Page Reporting

Das Konzept des One-Page Reporting bezeichnet den Ansatz, alle für die Unternehmensführung wesentlichen Information in einer einzigen Übersichtsdarstellung zu präsentieren, indem auf Detailinformation und/oder Information über einzelne Unternehmensteile verzichtet wird und für die Strategiedurchsetzung und -umsetzung wesentliche Informationen im Fokus stehen.

Da die Mitglieder der Unternehmensführung in den seltensten Fällen ihre vielfältigen Aufgaben ausschließlich mit der Informationsmenge erfüllen können, die auf ein einziges Blatt Papier passt, ist das One-Page Reporting seinem Wesen nach nicht als *Ersatz* für alle anderen Formen von Berichten zu verstehen, sondern als deren Ergänzung. Dem Management soll ermöglicht werden, einen möglichst großen Teil seiner Aufgaben mit der komprimierten Information zu erfüllen und nur bei Bedarf auf umfangreichere Zusatzinformationen zurückgreifen zu müssen. Die auch im One-Page Reporting noch notwendigen Zusatzinformationen können dabei auf zwei unterschiedliche Arten zur Verfügung gestellt werden:

302 Landsberg 1988, S. 102 (Hervorhebung im Original)
303 Vgl. Mayer/Winter 2008, S. 31

- One-Page Reports als Zusammenfassung von inhaltlich umfangreicheren Berichten, welche bei Bedarf konsultiert werden können.
- One-Page Reports als Einstiegsoberfläche eines interaktiven, elektronischen Führungsinformationssystems, welche über klassische Funktionen der Datenmanipulation eine bei Bedarf tiefergehende Sicht auf die Basisinformationen ermöglicht.[304]

In der Literatur finden sich durchaus aus Praktikerbefragungen abgeleitete oder einer eher intuitiven „Beraterlogik“ folgende Vorschläge, welche Informationen in ein derart komprimiertes Reporting aufgenommen werden sollten.[305] Allerdings muss auch hier letztendlich gelten: Der konkrete Informationsbedarf kann nur unternehmens- und nutzerspezifisch festgelegt werden. „Standardrezepte“ bergen gerade bei derart eingeschränktem Berichtsumfang die Gefahr, dass das komprimierte Informationsangebot am Bedarf der Adressaten vorbeigeht.

Konkret: One-Page Reporting bei BASF[306]

Der Geschäftsbereich „Coatings“ bei BASF beschäftigt sich mit der Entwicklung, Produktion und Vermarktung von Fahrzeug- und Industrielacken. Die BASF Coatings hat ein One-Page Reporting in Form eines elektronischen „Executive Dashboards“ realisiert. Nach umfangreicher Analyse und Befragung der späteren Nutzer wurde ein Satz an Kennzahlen definiert, welcher insgesamt vier Informationscluster abdeckt:

- Financial Key Figures (Umsatz, Deckungsbeitrag, Kapitalkosten, Working Capital, etc.),
- Non-Financial Key Figures (Kennzahlen aus den Bereichen Personal, Produktion, Kunden),
- Strategic Projects (Kenngrößen zu wichtigen Projekten in den Bereichen Entwicklung, Qualität und Investition)
- Compliance Management

Diese Kennzahlen stellen das Eingangsportal des „Leitstands“ dar, von welchem die Nutzer (d.h. Führungskräfte) bei Bedarf direkt auf die dahinterliegenden operativen Systeme zugreifen können, um zusätzliche Detailinformation abzurufen.

6.1.2 Informationsanordnung

Die Anordnung der Einzelinformationen zueinander kann für den Berichtsempfänger wiederum neue Information darstellen. Dabei sind vielfältige Logiken der Informationsanordnung denkbar, die auf ihre Zweckeignung geprüft werden müssen.[307] Unabhängig von der

[304] Vgl. dazu auch Kapitel 6.2.
[305] Vgl. z.B. Mayer/Winter 2008, S. 32, Wippel/Mayer/Reinshagen 2008, S. 48, oder Probst 2006, S. 93ff.
[306] Vgl. Wippel/Mayer/Reinshagen 2008
[307] Vgl. Kapitel 5.3.4.

Wahl der für den Bericht geeignetsten Leitdimension(en) sind aber einige grundsätzliche Regeln für alle Arten der Informationsanordnung gültig. Diese sollten bei jeder Berichtserstellung beachtet werden:

- Eine einmal gewählte Struktur und Anordnungslogik sollte konsistent über den gesamten Bericht hinweg eingehalten werden. Ein Wechsel der Berichtsstruktur ist nur in Ausnahmefällen sinnvoll – vor allem dann, wenn dieser Wechsel selbst wiederum Information darstellt (also z.B. eine organisatorische Änderung im Unternehmen nunmehr auch im Bericht nachvollzogen wird und damit für alle Berichtsempfänger erkennbar ist).
- Unterschiedliche Darstellungsarten des gleichen Berichtsinhalts (z.B. Tabelle und Grafik) sollten nahe bei einander stehen, da sie dann vom Informationsempfänger auch als zusammengehörend wahrgenommen werden. Dies gilt insbesondere für eine textuelle Ergänzung (z.B. einem Kommentar) zu in Zahlen dargestellter Information. Kommentare sind für den Empfänger nur verständlich, wenn sie gemeinsam mit den kommentierten Zahlenwerten aufgenommen werden können.[308]
- Allgemeine Übersichtsinformation sollte vor Detailinformation angeordnet werden, da dies die Informationsaufnahme erleichtert. Nicht umsonst spricht man davon, sich in eine Materie „zu vertiefen" – also nach einer ersten oberflächlichen Beschäftigung sich genauer mit den Details der Information vertraut zu machen (und nicht anders herum...). Die Überblicksinformation hilft beim Verstehen der detaillierten Information. So entsteht eine logische Informationspyramide. Auch hier gilt natürlich, dass die einmal festgelegte Reihenfolge der Informationselemente beibehalten werden sollte.[309]

Während die bisher angeführten Punkte sich auf die inhaltliche Logik der Informationsanordnung beziehen, sind darüber hinaus auch noch zusätzliche Aspekte zu berücksichtigen, wenn die räumliche Anordnung der Informationsobjekte auf dem Trägermedium festgelegt werden soll. Der klassische seitenbasierte Bericht stellt nach wie vor die häufigste Umsetzungsform dar.[310] Bei seitenbasierten Berichten muss berücksichtigt werden, dass die Berichtsempfänger typischerweise nicht allen Teilen einer Seite die gleiche Aufmerksamkeit schenken. So wird Inhalten, die auf einer Seite links oben stehen typischerweise eine höhere Aufmerksamkeit zuteil als Inhalten rechts unten[311] - was mit der eingelernten Leserichtung erklärt werden kann.

---

308 Vgl. Waniczek 2002, S. 181. Abzuraten ist deshalb von der Option, Kommentare an das Ende des Berichts oder in den Berichtsanhang zu „verbannen". Dort werden sie kaum den ihnen zugedachten Zweck erfüllen.

309 Vgl. Waniczek 2002, S. 181

310 Auch wenn Berichte zunehmend elektronisch erstellt und verteilt werden, so folgen diese doch häufig nach wie vor einer „Seitenlogik". Auch in einem nur elektronisch vorhandenen, nicht auf Papier ausgedruckten Dokument muss der Berichtsempfänger in der Regel „umblättern" – so z.B. bei einem Foliensatz, aber auch bei einem Word- oder pdf-Dokument. Rein online-basierte Reportinglösungen weisen dagegen keine erkennbare Seitenstruktur auf. Hier wird nicht „geblättert", sondern „gescrollt".

311 Vgl. Pollmann/Rühm 2007, S. 183

Besondere gestalterische Optionen – aber auch Probleme – ergeben sich beim Einsatz von Tabellen und Grafiken, auf welche später noch getrennt eingegangen wird.[312]

Eine weitere formale Gestaltungsoption betrifft die Informationsdichte eines Berichts, also die Menge unterschiedlicher Informationsobjekte pro Seite. Hirsch konnte dazu in seiner Benchmarkinguntersuchung sehr unterschiedliche Herangehensweisen identifizieren. Die Informationsdichte schwankte in den untersuchten Berichten zwischen 43 und 300 Zahlen pro Berichtsseite, wobei sich kein Zusammenhang mit dem Berichtsumfang finden ließ.[313] Ob Information also sehr dicht oder eher aufgelockert dargestellt wird, hängt nicht unbedingt von der Länge des Berichts ab.

6.1.3 Handhaben von Beziehungen zwischen Informationsobjekten

Ein Bericht listet nicht einfach Einzelinformationen in einer bestimmten Anordnung auf, sondern erleichtert dem Berichtsempfänger darüber hinaus durch bewusst eingesetzte Darstellungselemente das Erkennen und Verstehen von Beziehungen zwischen diesen Einzelinformationen. Drei Arten von logischen Beziehungen sind für die Berichtsgestaltung dabei besonders bedeutsam:

1. Inhaltliche Nähe bzw. Vergleichbarkeit von Informationsobjekten
2. Inhaltliche Verschiedenheit bzw. Entfernung zwischen Informationsobjekten
3. Inhaltliche Wichtigkeit von Informationsobjekten

Ein Bericht muss durch adäquate Gestaltung in der Lage sein, diese logischen Beziehungen darzustellen und dem Berichtsempfänger verständlich zu machen. Dazu eignet sich eine Reihe von Gestaltungsmitteln.

Ein wesentliches Gestaltungsprinzip von Berichtsinformation besteht darin, Vergleichbarkeit zu ermöglichen. Vergleichen ist als „in Beziehung setzen mit etwas anderem" zu verstehen. Aus isolierten Einzelinformationen wird durch Vergleich für den Informationsempfänger quasi ein „Informationsnetz", welches neue Erkenntnisse ermöglicht, die keine Einzelinformation als solche vermitteln könnte.[314] Eine **Vergleichbarkeit von Information** wird immer dann erreicht, wenn Einzelinformationen derart im Bericht dargestellt werden, dass dem Informationsempfänger das Erkennen der Beziehungen zwischen den Einzelinformationen möglich ist. Zwei häufig eingesetzte Arten der Relativierung sind dabei die Gegenüberstellung von realisierten (Ist) und geplanten (Plan) Werten einerseits und die gemeinsame Darstellung von Werten des gleichen Sachverhalts zu unterschiedlichen Zeitpunkten (Zeitreihen) andererseits. Diese Arten der Relativierungen durch Vergleichsermöglichung machen sich primär ein Prinzip der Gestaltpsychologie zunutze, welche als

312 Vgl. Kapitel 6.1.4
313 Vgl. Hirsch et al. 2008, S. 328
314 Vgl. dazu auch die Darstellung der Transformationsart „Kombination" in Kapitel 5.3.1.

„Gesetz der Nähe" bezeichnet wird:[315] Nahe beieinander angeordnete Elemente (hier: Informationsobjekte) werden vom Betrachter (hier: dem Informationsnutzer) als zusammengehörend wahrgenommen. Werden also Ist- und Planwerte gezielt nahe aneinander dargestellt (z.B. als Spalten in der gleichen Tabelle), so wird ein Vergleich quasi „provoziert".

Ein Vergleichbarmachen ist im Management Reporting aber auch dadurch erreichbar, dass einheitliche Konventionen in der Darstellung befolgt werden. Die Grundregel lautet dabei: Gleichbedeutendes soll in Berichten auch gleich dargestellt werden! Weithin üblich ist beispielsweise die Konvention, positive Zahlen in schwarzer, negative Zahlen aber in roter Schrift darzustellen. An sich ist diese Konvention völlig willkürlich, durch ihre konsequente Befolgung kann sie inzwischen aber als allgemein akzeptiert und verständlich gelten, womit sie wesentlich zur Vergleichbarkeit von Information beiträgt. In vielerlei anderer Hinsicht befolgen Berichte allerdings keine strengen Konventionen: So wechseln Schriftarten und Schriftgrößen, werden Farbschemata verändert, Hervorhebungsarten vermischt, Informationsanordnungen nicht beibehalten, etc. „Kein Architekt oder Ingenieur würde aber von Zeichnung zu Zeichnung eine neue Notation erfinden, um ein Gewinde oder eine Betonwand darzustellen, so etwas gibt es nur bei Managementberichten."[316] Häufig führt ein falsch verstandener Anspruch, Managementberichte zu „stylen" bzw. „vorstandstauglich" zu machen dazu, dass die eigentlichen Informationsinhalte schwieriger zu erkennen und zueinander in Beziehung zu setzen sind.

Ein anderes Gesetz der Gestaltpsychologie, nämlich das Gesetz der Geschlossenheit, kann in der Berichtsgestaltung zur Hervorhebung von Informationsteilen und ihrer **Abgrenzung von anderen Informationen** eingesetzt werden. Das Gesetz der Geschlossenheit besagt, dass Linien, die eine Fläche (zumindest ansatzweise) umschließen, gemeinsam mit dieser Fläche als Einheit wahrgenommen werden.[317] So lassen sich z.B. durch Umrandungen mehrere Textbausteine als informatorische Einheit kennzeichnen. Umgekehrt deuten Trennlinien (oder alternativ vergrößerte Abstände und Freiflächen) an, dass derart separierte Informationsobjekte *nicht* als Einheit zu interpretieren sind.

Eine vielfältig nutzbare und in der Berichtspraxis intensiv genutzte Gestaltungsoption betrifft das **Hervorheben von Informationsobjekten**. Hervorhebungen sind in gewisser Weise auch Formen der Abgrenzung, wobei Hervorhebungen „Wichtiges" von „weniger Wichtigem" abgrenzen. Hervorhebungen können durch Schriftgröße, Fettdruck, Kursivschrift, Unterstreichung, Farbeinsatz und vielen anderen Gestaltungsmitteln erreicht werden. Hervorhebungen ermöglichen dem Informationsnutzer eine deutlich raschere Informationsaufnahme, da nunmehr kein vollständiges Lesen, sondern bereits ein rasches „Scannen" wesentliche Berichtsinformation erfassbar macht.[318] Gerade Führungskräfte stehen häufig unter Zeitdruck und bevorzugen deshalb ein Scannen. Berichtsinformation ist aber nur dann effektiv, wenn auch ein solches Scannen dem Nutzer bereits die für ihn

[315] Vgl. Koch 1994, S. 116
[316] Hichert 2008, S. 150
[317] Vgl. Koch 1994, S. 116
[318] Vgl. Wirth 2000, S. 80f.

(bzw. seine Entscheidungssituation) wesentlichen Informationen erkennbar macht.

Allerdings muss die Nutzung von Hervorhebungen gezielt und spärlich erfolgen, da sonst ihr Sinn verloren geht: wird alles „irgendwie" hervorgehoben ist am Ende nichts mehr deutlich erkennbar. Deshalb sollten Berichte auch konsistent in der Art der Hervorhebung sein – also z.B. immer durch Fettdruck *oder* Kursivsetzen *oder* durch Farbwechsel hervorheben, aber nicht einmal so und dann wieder anders.[319]

Gerade der Einsatz von Farbe als Gestaltungsmittel zur Abgrenzung und Hervorhebung ist sehr zwiespältig zu beurteilen. Zum einen sind farbliche Unterschiede schnell und einfach wahrnehmbar (sofern der Berichtsempfänger nicht farbenblind ist!) und eignen sich damit im Prinzip sehr gut zur Abgrenzung und Hervorhebung. Besonders gut wird dies immer dann erreicht, wenn den gewählten Farben selbst bereits eine semantische Bedeutung innewohnt: so wird die Farbe Grün von den allermeisten Berichtsempfängern als „vorteilhaft" oder „in Ordnung" interpretiert werden, während die Farbe Rot für „Vorsicht" oder „Problem" steht. Die in vielen Berichten verwendete „Ampellogik" zur Kennzeichnung und Hervorhebung von besonders beachtenswerten positiven oder negativen Einzelinformationen macht sich genau diese semantische Konnotation zunutze.

Allerdings wird farbliche Vielfalt auch sehr schnell zu einem Problem für die Informationsaufnahme. Farben, die mit keiner unmittelbaren semantischen Konnotation belegt sind, provozieren Reflexion beim Adressaten („Warum ist die Tabelle blau hinterlegt?"), lenken ab oder verwirren sogar („Sollen die unterschiedlichen Farben nur auflockern oder steckt mehr dahinter?"). Manche Großunternehmen verzichten deshalb auch konsequent auf den Einsatz von Farbe in ihrem Berichtswesen.[320] Letztendlich kann die Entscheidung aber nur individuell getroffen werden.

6.1.4 Einsatz unterschiedlicher Darstellungsformen

Wenn Umfang, Anordnung und Verknüpfung der Berichtsinformationen gestalterisch festgelegt worden sind, bleibt als letzte Frage der Berichtsgestaltung die Wahl der passendsten Darstellungsformen zu klären. Hier ist festzulegen, mit welchen textuellen oder bildhaften Zeichen eine bestimmte Information dem Empfänger am besten dargestellt werden soll.

Dabei bietet kaum ein Thema in der praktischen Umsetzung des Berichtswesens Anlass zu so intensiven Auseinandersetzungen wie die Frage nach der richtigen Mischung von Tabellen, Grafiken und Textinformation. Dies mag zum einen daran liegen, dass auch ohne Hintergrundwissen oder Erfahrung eine Meinungsbildung möglich ist und damit „jeder mitreden" kann. Zum anderen ist die Heftigkeit der Diskussion offensichtlich auch Ausdruck der Tatsache, dass sich keine einfache Antwort finden lässt und jede Meinung durchaus ihre Berechtigung hat.

---

319 Vgl. Probst 2006, S. 72
320 Vgl. Hirsch et al. 2008

Deshalb kann z.B. die Frage „Grafiken ja oder nein?“ auch nicht allgemeingültig beantwortet werden. Vielmehr müssen in diesem Zusammenhang drei unterschiedliche, aber miteinander verbundene, Fragen gestellt werden:

1. Wann ist welche Darstellungsform besonders geeignet?
2. Wie sollen und können die unterschiedlichen Darstellungsformen gemischt werden?
3. Wie kann eine gewählte Darstellungsform möglichst optimal umgesetzt werden?

Um diese Fragen jeweils im Einzelfall beantworten zu können, ist ein grundsätzliches Verständnis der Stärken und Schwächen einzelner Darstellungsformen unerlässlich. Darauf soll im Folgenden näher eingegangen werden.

Konkret: Anteile von Tabellen und Grafiken in Monatsberichten

Hirsch et al. finden in ihrem Benchmarking von Monatsberichten von 7 Konzernen (hier mit A bis G bezeichnet) eine sehr unterschiedliche Verteilung von Tabellen, Grafiken und Textelementen:[321]

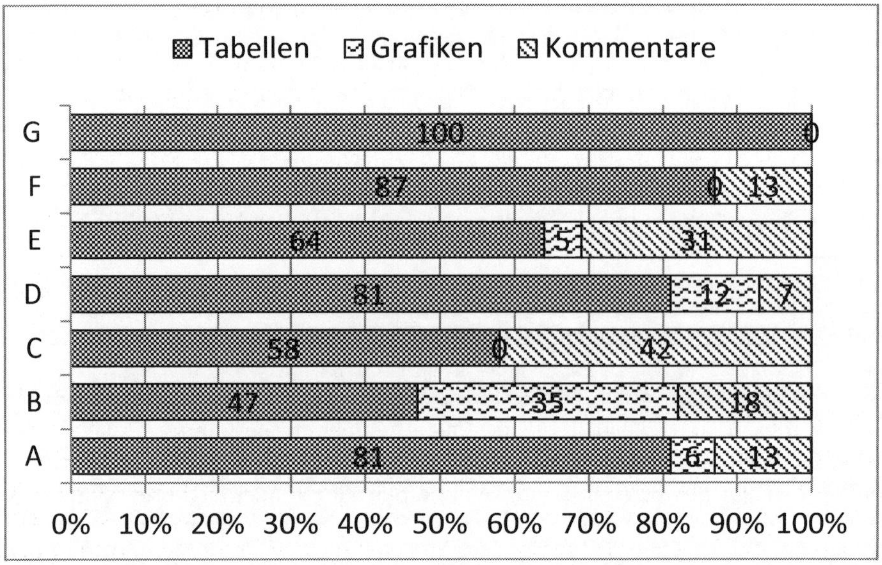

Generell dominiert zwar der Einsatz von Tabellen, allerdings finden sich in manchen Berichten auch große Anteile an grafischer und/oder textueller Information. Die Entscheidung für bzw. gegen grafische Informationsdarstellungen ist offensichtlich auch und vor allem eine Frage subjektiver Präferenzen. Hirsch et al. stellen bei einer genaueren Untersuchung fest, dass ein höherer Anteil an Grafiken und Textkommentaren mit einem höheren Berichtsumfang korreliert. Tabellen erweisen sich als platzsparender als andere Darstellungsformen.

321 Vgl. Hirsch et al. 2008, S. 328

6.1.4.1 Tabellen als Darstellungsform von Berichtsinformation

Kaum ein typischer Bericht ist ohne Tabellen vorstellbar. Das lateinische Wort „tabula" bedeutet zunächst nur „Brett" oder „Tafel". Das daraus abgeleitete Wort „Tabelle" steht also für eine „Zahlentafel" im Sinne einer geordneten Darstellung einer Mehrzahl von Einzelzahlen.[322] Einzelinformationen werden „tabellarisiert", indem sie nach einem bestimmten Schema angeordnet werden.[323] Dieses Schema besteht typischerweise in einer zweidimensionalen Anordnung der Zahlenwerte in Zeilen und Spalten. Zwar sind verschachtelte Tabellen mit mehr als zwei enthaltenen Dimensionen durchaus einsetzbar, allerdings ist ihre Verständlichkeit rasch eingeschränkt. Die „klassische" zweidimensionale Tabelle hat eine einfache Grundstruktur (vgl. **Abbildung 6.1**):

Abbildung 6.1 Grundstruktur einer Tabelle

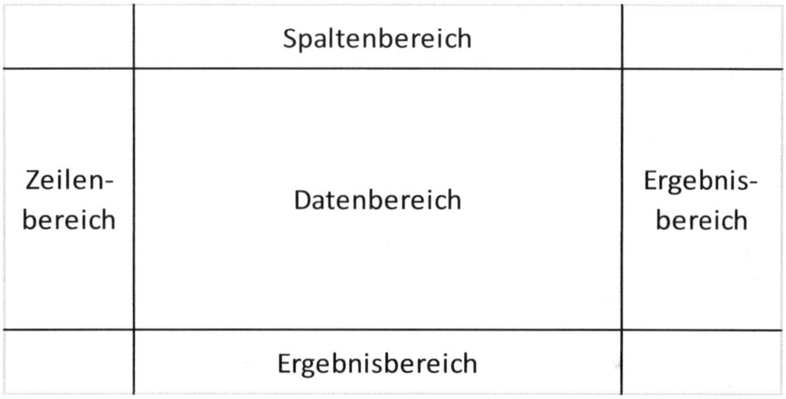

Quelle: Pollmann/Rühm 2007, S. 81

Der Spalten- und Zeilenbereich dient zur Beschriftung, d.h. zur Kenntlichmachung, welche Information im Datenbereich der Tabelle dargestellt ist. Dabei wird eine Dimension typischerweise die Objekte als Merkmalsträger bezeichnen und die zweite Dimension die Merkmale selbst. Objekte als Merkmalsträger können z.B. Produkte, Geschäftsbereiche, Kunden oder Standorte sein. Typische Merkmale der Berichtsobjekte sind Wertgrößen (wie Kosten oder Umsätze) oder Mengengrößen (Absatz, Produktionsmengen, Ausschuss, etc.). Der Ergebnisbereich stellt eine Verdichtung des Datenbereichs dar (typischerweise Summen oder Mittelwerte). Wenngleich Zeilen und Spalten einer Tabelle im Prinzip gleichwertig sind, so ist der typische Leser doch eher dazu geneigt, die Zeilen als die primäre Informationsdimension wahrzunehmen, während die Spalten zur Strukturierung und Untergliederung der Zeileninformation dienen. Tendenziell sollte also diejenige Dimension in

[322] Vgl. Ederer 1995, S. 704
[323] Vgl. Pollmann/Rühm 2007, S. 77

den Zeilen dargestellt werden, die als Hauptordnungskriterium anzusehen ist. Wesentlicher als die Wahl der Zeilen und Spalten ist aber auf jeden Fall die deutliche gestalterische Abgrenzung der einzelnen Tabellenbereiche voneinander. Dies wird unterschiedliche Formatierung (z.B. Fettdruck für Ergebnisbereiche) und / oder Farbeinsatz (z.B. Schraffierung von Zeilen- und Spaltenbereich) sowie durch den Einsatz von Trennlinien erreicht.

Konkret: Gute und schlechte Gestaltung von Grundtabellen

Da Tabellen durch ihren Grundaufbau stark strukturierend wirken, sind zusätzliche Gestaltungselemente zwar durchaus sinnvoll, allerdings keinesfalls im Übermaß nötig. Dies soll an drei einfachen, völlig identisch strukturierten, aber unterschiedlich gestalteten Beispielstabellen gezeigt werden:

Die völlig unformatierte Tabelle ist zwar prinzipiell lesbar, allerdings sind die Tabellenbereiche nicht deutlich unterscheidbar. Das Fehlen jeglicher Formatierung erschwert die rasche Informationsaufnahme.

Umsatz	Januar	Februar	März	Gesamt
Nord	15 €	13 €	17 €	45 €
Süd	22 €	19 €	26 €	67 €
Mitte	41 €	36 €	46 €	123 €
Gesamt	78 €	68 €	89 €	235 €

Eine „überformatierte“ Version der Tabelle bringt bei völlig unterschiedlicher Gestaltung ein durchaus ähnliches Resultat: „Man sieht den Wald vor lauter Bäumen nicht“. Insbesondere die mehrfachen Formatierungen einzelner Bereiche oder Informationen (Schattierung und Fettdruck der Beschriftungsbereiche, Kursiv- und Fettdruck der Ergebnisbereiche, Kursiv- und Fettdruck bei veränderter Schriftgröße der Gesamtsumme) stellt gestalterische Redundanz dar und führt eher zu Verwirrung und Ablenkung.

Umsatz	**Januar**	**Februar**	**März**	**Gesamt**
Nord	*15 €*	*13 €*	*17 €*	**45 €**
Süd	*22 €*	*19 €*	*26 €*	**67 €**
Mitte	*41 €*	*36 €*	*46 €*	**123 €**
Gesamt	**78 €**	**68 €**	**89 €**	***235 €***

Ein maßvoller und gleichmäßiger Einsatz von einigen wenigen Gestaltungsmitteln führt dagegen zum verständlichsten Ergebnis. Die Tabellenbereiche sind deutlich voneinander abgrenzbar, Ergebnisfelder werden als besonders wichtig hervorgehoben, die Beschriftungsbereiche sind einheitlich gestaltet, auf Trennlinien innerhalb des Datenbereichs wurde verzichtet, um die logische Verbindung der Einzeldaten zu visualisieren.

Umsatz	Januar	Februar	März	**Gesamt**
Nord	*15 €*	*13 €*	*17 €*	45 €
Süd	*22 €*	*19 €*	*26 €*	67 €
Mitte	*41 €*	*36 €*	*46 €*	123 €
Gesamt	78 €	68 €	89 €	**235 €**

Bei adäquatem Einsatz der Gestaltungsmittel sind auch relativ umfangreiche Tabellen noch gut verständlich und zweckmäßig. Gerade in der übersichtlichen, strukturierten Darstellung einer (relativ) großen Anzahl von quantitativen (d.h. in Zahlenwerten darstellbaren) Einzelinformation liegt die große Stärke von Tabellen. Wenngleich wie oben erwähnt Zeilen und Spalten im Prinzip vertauschbar sind, so kann neben der bevorzugten „Leserichtung" (welche indirekt eine Priorisierung von Information darstellt) vor allem auch der für die Darstellung der Tabelle verfügbare Platz entscheidend sein. So wird man die Dimension mit mehr Ausprägungen (die „längere" Dimension) auch entlang der längeren Blattseite anordnen, um eine unnötige Stauchung oder Verkleinerung der Tabelle zu vermeiden. Das vielfach anzutreffende Drehen von großen Tabellen um 90 Grad kann in Ausnahmefällen passend sein, sollte aber nicht den Regelfall darstellen. Bei einer Darstellung am Bildschirm gilt das Gesagte analog: um Scrollen weitgehend zu vermeiden, sollte die Tabelle so strukturiert werden, dass ein möglichst großer Teil direkt am Bildschirm sichtbar bleibt.

Die Aufnahme der Zahleninformation in ein und dieselbe Tabelle drückt per se eine logische Nähe zwischen den dargestellten Zahlenwerten aus. Vorsicht ist deshalb in allen Fällen geboten, in denen logisch *unterschiedliche* Sachverhalte in einer einzigen Tabelle dargestellt werden sollen (z.B. um Vergleiche zu ermöglichen). Die Unterschiede können dabei in den dargestellten Objekten, den dargestellten Merkmalen dieser Objekte oder in den Ausprägungen (Zahlenwerten) selbst auftreten. Werden die Umsätze nicht nur pro Monat, sondern auch pro Woche oder pro Quartal dargestellt, handelt es sich um zwar ähnliche, aber nicht mehr identische *Objekt*kategorien. Werden pro Monat nicht nur Umsätze, sondern auch Deckungsbeiträge oder Margen dargestellt, tritt der Unterschied in den *Merkmals*kategorien auf. Wird der Umsatz dann nicht nur in Euro, sondern auch in % des Budgetwertes und/oder als Index zum Vorjahr angegeben, so unterscheiden sich die *Ausprägungs*kategorien. Je mehr solcher Unterschiede kombiniert werden, desto unähnlicher sind die dargestellten Zahlenwerte und desto dringender sollte man über ihre Darstellung in getrennten Tabellen nachdenken, um Fehlinterpretationen durch die Berichtsempfänger zu vermeiden.

Um unterschiedliche Objektkategorien in einer einzigen Tabelle darstellen zu können, bieten sich zwei alternative Darstellungsformate ein: T-Tabellen in starren (z.B. auf Papier ausgedruckten) Berichten und Pivot-Tabellen in flexiblen (elektronisch zur Verfügung gestellten) Berichten. T-Tabellen sind dadurch gekennzeichnet, dass der Zeilenbereich sich nicht wie in einer einfach strukturierten Tabelle links befindet, sondern in der Mitte der Tabelle liegt und sowohl links als auch rechts davon ein Datenbereich anschließt, welcher jeweils unterschiedliche Spaltenbereiche besitzt. Zeilen- und Spaltenbereiche bilden ein typisiertes „T“ (vgl. **Abbildung 6.2**).

Abbildung 6.2 Beispiel einer T-Tabelle

Gesamt	Produkt A	Produkt B	Produkt C	**Umsatz**	Januar	Februar	März	**Gesamt**
45 €	*6 €*	*23 €*	*16 €*	Nord	*15 €*	*13 €*	*17 €*	45 €
67 €	*21 €*	*30 €*	*16 €*	Süd	*22 €*	*19 €*	*26 €*	67 €
123 €	*50 €*	*29 €*	*44 €*	Mitte	*41 €*	*36 €*	*46 €*	123 €
235 €	77 €	82 €	76 €	**Gesamt**	78 €	68 €	89 €	**235 €**

Quelle: eigene Darstellung

T-Tabellen sind eine platzsparende Alternative zur Darstellung gleicher Merkmalskategorien für unterschiedliche Objektkategorien. Der in die Mitte der Tabelle gewanderte Zeilenbereich wirkt als Trennung und soll nicht gewollte Vergleiche zwischen den unterschiedlichen Objektkategorien verhindern.

Pivot-Tabellen dagegen trennen die unterschiedlichen Objektkategorien nicht, sondern verschachteln sie. Dabei sind sowohl Zeilen- und Spaltenbereiche als auch vorhandene Zeilen- und Spaltenebenen flexibel gegeneinander austauschbar.[324] Es entstehen mehrdimensionale Datentabellen unterschiedlicher Struktur, welche aber immer auf den gleichen Grunddaten aufbauen.

Management Reporting-Enzyklopädie:

Pivot-Tabellen

Pivot-Tabellen sind mehrdimensionale Tabellen, welche es dem Nutzer erlauben, eine in einer Liste oder Datenbank gespeicherte Menge von Datensätzen in jeweils unterschiedlichen, flexibel gegeneinander austauschbaren Tabellenansichten (Konstellationen) darzustellen.

[324] Das englische Wort „Pivot“ bedeutet „Dreh-„ bzw. „Angelpunkt“. Grundidee einer Pivot-Tabelle ist, dass man das gleiche Datenmaterial in unterschiedlichen Sichtweisen (d.h. Zeilen- und Spaltenanordnungen) darstellen und somit jeweils andere Sichtweisen und (Teil-)Aggregationen auf das Datenmaterial ermöglichen kann.

Pivot-Tabellen erlauben dem Berichtsempfänger ein „Drehen" des der Tabelle zugrunde liegenden (vieldimensionalen) Datenwürfels und damit eine flexibel an die jeweiligen Informationsbedürfnisse angepasste Wahl der Sichtweise auf die Daten. Zusätzlich lassen sich in Pivot-Tabellen auch noch andere Standardoperationen der Datentransformation wie Selektion und Aggregation ausführen. Diese Flexibilität stellt den Mehrwert von Pivot-Tabellen dar, der allerdings durch eine größere Komplexität erkauft wird. Pivot-Tabellen sind damit zwar auch in statischer Form einsetzbar, doch ihr eigentlicher Mehrwert ergibt sich nur in elektronischer Form (vgl. **Abbildung 6.3**).

Abbildung 6.3 Unterschiedliche Pivot-Darstellungen der gleichen Datentabelle

Umsatz	Produkt / Monat												
	A			Ergebnis A	B			Ergebnis B	C			Ergebnis C	Gesamt
Region	Januar	Februar	März		Januar	Februar	März		Januar	Februar	März		
Mitte	*15 €*	*18 €*	*17 €*	*50 €*	*8 €*	*13 €*	*11 €*	*32 €*	*33 €*	*25 €*	*17 €*	*75 €*	*157 €*
Nord	*2 €*	*3 €*	*1 €*	*6 €*	*11 €*	*12 €*	*13 €*	*36 €*	*30 €*	*24 €*	*19 €*	*73 €*	*115 €*
Süd	*7 €*	*8 €*	*6 €*	*21 €*	*22 €*	*15 €*	*20 €*	*57 €*	*20 €*	*19 €*	*15 €*	*54 €*	*132 €*
Gesamt	***24 €***	***29 €***	***24 €***	***77 €***	***41 €***	***40 €***	***44 €***	***125 €***	***83 €***	***68 €***	***51 €***	***202 €***	*404 €*

Umsatz	Produkt			
Region / Monat	A	B	C	Gesamt
Mitte	***50 €***	***32 €***	***75 €***	***157 €***
Januar	*15 €*	*8 €*	*33 €*	*56 €*
Februar	*18 €*	*13 €*	*25 €*	*56 €*
März	*17 €*	*11 €*	*17 €*	*45 €*
Nord	***6 €***	***36 €***	***73 €***	***115 €***
Januar	*2 €*	*11 €*	*30 €*	*43 €*
Februar	*3 €*	*12 €*	*24 €*	*39 €*
März	*1 €*	*13 €*	*19 €*	*33 €*
Süd	***21 €***	***57 €***	***54 €***	***132 €***
Januar	*7 €*	*22 €*	*20 €*	*49 €*
Februar	*8 €*	*15 €*	*19 €*	*42 €*
März	*6 €*	*20 €*	*15 €*	*41 €*
Gesamt	***77 €***	***125 €***	***202 €***	***404 €***

Umsatz	Monat / Produkt												
	Januar			Januar Ergebnis	Februar			Februar Ergebnis	März			März Ergebnis	Gesamt
Region	A	B	C		A	B	C		A	B	C		
Mitte	*15 €*	*8 €*	*33 €*	*56 €*	*18 €*	*13 €*	*25 €*	*56 €*	*17 €*	*11 €*	*17 €*	*45 €*	*157 €*
Nord	*2 €*	*11 €*	*30 €*	*43 €*	*3 €*	*12 €*	*24 €*	*39 €*	*1 €*	*13 €*	*19 €*	*33 €*	*115 €*
Süd	*7 €*	*22 €*	*20 €*	*49 €*	*8 €*	*15 €*	*19 €*	*42 €*	*6 €*	*20 €*	*15 €*	*41 €*	*132 €*
Gesamt	***24 €***	***41 €***	***83 €***	***148 €***	***29 €***	***40 €***	***68 €***	***137 €***	***24 €***	***44 €***	***51 €***	***119 €***	*404 €*

Quelle: eigene Darstellung

6.1.4.2 Der Einsatz von Grafiken im Management Reporting

Der allgemein bekannte Spruch „Ein Bild sagt mehr als tausend Worte" legt den Schluss nahe, dass Berichtsinformation in grafisch aufbereiteten Darstellungen besser ihren Zweck erfüllt als in textueller oder tabellarischer Form. In der Tat lassen sich einige gute Gründe für Grafiken bzw. allgemein bildhafte Information anführen:[325]

1. Die gedankliche Aufnahme und Verarbeitung von Bildern erfordert geringere Anstrengungen als andere Darstellungsformen. Wird eine Zahleninformation durch eine Grafik unterstützt, so kann die Information über mehrere Kanäle gleichzeitig wahrgenommen und deshalb insgesamt schneller aufgenommen werden.[326]

2. Bei einem Mix von unterschiedlichen Darstellungsformen wird die bildhaft dargestellte Information fast immer als erste wahrgenommen. Bildinformation erregt die höhere Aufmerksamkeit.

3. Bei unvollständiger Informationsaufnahme (die angesichts des großen Informationsangebots und der begrenzten Aufnahmekapazität der Informationsempfänger die Regel ist) ist der Anteil nicht beachteter Information bei bildhaft dargestellter Information geringer.

Nachdem Information wahrgenommen und erinnert werden muss, damit sie entscheidungsrelevant werden kann, hat Bildinformation eine größere Chance, ihren Zweck zu erfüllen als andere Darstellungsformen. Und doch ist in der Praxis eine durchaus breite Skepsis gegenüber grafisch aufbereiteter Berichtsinformation festzustellen. Kieninger findet in seiner empirischen Untersuchung zwei etwa gleich starke Gruppen von Unternehmen *für* und *gegen* Grafiken.[327] Beinahe 40% der Befragten hielten Grafiken für weniger bis überhaupt nicht wichtig im Berichtswesen!

In der Tat können Grafiken Informationsinhalte auch verzerren und leicht zu Fehlinterpretationen führen. Um die gleiche Informationsdichte zu erreichen wie z.B. gut gestaltete Tabellen müssen auch Grafiken sehr sorgfältig gestaltet werden, um nicht ihre vorher genannten Vorteile zu verlieren. So können Berichtsempfänger durchaus auch schlechte Erfahrungen mit Grafiken in Berichten machen, was zu einer eher ablehnenden Haltung führt. Dazu kommen ganz natürliche individuelle Präferenzen für oder gegen grafische bzw. tabellarische Darstellungsformen, was in Summe dazu führt, dass die Entscheidung zwischen Tabellen und Grafiken keineswegs immer eindeutig „pro Grafik“ ausfallen muss.

Mehr noch als bei tabellarischen Darstellungsformen steht der Berichtsgestalter vor einer Vielzahl an unterschiedlichen grafischen Darstellungsoptionen für einen bestimmen Informationsinhalt. Die Wahl der passenden Grafikart ist deshalb besonders wichtig. Dazu soll im Folgenden auf die Einteilung von Zelazny zurückgegriffen werden, welcher fünf verschiedene Aussage- bzw. Vergleichsarten unterscheidet und für diese jeweils passende Diagrammformen vorschlägt (vgl. **Abbildung 6.4**).[328]

---

[325] Vgl. Kroeber-Riel 1987, S. 486

[326] Vgl. Koch 1994, S. 143

[327] Vgl. Kieninger 1993, S. 89f.

[328] Vgl. Zelazny 2009, S. 34ff. Die von Zelazny beschriebenen Diagrammtypen können als die am weitesten verbreiteten angesehen werden. Daneben sind für spezielle Fragestellungen auch andere, eher seltene Diagramtypen möglich, so etwa Dreiecksdiagramme, Polardiagramme oder Lorenzdiagramme (vgl. dazu Riedwyl 1987, S. 121ff.).

Abbildung 6.4 Vergleichsarten und Schaubildtypen

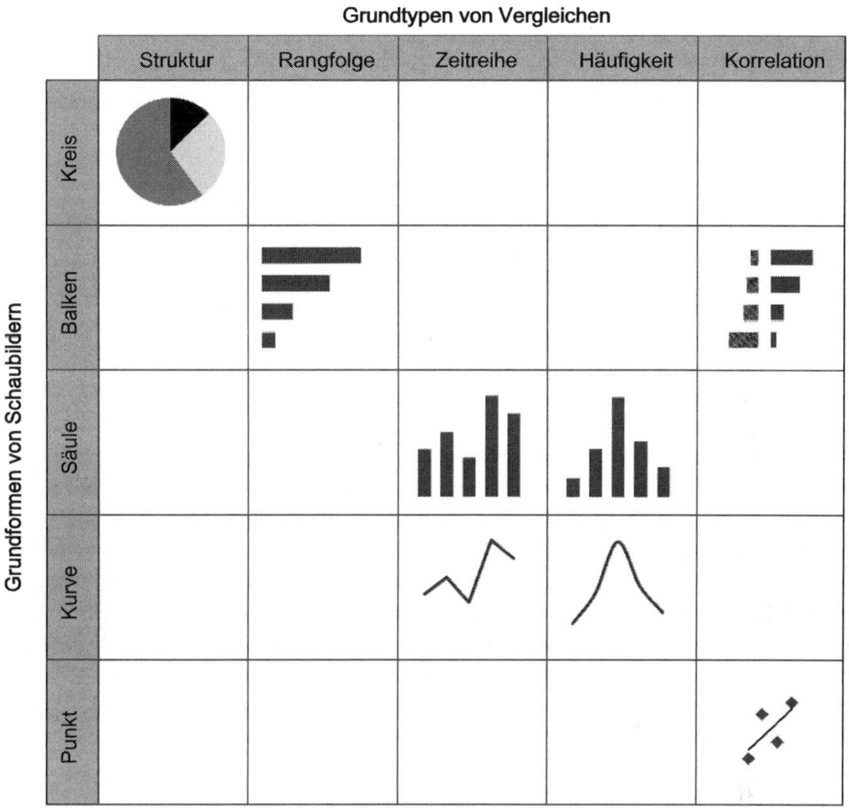

Quelle: Zelazny 2009, S. 41

Strukturvergleiche, also Aussagen über Anteile einzelner Komponenten an einer Gesamtheit, werden am besten in Form von Kreisdiagrammen dargestellt. Der Kreis drückt als Form die Gesamtheit aus, während einzelne Segmente die Anteile darstellen. Dabei sollte aber darauf geachtet werden, dass die Anzahl der dargestellten Segmente nicht zu groß wird.[329]

Rangfolgevergleiche drücken eine Bewertung aus und ordnen die Komponenten entlang eines Bewertungsmaßstabs. Zu ihrer Darstellung eignen sich Balkendiagramme gut.

[329] Zelazny schlägt vor, die Anzahl auf maximal 6 zu begrenzen. Diese Einschränkung erscheint allerdings etwas willkürlich.

Zeitreihenvergleiche drücken Veränderungen einer Komponente über die Zeit aus. Darzustellen sind also die verschiedenen Ausprägungen der Komponente zu unterschiedlichen Zeitpunkten. Dies lässt sich mit Säulen- oder Kurvendiagrammen am besten erreichen.

Häufigkeitsvergleiche treffen eine Aussage darüber, wie oft eine bestimmte Ausprägung oder ein bestimmtes Objekt innerhalb einer Klasse von Objekten auftritt. Auch hierfür eigenen sich wieder Säulen- und Kurvendiagramme. Allerdings stellt die horizontale Achse dieser Diagramme nunmehr nicht unterschiedliche Zeitpunkte, sondern die verschiedenen Ausprägungen oder Objektklassen dar.

Als letzten Vergleichs- und Aussagentyp nennt Zelazny **Korrelationen**, welche einen Zusammenhang zwischen zwei Variablen oder Objekten aufzeigt. Zur Darstellung von Korrelationsaussagen können Doppel-Balkendiagramme oder (Streu-)Punktdiagramme eingesetzt werden.

Neben der Wahl der passenden Diagrammform sind noch weitere Gestaltungsentscheidungen zu treffen:[330]

1. **Anzahl der dargestellten Objekte** bzw. Einzelinformationen: Obgleich sich verschiedentlich Faustregeln für die maximale Anzahl von Objekten in einem Diagramm finden,[331] ist hier vor allem der gesunde Menschenverstand und das kritische Auge des Berichterstellers gefragt. Ob sich sechs, sieben oder auch acht Objekte gut in einem Tortendiagramm darstellen und voneinander abgrenzen lassen, hängt von der Sorgfalt in der grafischen Darstellung ebenso ab wie vom verfügbaren Platzangebot für das Diagramm und der Größe der einzelnen Objekte. Gerade bei Zeitreihen können auch mehrere Dutzend verschiedene Datenpunkte durchaus sinnvoll dargestellt werden – eventuell liegt in der Darstellung einer derart langen Zeitreihe gerade die Hauptaussage des Diagramms!

2. **Anordnung / Reihenfolge der Objekte** bzw. Einzelinformationen innerhalb des Diagramms: Treten die gleichen Objekte in verschiedenen Diagrammen auf, so sollte auf eine einheitliche Reihenfolge geachtet werden. Auch innerhalb eines Diagramms ist die Reihenfolge der Objekte nicht beliebig. Es empfiehlt sich eine Anordnung in ansteigender oder absteigender Reihenfolge. Dies bedeutet, dass in einem Kreisdiagramm das größte Segment in der Regel bei 12 Uhr beginnt und in einem Balkendiagramm die größte Fläche unten aufscheint.[332]

3. **Grafische Gestaltung** (Einsatz von Farben und Schraffierungen, Strichstärken): Farbe kann zur Hervorhebung und Unterscheidung, aber auch zur Strukturierung genutzt werden.[333] So können bestimmte Farben einheitlich über alle Diagramme eines Berichts

[330] Vgl. dazu auch Pollmann/Rühm 2007, S.113ff., Waniczek 2002, S. 180ff. Eine Vielzahl von detaillierten Gestaltungsempfehlungen zu einzelnen Diagrammtypen – allerdings nicht auf Berichte bezogen - gibt auch Riedwyl 1987.

[331] So etwa Zelazny 2009, S. 43 oder Pollmann/Rühm 2007, S. 113

[332] Vgl. Pollmann/Rühm 2007, S. 113

[333] Vgl. Waniczek 2002, S. 182

hinweg für bestimmte Objekte (z.B. Geschäftsbereiche) oder bestimmte Objektmerkmale (z.B. Budgetwerte) stehen. Zu beachten ist dabei aber immer die Symbolik bestimmter Farben (z.B. „Ampelfarben") sowie ihre grafische Eignung für schriftliche Berichte (Leuchtkraft, Unterscheidbarkeit bei Druck in Graustufen, Kontrast, etc.). Daneben besitzt Farbe immer auch eine „stimulierende" Wirkung, d.h. sie macht den Bericht für den Empfänger interessanter.[334] Ist von Anfang an damit zu rechnen, dass die Berichtsinhalte den Empfängern nur in Graustufen (Ausdruck in schwarz-weiß) zur Verfügung stehen werden, so ist die Verwendung unterschiedlicher Schraffierungen meist zielführender, da sie eine bessere Unterscheidbarkeit gewährleisten. Ist auch dies nur eingeschränkt möglich, so können Flächen zumindest durch Umrandungen deutlicher voneinander abgegrenzt werden.

4. **Skalierung**: Hier ist vor allem auf eine einheitliche Skalierung zu achten. Gerade das – oft aus bester Absicht – eingesetzte „Abschneiden" von Skalen (um den vermeintlich relevanten Skalenausschnitt größer und damit besser lesbar zu machen) ist häufig eine Quelle von Missverständnissen und Fehlinterpretationen. Immer wenn der absolute Abstand eines Objekts zum Nullpunkt für die Interpretation relevant ist, darf eine Skala nicht verzerrt oder auf einen Ausschnitt begrenzt werden.

5. **Beschriftungen**: Diagramme sind ohne Beschriftungen „nackt" und als solche nicht interpretierbar. In der Tat stellen Diagramme streng genommen immer eine Kombination von Text- und Zahleninformation einerseits und grafischer Information andererseits dar. Flächen und Linien können die Text- und Zahleninformation unterstützen, diese aber nicht vollständig ersetzen.[335] Erst durch Beschriftungen der einzelnen grafischen Elemente (Kreissegmente, Balken, Linienabschnitte, etc.) und Angabe ihrer quantitativen Ausprägung (Größe, Anteil, Veränderung, etc.) werden Diagramme verständlich. Natürlich ist auch bei Beschriftungen und Zahlenangaben auf Lesbarkeit und Einheitlichkeit zu achten. Größe, Platzierung und typographische Gestaltung dieser Elemente werden sich am verfügbaren Platz innerhalb des Berichtes ebenso wie an den Gewohnheiten und Erwartungen der Berichtsempfänger orientieren.

6.1.4.3 Kombinierte Darstellung von Zahlen und Grafiken

Anzumerken bleibt, dass sich grafische Elemente durchaus mit Zahleninformation kombinieren lassen. Typisches Beispiel für solche kombinierten Darstellungsformen sind Kennzahlensysteme. Das wohl älteste Beispiel eines solchen Kennzahlensystems ist das ROI (Return on Investment) Schema des DuPont Konzerns (vgl. **Abbildung 6.5**).[336]

Die Anordnung der einzelnen Zahlenwerte sowie ihre grafische Verknüpfung durch Linien, ergänzt durch mathematische Operatoren, gibt dem Informationsempfänger nicht nur Aufschluss über die Höhe einzelner Steuerungsgrößen (wie z.B. Umsatz oder Vorräte), sondern macht auch die inhaltlichen (im Fall des ROI-Schemas: mathematischen) Verbin-

---

[334] Vgl. Weber/Schaier/Strangfeld 2005, S. 25
[335] Vgl. Koch 1994, S. 143
[336] Vgl. Gladen 2008, S. 82ff.

dungen zwischen den Einzelgrößen transparent. Das ROI-Schema stellt also nicht nur die Zahleninformation selbst dar, sondern visualisiert darüber hinaus auch den Rechenweg zwischen den Kennzahlen. Dies unterstützt das Verstehen und langfristige Erinnern der Information.[337] Die grafischen Elemente steuern zusätzliche inhaltliche Information bei, welche in den einzelnen Zahlenwerten nicht erkennbar ist. Hier kann die Darstellungsform also einen deutlichen informativen Mehrwert liefern. Ähnliche Anwendungsbeispiele für kombinierte Darstellungsformen aus grafischen Elementen und Zahleninformation findet man auch in Form von Werttreiberbäumen.[338]

Abbildung 6.5 ROI-Kennzahlensystem als Beispiel für grafische Zahlendarstellung

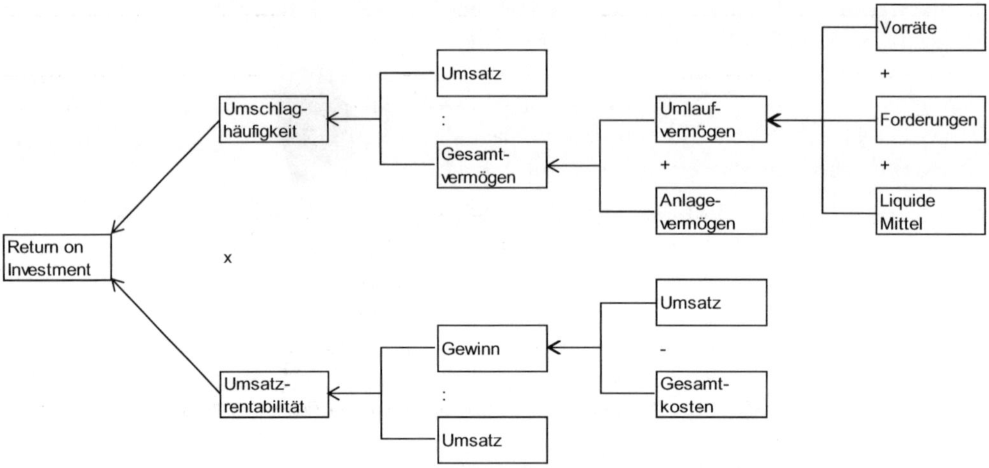

Quelle: eigene Darstellung

Eine zunehmend häufiger gebrauchte Art der kombinierten Darstellung von Zahlen und grafischen Elementen findet sich in sogenannten Management-Cockpits.[339] Die aus der Luftfahrt entlehnte Cockpit-Metapher soll andeuten, dass dem für die Steuerung einer Einheit (hier: des Unternehmens) Verantwortlichen alle dafür notwendigen Informationen in komprimierter, individualisierter und interaktiver Form zur Verfügung gestellt werden.[340] Übersichtlichkeit soll dabei in der Regel durch den Einsatz von an Instrumente erinnernde Darstellungsformen (Regler, Rundinstrumente, Alarmsignale, Ampeldarstellungen, etc.) erreicht werden (vgl. auch **Abbildung 6.6**). Interaktivität wird erreicht, indem Navigationspfade zu detaillierteren Informationen vorhanden sind, womit die Empfänger bei

337 Vgl. Pollmann/Rühm 2007, S. 67
338 Vgl. Gladen 2008, S. 126, Weber et al. 2004, S. 105ff
339 Zur Umsetzung von Management Cockpits mit IT-Unterstützung siehe auch Kapitel 6.2.
340 Vgl. Lux 2006, Gluchowski/Gabriel/Dittmar 2008, S. 216.

Bedarf die Cockpit-Ebene verlassen und in tiefere Informationsschichten „eintauchen" können.

Management Reporting-Enzyklopädie:

Management-Cockpit

Als Management-Cockpit können alle Darstellungsformen von Berichtsinformation bezeichnet werden, welche in Analogie zu Leitständen oder Instrumententafeln simulierte Tachometer oder andere in Cockpits übliche Anzeigeformen (Pegel, Landkarten, Warnleuchten, Regler etc.) einsetzen bzw. grafisch nachahmen, um Berichtsinformation in verdichteter und für den Berichtsempfänger einfach wahrnehmbarer Form darzustellen.

Abbildung 6.6 Beispiel für eine Cockpitdarstellung

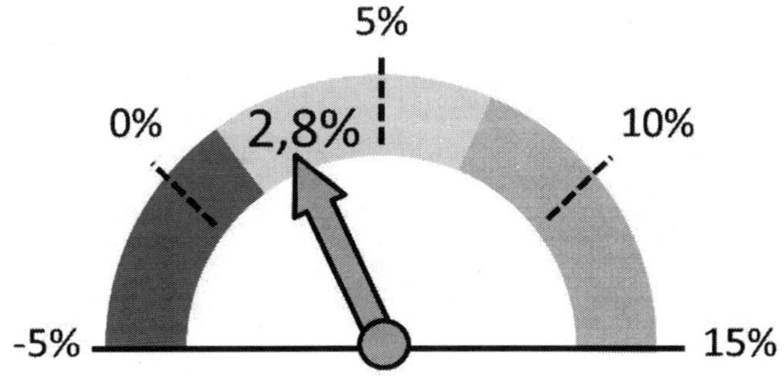

Quelle: eigene Darstellung

Durch ihren hohen Wiedererkennungswert (jeder Berichtsempfänger weiß, wie eine Ampel aussieht und was ihre Farben bedeuten sollen) sowie die grafisch ansprechende Gestaltung werden Management Cockpits von vielen Berichtsempfängern geschätzt. Allerdings ist ihr Einsatz nicht völlig risikofrei und wird vereinzelt auch kritisch gesehen:[341] Cockpitdarstellung weisen eine relativ niedrige Informationsdichte auf, womit zur Darstellung einer großen Informationsmenge eine Vielzahl von „Instrumenten" erforderlich ist, was vor allem für den Nicht-Experten rasch unübersichtlich werden kann.[342] Außerdem suggeriert eine Cockpitdarstellung häufig eine real nicht gegebene Eindeutigkeit. Die an einen Tacho angelehnte Darstellung in Abbildung 6.6 weist trennscharfe Grenzen zwischen „grünen", „gelben" und „roten" Bereichen auf, wobei die Grenzen aber völlig willkürlich gesetzt sind und auch nicht an unterschiedliche Situationen angepasst werden: „grün" ist einfach immer

[341] Vgl. Bissantz et al. 2010, S. 449f.

[342] Auch diesbezüglich passt die Cockpit-Metapher: für einen Laien ist ein Flugzeugcockpit keineswegs übersichtlich…

„grün“. Eine solche Cockpitdarstellung kann den Betrachter also auch dazu verleiten, die dargestellte Information weder zu hinterfragen („Es ist ja alles in Ordnung“) noch mit anderer Information (die in anderen „Instrumenten“ dargestellt wird) zu verknüpfen.

Als dritte Form der kombinierten Darstellung von Zahleninformation und grafischer Information können sogenannte „grafische Tabellen“ gelten.[343] Dabei werden „klassische“ Diagramme auf ihre wesentlichen Elemente reduziert und in miniaturisierter Form in eine Tabelle eingebettet (vgl. **Abbildung 6.7**).

Abbildung 6.7 Beispiel für eine grafische Tabelle

	Ist	Plan	Abw.		Abw. %
Brutto-Umsatz	14.428	15.448	- 1.020		-6,6%
Rabatte	1.805	1.505	300		19,9%
Erlösschmälerung	577	580	- 3		-0,5%
Netto-Umsatz	12.002	13.363	- 1.361		-10,2%
Lohnkosten	5.292	5.866	- 574		-9,8%
Materialkosten	283	253	30		11,9%
Deckungsbeitrag	6.426	7.244	- 818		-11,3%

Quelle: in Anlehnung an Bissantz et al. 2010, S.451

6.1.4.4 Information durch Text

Textinformation wird im Management Reporting vornehmlich als Ergänzung zu bzw. als Unterstützung von Tabellen oder Grafiken eingesetzt, um dem Berichtsempfänger deren Interpretation zu erleichtern.[344] Daraus ergeben sich die wesentlichen Einsatzgebiete von Textinformation in Berichten:

- Beschriftungen und Erklärungen von Tabellen und Grafiken
- Kommentare und ergänzende Erläuterungen zu quantitativer Information
- Zusammenfassungen („Executive Summaries“)

Kaum ein Bericht kommt deshalb völlig ohne Textinformation aus, doch wird ihre Bedeutung in der Praxis meist deutlich niedriger eingestuft als z.B. diejenige von Tabellen.

Eine Schwierigkeit von Textinformation liegt auch darin, dass ihre Interpretation und Weiterverarbeitung stärker als bei grafischer oder tabellarischer Information durch sprachliche

343 Vgl. Bissantz et al. 2010, S.450
344 Vgl. Kieninger 1993, S. 90

und kulturelle Besonderheiten beeinflusst ist. Wer sprachlich gewandte Wortspiele nicht versteht oder der Sprache selbst einfach nicht mächtig ist, kann mit Textinformation nichts anfangen und wird sich – notgedrungen - auf die „nackten Zahlen" stützen, welche in dieser Hinsicht weniger Interpretationsschwierigkeiten bieten. Dies kann auch erklären, warum mit zunehmender Internationalisierung von Unternehmen die Bedeutung von verbaler, unstrukturierter Information eher abnimmt.[345] Die „Sprache der Zahlen" scheint universeller verständlich zu sein.

Konkret: Bedeutung von Textinformation in der Berichtspraxis

In der bereits dargestellten Untersuchung von Hirsch et al. lag der Anteil von Textinformation zwischen 0% und 42% der Berichtsinhalte.[346] Die von der WHU Vallendar regelmäßig durchgeführten Befragungen (Controllerpanels) zeigen ein ähnliches Bild: Tabellen sind die wichtigste Darstellungsform, Kommentare werden im Vergleich als deutlich weniger relevant eingestuft.[347]

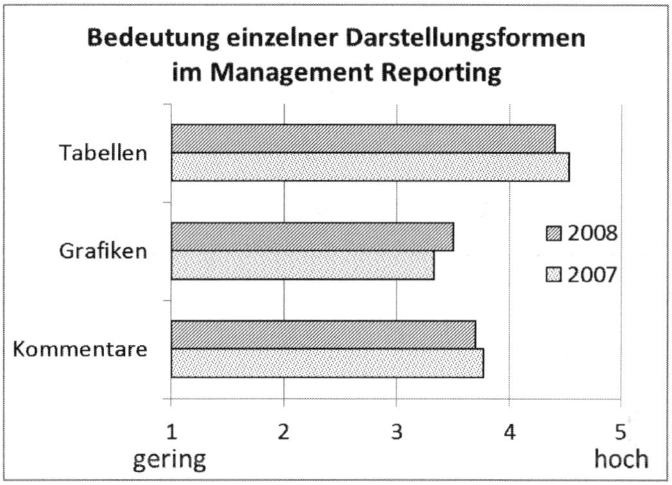

Quelle: eigene Darstellung

Eine hohe Bedeutung hat Textinformation immer dann, wenn sich der Informationsbedarf der Berichtsempfänger überhaupt nicht oder nur sehr schwer durch quantitative Informationsobjekte decken lässt. Dies ist insbesondere in strategischen Berichten der Fall.[348] In ihnen dominiert einmalige, zukunftsorientierte, wenig präzise und oftmals nur qualitativ darstellbare Information. Zu deren Darstellung sind Tabellen und Grafiken wenig geeignet. Aber auch in „zahlenlastigen" Berichten wird Textinformation nötig sein, um Zusammenhänge darzustellen, welche sich aus der Zahleninformation selbst nicht erschließen lassen. Weber et al. empfehlen den Einsatz von Kommentaren zum Beispiel immer dann, wenn

[345] Dies konnte zumindest Kieninger in seiner Untersuchung feststellen (vgl. Kieninger 1993, S. 91).
[346] Vgl. Hirsch et al. 2008, S. 328
[347] Vgl. WHU 2007, S. 26, WHU 2008, S. 23
[348] Vgl. Bloech 1994, S. 197

außergewöhnliche (d.h. nicht regelmäßig auftretende) und gleichzeitig relevante (d.h. mit Auswirkungen auf die Berichtsempfänger verbundene) Ereignisse auftreten und erklärt werden müssen.[349]

Da Textinformation aber tendenziell schwieriger aufzunehmen und zu verarbeiten ist als grafische oder quantitative Information, muss bei der Erstellung von Erklärungen und Kommentaren besonderes Augenmerk auf eine adäquate Gestaltung gelegt werden: Diese beginnt bei der typographischen Gestaltung (Schriftart, Schriftstärke und Schriftgröße), welche eine gute Lesbarkeit erlauben muss[350] und reicht bis zur Verwendung von den Empfängern bekannten Begriffen, einem „guten Stil" und der Verwendung eines lesefreundlichen Layouts.[351]

6.2 IT-Unterstützung im Berichtswesen

In den vorangehenden Abschnitten wurde bereits mehrfach darauf hingewiesen, dass ein modernes Management Reporting zunehmend durch technische Systeme unterstützt und geprägt wird. Auch im Berichtswesen hat die Informationstechnologie ihren Einzug gehalten und ist kaum mehr wegzudenken.[352] In den folgenden Ausführungen soll kurz aufgezeigt werden, welche Formen eine IT-Unterstützung des Berichtswesens annehmen kann und welche Zwecke damit verfolgt werden.

Teilweise wird für die zur Unterstützung der Controllingfunktion eingesetzten IT-Systeme selbst der Begriff „Controllingsystem" benutzt.[353] Derart verstandene Controllingsysteme stellen also eine Teilmenge aller IT-Systeme eines Unternehmens dar. Entsprechend müssten IT-Systeme, welche zur Unterstützung des internen Berichtswesens dienen als „Berichtssysteme" bezeichnet werden. In der Tat findet sich diese Terminologie für eine bestimmte Art von das Berichtswesen unterstützenden IT-Systemen.[354]

Der zunehmende Einsatz von IT-Systemen im Management Reporting lässt sich einfach dadurch erklären, dass dadurch offensichtlich die mit dem Berichtswesen verfolgten Ziele besser erreicht werden können: Der IT-Einsatz im Management Reporting bietet Vorteile, welche sonst nicht realisiert werden könnten (vgl. **Abbildung 6.8**):

---

349 Vgl. Weber/Schaier/Strangfeld 2005, S.40

350 Vgl. Koch 1994, S. 120

351 Vgl. Wirth 2000, S. 81f.

352 In einer aktuellen Untersuchung beurteilten 488 Befragte den Einsatz von Informationssystemen als das wichtigste Zukunftsthema für das Controlling in den nächsten 5 Jahren (vgl. Schäffer/Weber 2012). Diese Einschätzung kann durchaus auch für das Management Reporting als Teilaufgabe des Controlling als realistisch erachtet werden.

353 So etwa Grob/Bensberg 2009, S. 10

354 Vgl. dazu Kapitel 6.2.3.2. Allerdings wird der Begriff auch zur Bezeichnung der Gesamtheit aller in einem Unternehmen vorhandenen Berichte verwendet (vgl. Kapitel 4.2), weshalb auf den Kontext der Begriffsverwendung geachtet werden muss, um Missverständnisse zu vermeiden.

- **Steigerung der Effizienz:** Unter Effizienz kann allgemein „Verschwendungsfreiheit" verstanden werden.[355] Wirtschaftliche werthaltige Ressourcen (deren Nutzung entsprechend Kosten verursacht) sollen nur im absolut notwendigen Ausmaß eingesetzt werden, um ein bestimmtes Ziel zu erreichen bzw. einen bestimmten Output zu generieren. Der Einsatz von IT-Systemen kann zur Effizienzsteigerung des Management Reporting beitragen, wenn dadurch Kosten und/oder Zeit gespart werden kann.
- **Steigerung der Effektivität:** Effektivität bezeichnet die „Zweckmäßigkeit" oder „Zweckdienlichkeit" einer Vorgehensweise oder eines Instruments.[356] Die Effektivität eines Berichts kann gesteigert werden, wenn der Berichtszweck in höherem Grad erfüllt werden kann. Da Berichte immer einen subjektiven Informationsbedarf decken sollen, kann ihre Effektivität primär dadurch gesteigert werden, dass die Berichtsinhalte stärker mit den Informationsbedürfnissen der Berichtsempfänger in Übereinstimmung gebracht werden. Diese Annäherung kann sich in verschiedenen Berichtseigenschaften ausdrücken,[357] so etwa in einer höheren Relevanz, höherer Aktualität, aber auch einer verbesserten Konsistenz oder Nachvollziehbarkeit.

Abbildung 6.8 Ziele einer IT-Unterstützung des Management Reporting

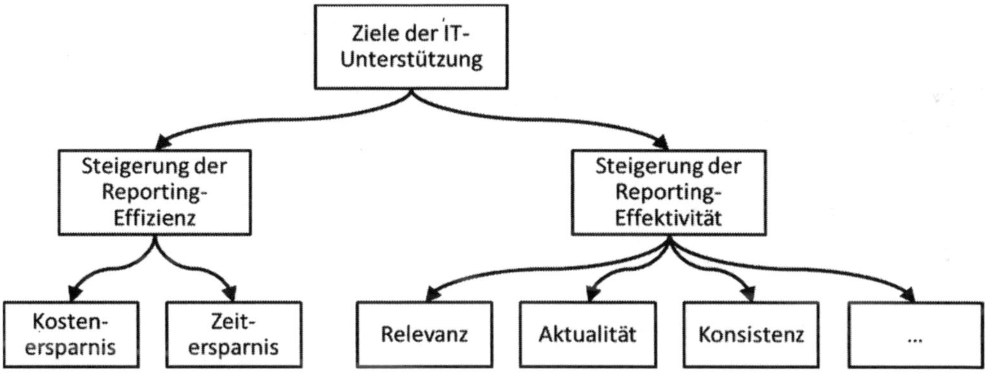

Quelle: eigene Darstellung

Der Einsatz von IT-Systemen kann auf mehrfache Weise helfen, diese Ziele zu erreichen:

- Die durch IT-Einsatz realisierbare **Automatisierung von Abläufen** ist eine wesentliche Maßnahme zur Steigerung der Reporting-Effizienz,[358] vermeidet aber auch Feh-

355 Vgl. Dyckhoff/Ahn 2001, S. 115
356 Ebenda
357 Vgl. dazu auch Kapitel 5.4.
358 Vgl. Weber/Malz/Lührmann 2008, S.49

- lerquellen und Irrtümer (vor allem in der Datensammlung und Datenaufbereitung) und trägt damit auch zu einer gesteigerten Effektivität bei.
- IT-Systeme können zur **Situierung** (d.h. Anpassung an die Entscheidungssituation) **und Individualisierung** (d.h. Anpassung an die persönlichen Präferenzen der Entscheider) **der Berichtsinformation** beitragen.[359] Dadurch können die Berichtsinhalte die Informationsbedürfnisse der Empfänger effektiver abdecken.
- Mit Hilfe von IT-Systemen können **größere Datenmengen verarbeitet und umfassendere Transformationsprozesse** realisiert werden. Einige Berichtsinhalte wären ohne IT-Unterstützung überhaupt nicht generierbar.
- Letztendlich ermöglicht IT-Unterstützung auch eine **größere Vielfalt an Darstellungs- und Übermittlungsformen** der Berichtsinformation. So können Berichte interaktiv und dynamisch gestaltet werden, sodass der Empfänger keine „fertigen“, für ihn unveränderlichen, Berichte erhält, sondern über eine interaktive Darstellungsschnittstelle noch selbst die Darstellungsform, die Detailtiefe und den Umfang der Berichtsinformation an seine jeweiligen Informationsbedürfnisse anpassen kann.

Die Vielfalt der Unterstützungsmöglichkeiten ist damit noch nicht abschließend dargestellt. Im Folgenden soll die IT-Unterstützung des Management Reporting entlang verschiedener Darstellungsdimensionen konkret aufgezeigt werden: zunächst werden die Phasen des Informationsprozesses betrachtet (Kapitel 6.2.1), danach wird auf unterschiedliche Grade der IT-Unterstützung eingegangen (Kapitel 6.2.2). In Kapitel 6.2.3 werden einige ausgewählte konkrete Beispiele einer IT-Unterstützung des Management Reporting dargestellt. Der Abschnitt schließt mit einer kurzen Betrachtung von Wissensmanagementsystemen und ihrem Bezug zum Management Reporting (Kapitel 6.2.4).

6.2.1 IT-Unterstützung in den Informationsprozessphasen

Management Reporting stellt einen Informationsprozess dar, welcher in der engsten Auslegung nur die eigentliche Übermittlung, in weiterer (und hier präferierter) Auslegung aber auch die der Übermittlung vorangehenden Phasen der Informationssuche und Informationsverarbeitung sowie die abschließende Phase der Informationsnutzung umfasst (vgl. Jede Phase kann durch IT-Systeme unterstützt werden, wobei das Ausmaß durchaus unterschiedlich sein kann. In der Tat werden moderne IT-Systeme in manchen Phasen sehr intensiv, während andere Phasen nach wie vor stark von „Handarbeit“ geprägt sind, wie im Folgenden kurz gezeigt werden soll (vgl. **Abbildung 6.9**).[360]

[359] Vgl. Meier 2006

[360] vgl. auch Kapitel 3.1.2.

Abbildung 6.9 IT-Unterstützung im Informationsprozess

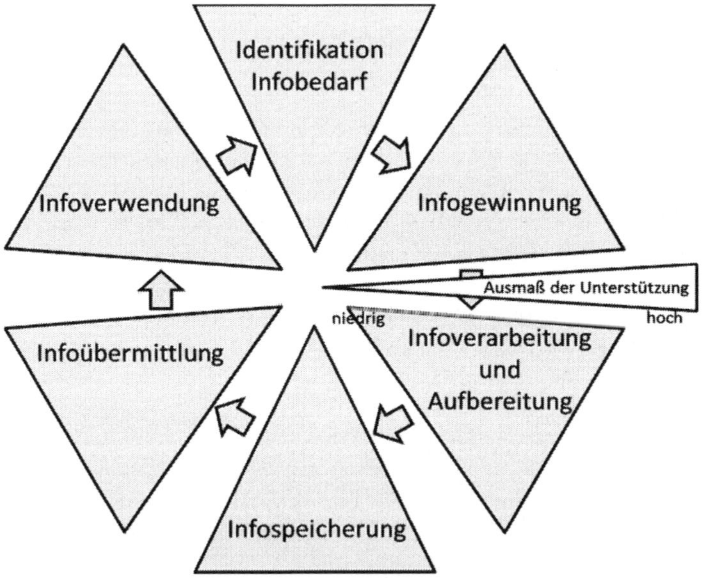

Quelle: eigene Darstellung

Identifikation des Informationsbedarfs

Am Anfang des idealtypischen Informationsprozesses steht das Erkennen eines Informationsbedarfs. Dieser wurde als ein subjektives, durch ein Ereignis oder eine Erkenntnis ausgelöstes Mangelempfinden beschrieben.[361] Dieses Mangelempfinden ist etwas notwendig Subjektives und kann durch kein System und keine technische Routine vollständig ersetzt werden. Da im Management Reporting der Bedürfnisträger (Berichtsempfänger) und der Berichtsersteller aber in aller Regel unterschiedliche Subjekte sind, ergibt sich ein Ansatzpunkt zur IT-Unterstützung zumindest darin, dass der Entscheider seinen subjektiv empfundenen Informationsbedarf mittels IT-Unterstützung an den oder die Berichtsersteller kommunizieren kann. Dafür stehen alle Formen der modernen Kommunikation zur Verfügung, welche aber in keiner Weise spezifisch für den Management Reporting Prozess sind. Im Grunde gilt also weiterhin, dass das Erkennen eines Informationsbedarfs eine ureigene menschliche Leistung darstellt, welche einer technischen Unterstützung kaum zugänglich ist.

[361] Vgl. Kapitel 2.1.3.

Informationsgewinnung

Völlig anders stellt sich die Situation für die folgende Phase der Informationsgewinnung dar, in der das Beschaffen und Sammeln von Information aus unterschiedlichen Informationsquellen im Mittelpunkt steht. Informationssysteme rücken hier in zweierlei Weise in den Fokus:

Zum einen sind sie selbst wichtige Informationsquellen. Sowohl interne IT-Systeme (Kundendatenbanken, Auftragsabwicklungssysteme, umfassende ERP-Systeme, Materialwirtschaftssysteme, etc.) als auch unternehmensexterne IT-Systeme (von verschiedensten Datenbanken bis zur elektronischen Informationswolke im weltweiten Internet) stellen in ihrer Gesamtheit in der Regel die Hauptquellen für die Generierung von Berichtsinformation dar. Die Bedeutung elektronischer Daten nimmt im Vergleich zu anderen Arten von Informationsquellen (z.B. mündliche Gespräche) zumindest was die Informationsmenge betrifft immer mehr zu – was ihre Verarbeitung aber nicht unbedingt völlig problemlos macht (siehe dazu gleich im nächsten Abschnitt).

Zum anderen sind IT-Systeme aber auch „moderne Helfer“ bei der Auffindung und Nutzbarmachung von Informationsquellen: man nutzt IT-Systeme, um die in anderen IT-Systemen „schlummernde“ oder vermutete Information zugänglich und nutzbar zu machen. Auch hier findet sich eine Vielzahl von unterschiedlichen Systemen: Suchmaschinen und Suchroboter als Beispiele für Recherchesysteme[362] durchforsten das Internet, komplexe Data Mining Software hilft beim Auffinden von Zusammenhängen und Datenstrukturen in großen, geordneten Informationsmengen wie sie für Datenbanken typisch sind.[363]

Informationsverarbeitung und -aufbereitung

In der Phase der Informationsverarbeitung und –aufbereitung werden originär vorhandene Informationsobjekte derart transformiert, dass sie die Informationsbedürfnisse der Empfänger befriedigen können. Diese Transformationen können unterschiedliche Formen annehmen,[364] sind aber generell alle für eine Unterstützung mit Hilfe von IT-Systemen geeignet. Die Transformation von quantitativen Einzelinformationen mit Hilfe von mathematischen Operationen stellt das Kerneinsatzgebiet von Tabellenkalkulationsprogrammen dar. Mit ihrer Hilfe können Informationen aggregiert (Summen, Mittelwerte), kombiniert (Varianz- und Abweichungsanalysen), selektiert (Filter) oder erweitert werden (z.B. Fortschreibung von Zeitreihen in die Zukunft).

Ähnlich in der funktionalen Unterstützung, aber für größere, multidimensionale Datenmengen geeigneter sind OLAP-Systeme.[365] Diese erlauben dem Nutzer (hier: dem Ersteller der Berichtsinformation) durch geeignete Datenauswahl- und Datentransformationsrouti-

[362] Vgl. Krcmar 2005, S.498

[363] Vgl. für einen umfassen Überblick über Data Mining Methoden z.B. Petersohn 2005.

[364] Vgl. Kapitel 5.3.1.

[365] Vgl. Gluchowski/Gabriel/Dittmar 2008, S. 143ff., Grob/Bensberg 2009, S. 162ff. Eine OLAP-ähnliche Funktionalität bieten Tabellenkalkulationsprogramme mit Hilfe von Pivot-Tabellen (vgl. dazu auch Kapitel 6.2.3.1).

nen aus einem multidimensionalen Datenwürfel einen individuell gestalteten, auf eine konkrete Fragestellung angepassten Datenausschnitt zu generieren und darzustellen.

Mit Tabellenkalkulationsprogrammen und OLAP-Systemen sind die Möglichkeiten der IT-gestützten Informationsverarbeitung bei weitem nicht abschließend dargestellt. Jedes statistische Softwarepaket, jedes Analyse- und Simulationssystem und jedes Optimierungssystem (z.B. lineare Programmierung) dient der IT-gestützten Verarbeitung und Aufbereitung von Information. Die immense Bandbreite der verfügbaren IT-Lösungen und die teilweise hohen Anforderungen an deren Nutzer machen auch hier zunehmend eine Arbeitsteilung erforderlich. Versteht sich das Controlling auch als primär verantwortlich für die Berichtsinformation, so heißt dies nicht, dass das Controlling auch alle Informationsverarbeitungsprozesse selbst durchführen muss und kann. Diese Aufgabe kann durchaus wieder an verschiedene Fachexperten abgegeben werden, solange sichergestellt ist, dass das Controlling die Ergebnisse adäquat im Bericht zusammenführen kann.

Informationsspeicherung

Die Speicherung und Archivierung von Information kann als eine „Kerndomäne" der IT-Unterstützung gelten. Jede Form der vorübergehenden oder dauerhaften, lokalen oder räumlich verteilten Speicherung von Information ist prinzipiell auch für Berichtsinformation geeignet. Dabei kann grob zwischen zwei verschiedenen Speicherformen unterschieden werden

- Speicherung der vollständig verarbeiteten und aufbereiteten Berichtsinformation. Die Speicherung in diesem Sinne erfüllt demnach eine reine Archivierungs- und Dokumentationsfunktion. Es handelt sich um eine „elektronische Ablage" von Berichten, welche unter Umständen mit einem Berechtigungssystem verknüpft sein kann (um den Zugriff auf die archivierte Berichtsinformation zu regeln). Jede lokale Computerfestplatte (oder ein anderes lokales Speichermedium wie ein USB-Stick) fällt in diese Kategorie. Es kann sich allerdings auch um komplexe Dokumenten- und Inhaltsmanagementsysteme handeln.[366]
- Vorhalten von berichtsrelevanter Information, welche beim Zugriff auf das Speichersystem vom Nutzer individuell selektiert und strukturiert werden kann. Hier steht nicht die Archivierung, sondern die nutzerspezifische Informationszugänglichkeit im Vordergrund. Die Speicherfunktionalität muss hier durch eine Abfrage- und Präsentationsfunktionalität ergänzt werden. Die Spannweite reicht hier von Datenbanksoftware mit relativ einfachen Query-Funktionen (z.B. MS Access) bis zu komplexen Data Warehouse Lösungen, aus denen der Informationsempfänger nach Bedarf die jeweils für ihn relevante Information abrufen kann.[367]

---

366 Vgl. Krcmar 2005, S. 497f.

367 Vgl. Wall 2006, S. 292ff., Gluchowski/Gabriel/Dittmar 2008, S. 117ff.

Informationsübermittlung

In der Phase der Informationsübermittlung steht die Präsentation und Kommunikation der Berichtsinformation im Vordergrund. Auch im Management Reporting haben moderne Formen der elektronischen Kommunikation inzwischen beachtliche Verbreitung gefunden – Berichte werden nicht mehr notwendigerweise in der klassischen Papierform übermittelt, sondern stehen den Empfängern unter Umständen sowohl als Ausdruck als auch in elektronischer Form oder sogar nur mehr elektronisch zur Verfügung.[368]

Die elektronische Verfügbarmachung von Berichtsinhalten kann dabei in sehr unterschiedlicher Form realisiert werden:

- Verteilung mittels Email: Hierbei behalten die Berichte in Format und Layout nach wie vor ihre „Papieranmutung“ und könnten jederzeit ausgedruckt und damit wieder in eine „traditionelle“ Papierform gebracht werden.
- Web-basierte Darstellung: Die Inhalte sind online (z.B. unternehmenseigenes Intranet) verfügbar, bleiben zentral aktualisierbar und in Format und Layout änderbar. Ein Export in seitenbasierte Layouts kann möglich sein (z.B. Abspeichern als pdf-Datei). Die Web-basierte Übermittlung von Berichtsinformation kann auch mittels sogenannter Web-Portale realisiert werden, die über eine einheitliche Nutzerschnittschnittstelle den Zugriff auf unterschiedliche Vorsysteme erlauben, dem Nutzer dabei verschiedene Suchmöglichkeiten zur Verfügung stellen und ihm damit die Möglichkeit bieten, die subjektiv benötigten Informationen jeweils dynamisch zusammenzustellen.[369] Der persönlich erstellte Bericht ist damit nur eine Teilmenge der gesamten verfügbaren Berichtsinformation.
- Eine weitere Möglichkeit stellen dedizierte Berichtssysteme dar, welche anhand von vordefinierten Vorgaben routinemäßig Datenbestände aufbereiten und in Berichtsform zur Verfügung stellen.[370] Auf sie wird weiter unten noch genauer eingegangen.[371]

Informationsverwendung

Berichtsinformation soll das Verhalten der Nutzer beeinflussen, was im Regelfall bedeutet, dass Entscheidungsverhalten betroffen ist. Welcher Art diese Entscheidungen sind und welche inhaltlichen Fragen betroffen sind, ist dabei zunächst völlig offen. Entsprechend weit ist das Feld der Verwendungsmöglichkeiten von Berichtsinformationen und damit auch die Bandbreite an IT-Systemen zur Unterstützung ihrer Verwendung. Hierunter können dedizierte Decision Support Systeme oder Planungs- und Kontrollsysteme ebenso fallen wie CRM-Systeme oder PPS-Systeme (Produktionsplanung und -steuerung). In all

---

368 So berichtet Weber in einer empirischen Untersuchung, dass mehr als die Hälfte der befragten Manager ihre Berichte nur in elektronischer Form erhalten (vgl. Weber 2007, S. 25).
369 Vgl. Gluchowski/Gabriel/Dittmar 2008, S. 216f, Krcmar 2005, S. 86
370 Vgl. Grob/Bensberg 2009, S. 155.
371 Vgl. Kapitel 6.2.3.2.

diesen Systemen kann Berichtsinformation als Input einfließen, um darauf aufbauend Entscheidungen zu beeinflussen und/oder Handlungen auszulösen.

Aus der Beschreibung der Möglichkeiten einer IT-Unterstützung der einzelnen Phasen im Berichtsprozess können zwei wesentliche Kernaussagen hervorgehoben werden:

1. Die allermeisten Formen der IT-Unterstützung sind nicht spezifisch auf das Anwendungsfeld des Management Reporting zugeschnitten. Vielmehr handelt es sich häufig um generische Systeme, welche für eine Vielzahl unterschiedlicher Informations- und Kommunikationsaufgaben im Unternehmen einsetzbar sind – das Management Reporting ist nur eine Möglichkeit der Nutzung dieser Systeme. Eine Ausnahme bilden hier einzig dedizierte Berichtssysteme, deren Funktionalität speziell auf eine Unterstützung des Reporting ausgelegt ist.
2. Der Schwerpunkt einer IT-Unterstützung des Berichtswesens liegt in der Aufbereitung, „Kanalisierung" (Verfügbarmachung) und Archivierung (Speicherung) der Informationen.[372] Die Phasen der Identifikation eines Informationsbedarfs sowie der eigentlichen Informationsverwendung sind hingegen vergleichsweise wenig automatisiert und bleiben „personengeprägte" Prozessphasen. Viele IT-Lösungen sind allerdings nicht auf den Einsatz in einer einzigen Prozessphase beschränkt, sondern können den Prozess des Management Reporting umfassend unterstützen. Es ist zu erwarten, dass sich dieser Trend in Zukunft weiter verstärkt.

6.2.2 Arten der IT-Unterstützung im Management Reporting

Bereits bei der Darstellung von IT-Lösungen für die einzelnen Phasen des Informationsprozesses wurde deutlich, dass die verfügbaren Systeme in Art und Umfang stark verschieden sind, eine unterschiedliche Komplexität aufweisen und deutlich unterschiedliche Funktionsumfänge besitzen. Eine IT-Unterstützung kann durch einfache Tabellenkalkulationsprogramme ebenso erreicht werden wie durch komplexe, umfassende Business Intelligence Lösungen (vgl. **Abbildung 6.10**).

Dabei ist ein zunehmender Funktionsumfang in der Regel auch mit höheren Kosten (sowohl in der Einführung als auch im Betrieb) und mit einer erhöhten Komplexität verbunden. Komplexität entsteht einerseits durch die Menge und die Verschiedenheit der im System speicherbaren und verarbeitbaren Daten und andererseits durch die Anzahl der verfügbaren Systemfunktionen.[373]

---

[372] Vgl. Erbslöh/Heyd 2000, S. 238f.

[373] Wenngleich moderne Tabellenkalkulationsprogramme inzwischen über einen durchaus nennenswerten Vorrat an mathematischen und logischen Operationen verfügen, ist die absolute Datenmenge, die bearbeitbar ist, im Vergleich zu umfassenderen System sehr viel kleiner. Individualisierbare Lösungen sind mit sehr viel manueller Arbeit verbunden und die Automatisierbarkeit ist im Vergleich zu komplexeren Lösungen deutlich eingeschränkt.

Abbildung 6.10 Unterstützungsgrade des Reporting durch IT-Lösungen

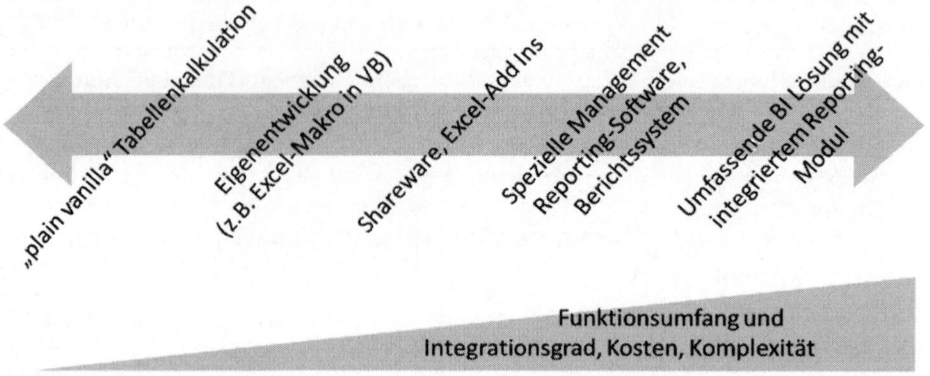

Quelle: eigene Darstellung

Die für den Einsatz im Management Reporting verfügbaren IT-Systeme unterscheiden sich auch darin, welcher Beteiligte am Reportingprozess das System aktiviert (also den Unterstützungsprozess auslöst).[374] In sogenannten „generatoraktiven Systemen" nutzt primär der Ersteller der Berichtsinformation das System. Hier ist zunächst an Berichts- und Meldesysteme zu denken, welche feste oder modifizierbare Berichtsstrukturen und –inhalte zur Verfügung stellen, mit deren Hilfe der Berichtersteller jeweils angepasst Berichte erstellen kann. Solche Berichtssysteme können rein „protokollarische" (d.h. nicht auf bestimmte Fragestellungen bezogene) oder bereits weiter verarbeitete und aufbereitete Information zur Verfügung stellen.[375] Auch Tabellenkalkulationsprogramme (sowie deren Erweiterungen mit Hilfe von Makros) können als solche generatoraktiven IT-Systeme angesehen werden. Die Berichtsinformation wird hier vornehmlich nach dem push-Prinzip erstellt und kommuniziert: das IT-System hilft dem Berichtsersteller dabei, die Information zu generieren und weiterzugeben.

Demgegenüber werden „benutzeraktive Systeme" vornehmlich von den Empfängern der Berichtsinformation genutzt. Auskunfts- und Abfragesysteme, mit deren Hilfe ein Informationsempfänger entweder vorgefertigte Abfragen aufrufen oder jeweils situations- und nutzerspezifisch Informationsinhalte selektieren und darstellen kann, fallen in diese Kategorie. Hier wird die Berichtsinformation nach dem pull-Prinzip generiert: der Nutzer holt sich die Information, wenn und soweit er diese jeweils benötigt. Natürlich setzt dies eine laufende Pflege der verfügbaren Daten und Informationen voraus.

374 Vgl. dazu in etwas unterschiedlicher Begriffsauffassung auch Szyperski 1975, Sp. 1907 und Küpper 2005, S. 173

375 Vgl. Huch 1985, S. 105, Horvath 2009, S. 546

Die Wahl zwischen den vielen unterschiedlichen Arten der IT-Unterstützung im Management Reporting ist häufig mit einem nicht zu vermeidenden trade-off zwischen Anwenderfreundlichkeit und intuitiver Bedienbarkeit einerseits und Flexibilität in der Nutzung andererseits verbunden (vgl. **Abbildung 6.11**).

Abbildung 6.11 Flexibilität versus Anwenderfreundlichkeit von IT-Lösungen im Management Reporting

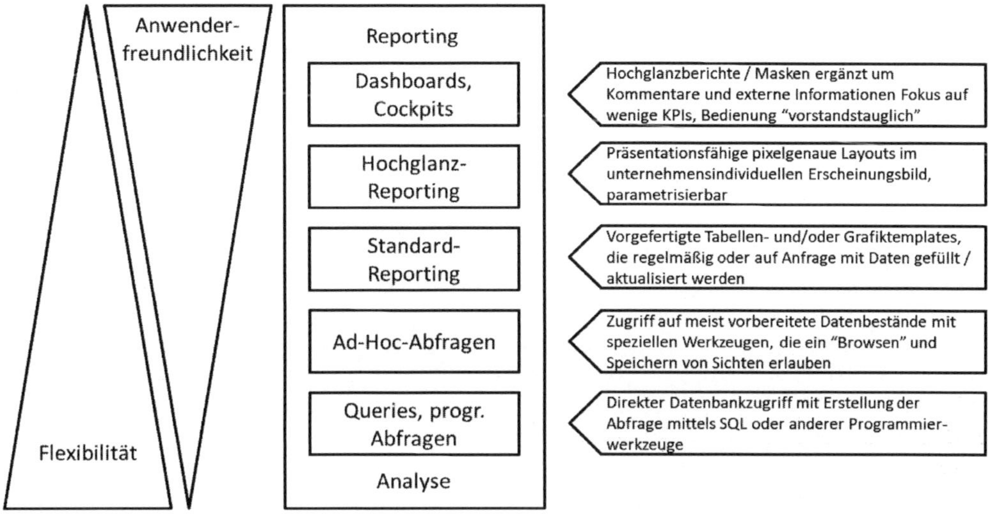

Quelle: in Anlehnung an Heinzelmann 2008; S. 100

Am einen Ende des Kontinuums finden sich Abfrage- und Programmiersprachen. Die Nutzung einer Programmiersprache eröffnet dem damit vertrauten Anwender naturgemäß eine sehr hohe Flexibilität, da er Datenverarbeitungsroutinen und Darstellungsformen von Berichtsinformation frei und nutzungsspezifisch festlegen kann. Verfügt man über ausreichende Kenntnisse, können Abfragen aus Datenbanken „maßgeschneidert" erstellt werden. Solche generischen Programmierwerkzeuge bieten die höchste Nutzungsflexibilität, aber gleichzeitig (zumindest nach Meinung der allermeisten Anwender) auch die geringste Anwenderfreundlichkeit. Nicht jeder ist zum Programmierer geboren!

Am anderen Ende des Kontinuums stehen vorkonfigurierte, „vorstandstauglich" gestaltete Nutzerschnittstellen und Bedienmasken von Datenbank- und Berichtssystemen, welche (fast) ohne Vorkenntnisse bedient werden können, über intuitive Benutzerführungen verfügen und vordefinierte Informationen einfach, schnell und in ansprechender Darstellung zur Verfügung stellen. Allerdings ist es dem Nutzer praktisch nur schwer möglich, aus diesem „goldenen Käfig" auszubrechen und eigene Darstellungsformen oder neue Informationsausschnitte zu definieren. Deren Definition und Implementierung im System ist dann meist mit größerem Aufwand verbunden und setzt wiederum besondere Fachkenntnisse voraus, welche die Informationsempfänger (Entscheider) nicht besitzen.[376]

Kein IT-System kann deshalb das Management Reporting vollständig automatisieren und den Berichtsersteller im klassischen Sinne (also häufig das Controlling) zur Gänze ersetzen. Wenngleich manche Schritte im Berichtsprozess durch IT-Unterstützung deutlich weniger arbeitsintensiv ablaufen, so bleibt der Berichtsersteller als der für das Management Reporting Letztverantwortliche immer ein notwendiger „Intermediate"[377] zwischen Systementwicklern und Datenbankadministratoren einerseits und Führungshandelnden andererseits. Umfang und Art dieser Rolle werden je nach IT-System und Kenntnissen der Berichtsempfänger variieren, sie wird aber bei keiner noch so umfassenden IT-Unterstützung vollständig wegfallen.

6.2.3 Ausgewählte Beispiele einer IT-Unterstützung

Nach dieser überblicksartigen Darstellung unterschiedlicher Formen der IT-Unterstützung im Management Reporting sollen nun einige Beispiele etwas ausführlicher behandelt werden. Die Auswahl soll das breite Spektrum an Möglichkeiten noch einmal veranschaulichen und gleichzeitig die wohl am weitesten verbreiteten Formen darstellen: Tabellenkalkulationsprogramme, dedizierte Berichtssysteme und umfassende Business Intelligence Lösungen.

6.2.3.1 Management Reporting mit Tabellenkalkulationsprogrammen am Beispiel Microsoft Excel

Tabellenkalkulationsprogramme haben sich in den ca. 30 Jahren ihrer Existenz von einfachen Rechenprogrammen zu umfassenden „Allroundern" entwickelt. Der wohl am weitesten verbreitete Vertreter, Microsoft Excel, umfasst in seiner derzeit aktuellsten Version Excel 2010 bereits eine Reihe von Funktionalitäten, welche man vor wenigen Jahren nur in Business Intelligence Systemen erwartet hätte.[378]

Da Tabellenkalkulationsprogramme zu den am häufigsten eingesetzten Anwendungsprogrammen im geschäftlichen Bereich zählen und ihre Beherrschung zum „Handwerkszeug" eines Controllers gehört, liegt es nahe, sie auch für die Unterstützung im Management Reporting einzusetzen. Der Grad der Unterstützung ist dabei in den einzelnen Phasen des Prozesses unterschiedlich – schematisch dargestellt durch die Größe der dunkel schraffierten Flächen in **Abbildung 6.12**.

---

376 Vgl. Pollmann/Rühm 2007, S. 211f

377 Heinzelmann 2008, S. 106

378 So kann Excel 2010 z.B. inzwischen auch auf Servern vorgehaltene OLAP-Datenwürfel aufrufen und auf diese Weise auch umfangreiche Datenbestände für Auswertungen verfügbar machen, welche die Excel-inhärente Zeilenbeschränkung (2^{20} = 1048576 Zeilen) bei weitem übersteigen (vgl. dazu Nelles 2011, S. 403ff.).

Abbildung 6.12 Unterstützungsmöglichkeiten des Management Reporting Prozesses durch Tabellenkalkulationsprogramme am Beispiel von MS Excel 2010

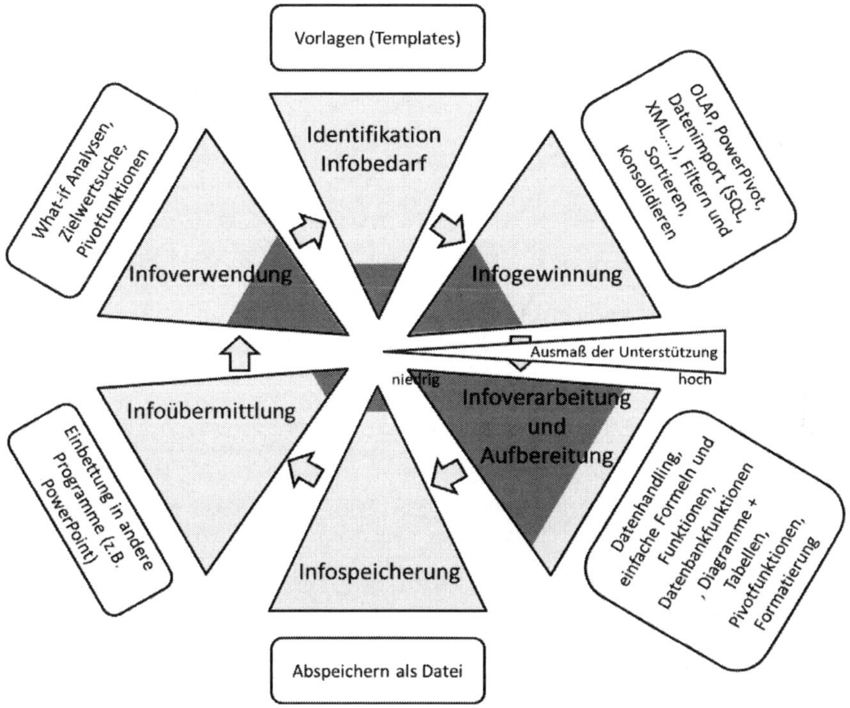

Quelle: eigene Darstellung

- Die Phase der Identifikation des Informationsbedarfs ist nur bedingt automatisierbar. Hier kann die einfache Erstellung und Verteilung von Vorlagen (Templates) zur Erfassung von Inputdaten bzw. zur Abfrage von benötigten Informationen etwas an Unterstützung leisten.

- Die Informationsgewinnung kann dagegen durch Tabellenkalkulationsprogramme sehr gut unterstützt werden. MS Excel bietet hier neben den bereits erwähnten „anspruchsvollen" OLAP-Funktionen auch verschiedene Importfunktionen (XML, SQL, MS Access, etc.) sowie ein umfangreiches Portfolio von Funktionen zur Datenbereinigung und Datenaufbereitung (Filtern, Sortieren, Zusammenfassen, Entfernung von Duplikaten, etc.).

- Die Phase der Informationsverarbeitung und Aufbereitung stellt eindeutig den Kern von Tabellenkalkulationsprogrammen dar. Das Bearbeiten und Analysieren von Daten wird durch eine Vielzahl an mathematischen, statistischen und logischen Funktionen und Algorithmen unterstützt. In der Tat denkt man bei MS Excel zunächst wohl meist an „Rechnen“ im Sinne eines Bearbeitens von numerischen Daten. MS Excel verfügt aber auch über umfangreiche Datenbankfunktionen und vordefinierte Sets an Diagrammen und Tabellen unterschiedlicher Typen (darunter auch die sehr flexiblen Pivot-Tabellen, welche ein dynamisches Reporting ermöglichen).

- Die Speicherung und Übermittlung von Berichtsinformationen wird durch keine Excel-typischen Funktionen unterstützt. Erst wieder in der Phase der Verwendung der Berichtsinformation durch den Empfänger kann MS Excel seine spezifischen Stärken „ausspielen“, indem es dem Nutzer z.B. Funktionen wie Zielwertsuche, What-if-Analysen oder die schon erwähnten Pivot-Tabellen zur flexiblen Anpassung von Berichtslayouts (dynamisches Reporting) zur Verfügung stellt.

6.2.3.2 Berichtssysteme

Als Berichtssysteme bzw. berichtsorientierte Systeme können alle IT-Anwendungen bezeichnet werden, welche die Informationsrecherche und Informationsdarstellung in Form von speziell aufbereiteten Datensichten unterstützen.[379] Diese Berichte können völlig starr sein, weshalb der Nutzer der Systeme sich dann darauf beschränken kann bzw. muss, vordefinierte Berichtsstrukturen mit jeweils aktuellen Inhalten abzurufen. Berichtssysteme können aber auch eine gewisse Flexibilität in der Darstellungsform, der Auswahl der Datensichten sowie der Einbindung von zusätzlichen Informationstransformationen (z.B. individuelle Summenspalten und -zeilen oder Anteilswerte) aufweisen.

Kemper et al. sehen solche Berichtssysteme als eine Teilklasse der umfassenderen Analysesysteme an, unter welche sie auch noch OLAP-Tools, Datenbank-Manipulationssprachen (wie z.B. SQL) und stärker algorithmisch ausgeprägte, modellgestützte Analysesysteme subsumieren.[380] Berichtssysteme sind innerhalb der Analysesysteme typischerweise durch eine hohe Datenintensität, aber eine geringe Methodenkomplexität geprägt: ihr Haupteinsatzgebiet liegt in der standardisierten Verarbeitung und Aufbereitung von großen Datenmengen in wiederkehrenden Zeitintervallen (vgl. **Abbildung 6.13**).

[379] Vgl. Kemper et al. 2010, S. 86

[380] Ebenda, S. 90

Abbildung 6.13 Berichtssysteme und verwandte IT-Lösungen

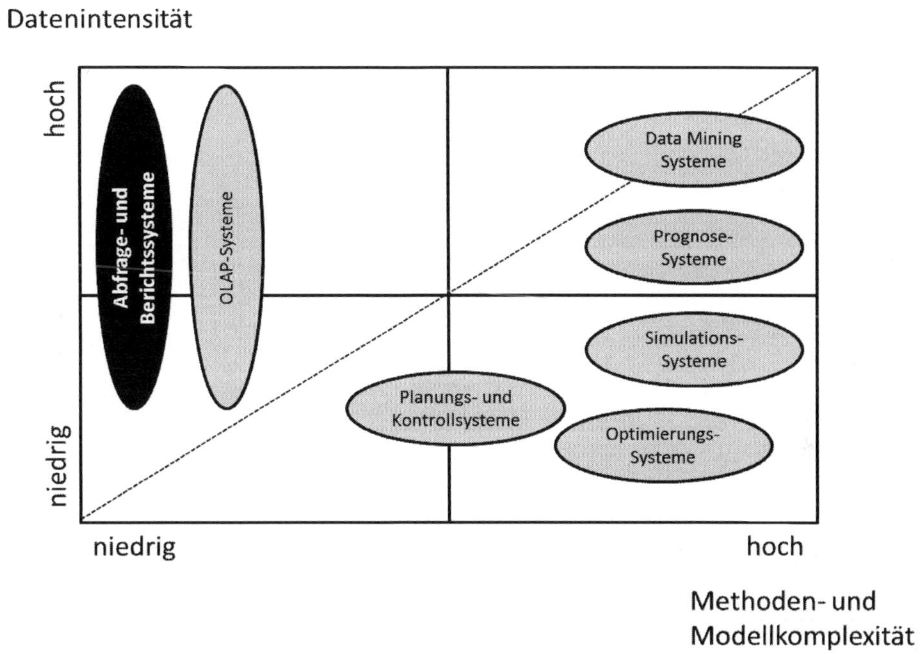

Quelle: in Anlehnung an Grob/Bensberg 2009, S. 145

Zum Umfang von Berichtssystemen gehören typischerweise alle oder eine Teilmenge der folgenden Funktionen:[381]

- Berichtsgestaltung: Möglichkeiten zur Festlegung von Berichtslayout und Berichtsinhalten (Erstellung von Vorlagen und Berichtsschablonen), in modernen Berichtssystemen durch eine benutzerfreundliche Entwurfsumgebung unterstützt, welche die Auswahl der Berichtsinformationen, die Seitengestaltung (z.B. Kopf- und Fußzeilen) sowie die Definition von tabellarischen und grafischen Berichtselementen ermöglicht,[382]
- Berichtserstellung: Ausfüllen definierter Vorlagen mit den jeweils aktuellen Zeitpunkt- und/oder periodenbezogenen Daten (z.B. automatischen Abruf aus Datenbanken über definierte OLAP-Operationen),
- Berichtsverteilung: Weiterleitung der erstellten Berichte an die Informationsnutzer, heute meist über Web-basierte Schnittstellen realisiert (Portale als pull-Lösungen) oder

381 Kemper et al. 2010, S. 125ff.
382 Vgl. Gluchowski et al. 2008, S. 211

durch automatisches Versenden per Email (push-Berichte),

- Berichtsverwaltung: Speicherung und Katalogisierung sowohl der Berichtsschablonen als auch der jeweils erstellten Einzelberichte zur späteren Nutzung.

Ergänzt werden diese Kernfunktionalität noch durch ein Zugriffs- und Rechtemanagement für einzelne Benutzerprofile und -klassen, verschiedene Datenschnittstellen zu Vorsystemen sowie einer Verwaltung von Metadaten (vgl. **Abbildung 6.14**).

Abbildung 6.14 Aufbau von IT-basierten Berichtssystemen

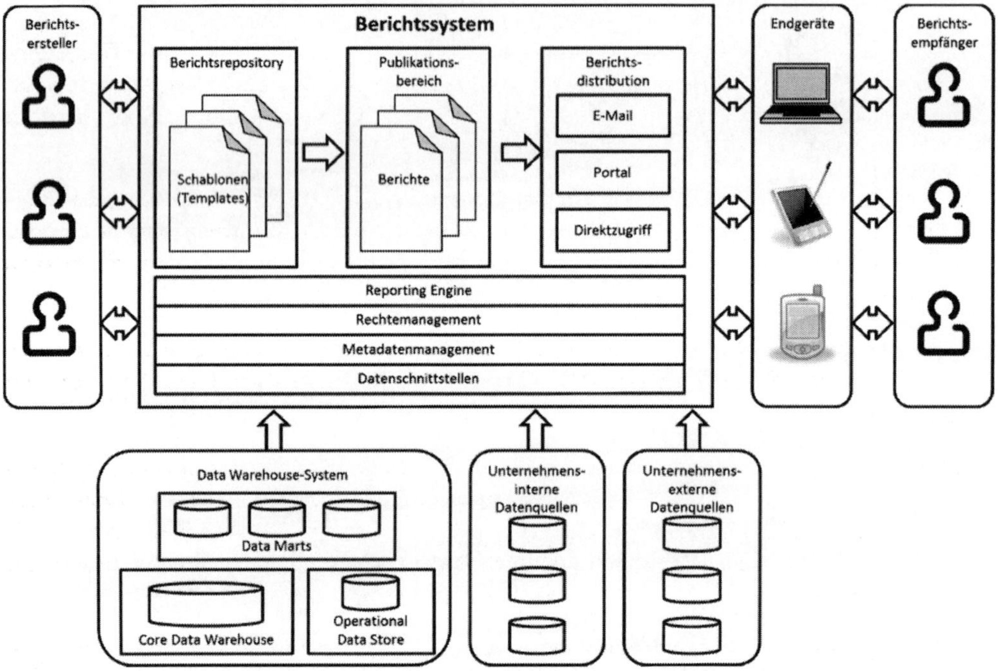

Quelle: in Anlehnung an Grob/Bensberg, 2009, S. 156

Die Erstellung des Berichts kann dabei von den Systemen automatisch, z.B. bei Erreichen eines bestimmten Termins, ausgelöst werden (aktive Berichtssysteme) oder aber durch ein explizites Anstoßen über einen Benutzer erfolgen (passive Berichtssysteme). Neben kommerziellen Produkten sind Berichtssysteme inzwischen auch als open source Software erhältlich, so etwa die Entwicklungsplattform BIRT („Business Intelligence and Reporting Tools") der Eclipse Foundation.[383]

383 Vgl. http://www.eclipse.org/birt/phoenix

6.2.3.3 Business Intelligence Systeme und Management Reporting

Ein noch umfassenderer Ansatz der IT-Unterstützung findet sich unter dem Stichwort "Business Intelligence" in der Literatur als auch in der Praxis wieder. „Intelligence" wird dabei am treffendsten mit ‚"Einsicht" oder „Verständnis" übersetzt,[384] wobei das Objekt dieser Einsicht die im Unternehmen vorhandene bzw. benötigte Information darstellt. Business Intelligence wird damit zu einem anderen (modernen) Begriff für die umfassende Informationsversorgungsaufgabe im Unternehmen.[385]

> **Management Reporting-Enzyklopädie:**
>
> **Business Intelligence**
>
> Mit Business Intelligence wird ein umfassender Ansatz verstanden, der alle IT-Systeme beinhaltet, welche im Unternehmen zur Aufbereitung von operativen Daten und darauf aufbauend zur Ableitung, Speicherung und Präsentation von Information eingesetzt werden.[386]

Die Zielsetzung von Business Intelligence (BI) ist offensichtlich ähnlich zu den zuvor beschriebenen Berichtssystemen. Der Übergang zwischen Berichtssystemen und BI ist wohl auch eher fließend denn völlig trennscharf. Business Intelligence in seinem Anspruch kann aber als noch umfassender angesehen werden als reine Berichtssysteme.

In der Tat spielen Funktionalitäten von Berichtssystemen aber auch in einem Business Intelligence Ordnungsrahmen eine zentrale Rolle. Dessen zentrale Bestandteile sollen hier kurz dargestellt werden (vgl. **Abbildung 6.15**).

1. Die Grundlage bilden Rohdaten aus verschiedenen operativen Vorsystemen (ERP-Systeme, Supply Chain Management Systeme, Customer Relationship Management Systeme, etc.). Jede einzelne Datenquelle besitzt ihre eigene Struktur und Aufbaulogik. Allerdings sind die Daten verschiedener Systeme nicht direkt miteinander vergleichbar oder verarbeitbar.

2. Zur Generierung einer einheitlichen Datenbasis müssen die einzelnen Datenquellen über entsprechende Schnittstellen verbunden werden und ihre Inhalte mittels sogenannter ETL-Werkzeuge (Extraktion, Transformation, Laden) in eine einheitliche Datenquelle überführt werden, welche als Data Warehouse bezeichnet wird.[387] Ein solches Data Warehouse stellt die Datenhaltungs- oder Datenbereitstellungsschicht des BI-Systems dar.

---

384 Vgl. Gluchowski et al. 2008, S. 89

385 Ähnlich auch Kemper/Baars/Horakh 2008, S. 101

386 Vgl. Gluchowski et al. 2008, S. 91

387 Vgl. Kemper/Baars/Horakh 2008, S. 101, Grob/Bensberg 2009, S. 94f.

Management Reporting-Enzyklopädie:

Data Warehouse

Ein Data Warehouse stellt ein von den operativen Datenbeständen getrenntes, logisch zentralisiertes, dispositives Datenhaltungssystem dar, welches eine einheitliche und konsistente Datenbasis für alle Arten von Managementunterstützungs- und Berichtssystemen liefern soll.[388]

Abbildung 6.15 Business Intelligence Ordnungsrahmen

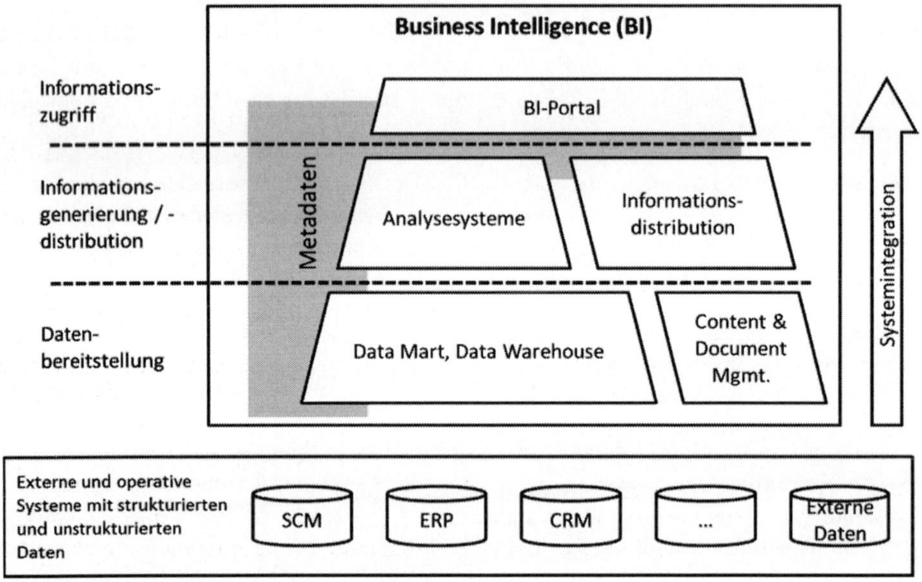

Quelle: Kemper et al. 2010, S. 11

3. Auf der Datenbereitstellungsschicht bauen vielfältige Systeme zur Analyse und Auswertung der Daten auf. Dies können aufgabenspezifische, methodisch stark spezialisierte Systeme sein, aber auch eher generische, für eine Vielzahl an Aufgaben einsetzbare Systeme. Berichtsfunktionalitäten fallen in diese Ebene der Datenanalyse und Datenaufbereitung.

4. Als oberste Schicht sind schließlich Systeme zur Präsentation und Verteilung der Analyseergebnisse zu nennen. Auch hier zeigt sich wieder Funktionalität für das IT-gestützte Reporting, sodass die Unterstützung des internen Berichtswesens sich über al-

388 Vgl. Kemper et al. 2010, S. 19

le Schichten des BI-Ordnungsrahmens zieht, das Konzept des Business Intelligence aber insgesamt mehr umfasst als nur Management Reporting.

Konkret: Einsatz von Berichtssystemen und BI-Technologie im Anwendungsfall MAN[389]

Die MAN Gruppe hat sich im Jahr 2005 entschlossen, das Management Reporting und das externe Berichtswesen zu vereinheitlichen und dabei gleichzeitig die zu Grunde liegende Systemlandschaft zu vereinheitlichen. MAN entschied sich für eine Lösung auf Basis des Systems SAP SEM-BCS (Strategic Enterprise Management - Business Consolidation System) der SAP AG. Diese Software-Suite verfügt über umfangreiche Funktionalitäten und Schnittstellen zu den anderen SAP-Komponenten. Ein unternehmensspezifisch angepasstes Reporting stellt dabei nur ein Teil der Funktionalität dar.

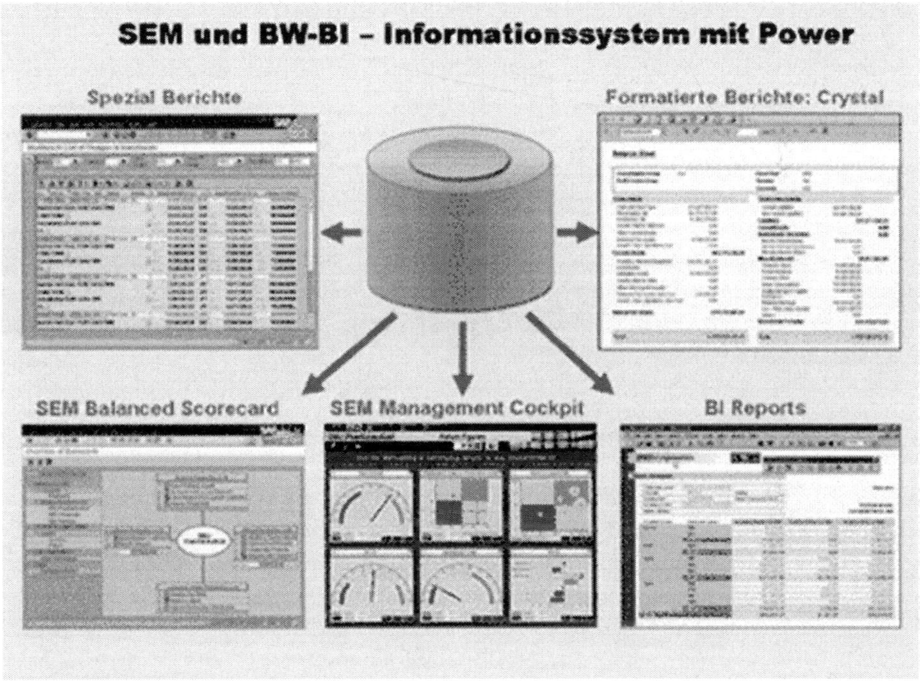

Quelle: Cundus[390]

Für MAN bedeutete dies, dass man die eigenen komplexen Anforderungen an ein integriertes internes und externes Reporting, die Abbildung der komplexen Berichtsstrukturen innerhalb der MAN Gruppe sowie die Vorschriften der legalen Berichterstattung in einzelnen Ländern umfassend in die Lösung integrieren konnte.

Das neue System ermöglichte auch eine einheitliche Datenbasis und die Verwendung

389 Vgl. Krey 2007
390 http://www.cundus.com/de-de/technologie/sap/sap-sem-bcs/

von identischen Systemeinstellungen für Konsolidierungen oder Umrechnungsoperationen. Durch eine enge Verzahnung von internem und externem Rechnungswesen in einem einzigen System konnten Termine und Prozesse aufeinander abgestimmt und Redundanzen vermieden werden. Das System erlaubte des Weiteren die Erstellung und Ablage von vielfältigen Berichtsarten. MAN unterscheidet z.B. zwischen „Arbeitsberichten“ (von den Erstellern vornehmlich für Kontroll- und Analysezwecke erstellt) und „Präsentationsberichten“ (als Vorlage für Entscheidungsträger erstellt).

Der Einsatz eines umfassenden BI-Systems ermöglichte demnach Optimierungen in unterschiedlichen Bereichen. Allerdings war dies nicht ohne proprietäre Zusatzentwicklungen möglich, was die ohnedies bereits gegebene Systemkomplexität weiter erhöhte. Die Einführung setzte umfangreiche Schulungsmaßnahmen und einen mehrmonatigen Parallelbetrieb der alten und der neuen Lösung voraus. Die Einführung einer solch umfassenden Unterstützungslösung erfordert allgemein einen hohen Ressourceneinsatz, den viele kleinere Unternehmen meist nur schwer leisten können oder wollen. So zeigt auch das – nach eigener Aussage positiv verlaufene – Praxisbeispiel MAN vor allem, dass eine umfassende IT-Unterstützung des Reporting zwar großes Potential bietet, aber weder einfach noch billig ist. In der Praxis erweist sich zudem oft „der Faktor Mensch“ als das eigentliche Problem: mangelnde Systemnutzung, unzureichende Schulung oder fehlende Motivation können größere Probleme für den erfolgreichen Einsatz von IT-Systemen sein als mangelndes Budget oder technische Probleme – was sich im griffigen Ausdruck zusammenfassen lässt: die Umsetzungs- und Nutzungsprobleme neuer IT-Systeme sind zu 10% den Finanzen geschuldet, zu 20% der Software, zu 30% der Betriebswirtschaft und zu 40% der Psychologie…[391]

6.2.4 Wissensmanagementsysteme - „Reporting reloaded“?

Weiter oben wurde bereits der Zusammenhang zwischen Information einerseits und Wissen andererseits aufgezeigt.[392] Information stellt denjenigen Teil der Wissensbasis eines Individuums dar, welchen das Individuum in einer konkreten Situation benötigt. Das individuell verfügbare Wissen kann situationsspezifisch zu zweckorientierter Information werden. Die Wissensbasis wird damit zur Quelle von weiterer Information: wer mehr weiß, hat größere Chancen, auch über die jeweils benötigte Information zu verfügen.

In jüngerer Zeit wird deshalb dem Thema „Management von Wissen“ in Unternehmen verstärkte Aufmerksamkeit zuteil. Probst et al. verstehen unter Wissensmanagement „… ein integriertes Interventionskonzept, das sich mit den Möglichkeiten der Gestaltung der organisationalen Wissensbasis befasst.“[393] Diese Gestaltung kann auf organisationskultureller (Rahmenbedingungen), strategischer (Infrastruktur) und operativer Ebene stattfinden.[394]

391 Vgl. Klinken/Paulußen/Woitalla 1999, S. 459
392 Vgl. Kapitel 2.1.1
393 Probst et al. 1999, S. 47
394 Vgl. Waniczek 2002, S. 87

Die Gestaltung organisatorischen Wissens hat offensichtlich auch einen Bezug zum Management Reporting – und vice versa. Stellt das nach wie vor eher junge Konzept des Wissensmanagements dann die nächste Entwicklungsstufe des Management Reporting dar? Schließlich gilt: Wer alles weiß, benötigt keine neue Information mehr. Kann Wissensmanagement das Management Reporting in seiner bisher dargestellten Form ersetzen oder obsolet werden lassen?

Dazu soll auf eine von Nonaka und Takeuchi eingeführte Kategorisierung von Wissen zurückgegriffen werden.[395] Sie unterscheiden zwischen „tacit knowledge" und „explicit knowledge". Tacit knowledge wird durch Erfahrung erworben und ist nur indirekt vermittelbar. Dieses personengebundene Wissen ist schlecht formalisierbar, es stellt vielmehr die „mentalen Modelle" dar, mit deren Hilfe Personen die Welt interpretieren und meistern. Explicit knowledge ist dagegen formalisierbar und kann in systematischer Sprache ausgedrückt und kodifiziert werden. Es kann deshalb auch mit Hilfe von technischen Medien gespeichert und kommuniziert werden.

Nonaka und Takeuchi argumentieren, dass die beiden Formen von Wissen einander bedingen und dass die Generierung und Weitergabe von Wissen durch eine Umwandlung von einer Wissensform in entweder die gleiche oder eine andere Wissensform geschieht. Daraus ergeben sich vier Arten der Wissensumwandlung:

- **Sozialisation:** tacit knowledge wird in tacit knowledge umgewandelt. Dies geschieht z.B., indem ein Neuling von einem Erfahrenen bestimmte Verhaltensweisen durch Beobachtung oder Nachahmung erlernt. Im Betrieb erfolgt dies z.B. durch den Einsatz von Mentoren oder in Trainee-Programmen.
- **Explikation:** tacit knowledge wird in explicit knowledge umgewandelt. Durch den Einsatz von Analogien oder Metaphern und durch das verbale Ausformulieren von Hypothesen und Begriffsmodellen kann versucht werden, tazites Wissen zu explizieren und damit der kritischen Reflexion anderer zugänglich zu machen.
- **Internalisierung:** explicit knowledge wird in tacit knowledge umgewandelt. Dies geschieht immer dann, wenn zunächst formal vermitteltes Wissen „verinnerlicht" und damit Teil der mentalen Modelle des Nutzers werden.
- **Kombination:** explicit knowledge wird in explicit knowledge umgewandelt. Formalisierte Kommunikation wie der Austausch von Dokumenten oder die gemeinsame Nutzung von Informations- und Kommunikationssystemen fallen unter diese Kategorie.

Wissensmanagement hat zum Ziel, diese Formen des Wissenserwerbs und der Wissensweitergabe im Unternehmen zu steuern und durch unterstützende Systeme zu fördern. Hier zeigt sich der Bezug zu Management Reporting und dessen Unterstützung durch IT-Systeme. In der Kategorisierung von Nonaka und Takeuchi stellt das Management Reporting primär eine Form der Kombination von Wissen dar: explizites Wissen wird vermittelt, um bei den Empfängern wiederum explizites Wissen zu generieren. Daraus kann sich auch

---

[395] Vgl. Nonaka/Takeuchi 1995

eine Internalisierung ergeben, doch steht dies nicht im Zentrum. Alle Arten von IT-Systemen zur Unterstützung des Management Reporting können deshalb auch als eine Teilklasse der Systeme des umfassenderen Wissensmanagements gesehen werden. Zu dieser können darüber hinaus noch viele andere Systeme gezählt werden, welche die „weichen“ Aufgaben des Wissenserwerbs, der Wissensorganisation und der Wissensspeicherung in der Organisation unterstützen – so etwa Dokumentenmanagementsysteme, Expertenverzeichnisse, Recherchesysteme, Verzeichnisdienste, etc.[396]

Systeme zum Wissensmanagement sind also kein Ersatz für Management Reporting Systeme. Vielmehr stellen letztere einen Teil der umfassenderen Systeminfrastruktur des organisationalen Wissensmanagements dar. Wissensmanagement als Aufgabe ist auch nicht „die nächste Generation des Berichtswesens“, sondern ein umfassenderer konzeptioneller Rahmen, innerhalb dessen auch das interne Berichtswesen seinen festen, notwendigen Platz einnimmt. Organisationales Wissensmanagement wird das Management Reporting nicht verdrängen oder überflüssig machen, sondern es nur in einen breiteren Kontext einordnen und durch weitere IT-Systeme flankieren. Es mag für die eine Verheißung, für andere eine Drohung sein: Management Reporting wird weiterhin eine Kernaufgabe in jedem Unternehmen darstellen.

6.3 Störungen im Berichtswesen

Bereits mehrfach wurde betont, dass es das „perfekte“ interne Berichtswesen nicht geben kann: zu unterschiedlich sind die zu befriedigenden Informationsbedürfnisse der einzelnen Empfänger, zu komplex sind die dahinterstehenden Probleme, zu umfangreich die prinzipiell verfügbaren Datenquellen, zu beschränkt die verfügbaren Ressourcen.

Ein wesentlicher Störfaktor des Berichtswesens wurde bisher allerdings nicht angesprochen: der Mensch. Er steht im Mittelpunkt der folgenden Ausführungen. Dazu wird zunächst beschrieben, warum die beteiligten Personen überhaupt eine Quelle für Störungen im Berichtswesen darstellen (Kapitel 6.3.1), in welchen „Symptomen“ sich diese Störungen im Reportingprozess äußern können (Kapitel 6.3.2), welche verhaltenspsychologischen Ursachen dahinter stehen (Kapitel 6.3.3) und welche prinzipiellen Möglichkeiten zur Minderung (wenn auch nicht Vermeidung) der Störungen vorstellbar sind (Kapitel 6.3.4).

6.3.1 Der Mensch als Störquelle im Reportingprozess

Die Wirtschaftswissenschaften sind nach wie vor stark vom Menschenbild des „homo oeconomicus“ geprägt. Der homo oeconomicus als „wirtschaftlich handelndes Individuum“ ist vor allem durch die folgenden Merkmale gekennzeichnet:[397]

---

396 Vgl. Böhmann/Krcmar 2002

397 Vgl. Gabler Wirtschaftslexikon 2004, S. 1406

- uneingeschränkt rationales (d.h. zweckorientiertes) Verhalten,
- unbedingtes Streben nach Maximierung des eigenen Nutzens,
- lückenlose Informiertheit.

Die normative Entscheidungstheorie postuliert einen solcherart vollkommen rationalen Akteur und leitet daraus Empfehlungen für optimale (im Sinne von unter den gegebenen Rahmenbedingungen maximal zur Zielerreichung beitragende) Entscheidungen und Handlungen ab.[398] Jedermann weiß allerdings aus Erfahrung, dass Menschen sich keineswegs immer und überall vollkommen zweckrational und nutzenmaximierend verhalten. Auch ist vollkommene Information in der Realität praktisch nie gegeben. Das Konstrukt des homo oeconomicus stellt deshalb weniger ein Abbild der Realität als vielmehr ein theoretisches Konstrukt dar, auf dessen Grundlage sich Modellaussagen über menschliche Reaktionen auf bestimmte ökonomische Reize ableiten lassen.[399]

Deshalb beschäftigt sich die deskriptive Entscheidungstheorie als weiterer Zweig der Betriebswirtschaftslehre mit der Beschreibung und Erklärung des in der Realität vorzufindenden Verhaltens von Entscheidungsträgern. Sie geht von weniger strengen Annahmen aus, insbesondere unterstellt sie keine vollkommen informierten und uneingeschränkt rationalen Akteure. Während der normative Ansatz geeignet ist, um entscheidungslogisch fundierte Ratschläge zu geben, eignet sich der deskriptive Ansatz besser, um Prognosen über tatsächlich zu erwartendes Verhalten zu treffen.[400]

Auch im Management Reporting zeigt sich die begrenzte Aussagekraft eines streng am Bild des homo oeconomicus orientierten Ansatzes: Menschen besitzen nie vollkommene Information (dann wäre ein Management Reporting wohl auch nicht mehr nötig) und verhalten sich keineswegs immer zweckrational – sei es, weil sie Information falsch interpretieren oder Information überhaupt nicht wahrnehmen. Es entsteht eine „Rationalitätslücke" – interpretiert als die Differenz zwischen dem normativ postulierten theoretischen Entscheidungsoptimum und dem empirisch-deskriptiv vorgefundenen Verhalten.

Solche Differenzen sind auch im Prozess des Management Reporting typisch und unvermeidbar. Ob und inwieweit das Management Reporting seinen Zweck erfüllen kann, ist deshalb vor allem von den Eigenschaften und dem Verhalten der beteiligten Akteure abhängig. Das Verhalten der für wirtschaftliche Handlungen verantwortlichen Akteure, die nicht dem Bild des homo oeconomicus entsprechen, stellt die verhaltenstheoretische Betriebswirtschaftslehre in den Mittelpunkt ihrer Untersuchungen.[401] Durch eine konsequente Beachtung und Einbeziehung von verhaltenstheoretischen Überlegungen will sie mit der beobachtbaren Realität besser übereinstimmende Aussagen über die Bestimmungsfaktoren und die Wirkungen des wirtschaftlichen Handelns von Akteuren generieren. Eine solche verhaltensorientierte Sichtweise kann auch bei der Beantwortung der hier im Fokus ste-

[398] Vgl. Lang 2009, S. 163f.
[399] Vgl. Stefani 2008, S. 12
[400] Vgl. Langer/Rogowski 2009, S. 180
[401] Vgl. Gabler Wirtschaftslexikon 2006, S. 3124

henden Frage helfen, wie ein Management Reporting seine Grundaufgabe erfüllen kann – nämlich das Verhalten wirtschaftlicher Entscheidungsträger zielgerichtet zu beeinflussen. Dabei kann inzwischen auf eine große Zahl von Untersuchungen und Ergebnissen von Laborexperimenten zurückgegriffen werden, in deren Zentrum die Frage nach dem Verhalten menschlicher Akteure in unterschiedlichsten wirtschaftlichen Situationen steht.

Konkret: Experimentelle Untersuchungen des wirtschaftlichen Verhaltens menschlicher Akteure

Will man das Verhalten von Menschen untersuchen, so sind die erzielbaren Ergebnisse stark davon abhängig, *welche* Menschen man zu seinem Untersuchungsobjekt macht. Forscher, welche einen verhaltensorientierten Ansatz in den Wirtschaftswissenschaften verfolgen, müssen deshalb auf die Auswahl ihrer Untersuchungsobjekte großen Wert legen.

Allerdings zeigt sich, dass viele Wissenschaftler hier offenbar einen bequemen Weg gehen. Bei ihrer Auswertung von experimentellen Untersuchungen, die zwischen 1995 und 2002 in führenden englischsprachigen Accounting-Zeitschriften publiziert wurden, stellten Kotchetova und Salterio fest, dass über 40% aller Studien mit Studierenden als Probanden durchgeführt wurde. Manager aus Unternehmen stellten nur in ca. 8% aller Studien (22 von 264 untersuchten Studien) die Untersuchungsteilnehmer![402] Ob sich Studierende immer und überall als Stellvertreter für das Verhalten von Managern eignen, kann auch bezweifelt werden.

Die meisten Experimente und Untersuchungen beziehen sich nicht unmittelbar auf das Berichtswesen. Allerdings stehen Prozesse der Informationssuche, Informationsverarbeitung und –weitergabe sowie der Informationsnutzung im Zentrum vieler untersuchter wirtschaftlicher Handlungen und Entscheidungen. Somit bieten die im Folgenden dargestellten Phänomene und Erkenntnisse einen reichen Schatz an „Bedenkenswertem“ auch für den Einsatz im Management Reporting.

6.3.2 Mögliche Störstellen im Berichtswesen

Wenn im Folgenden von Störungen im Management Reporting gesprochen wird, dann sollen nur solche Störungen betrachtet werden, welche durch die beteiligten Akteure selbst bzw. durch die Interaktion zwischen den Akteuren verursacht werden. Als Störung wird also nur angesehen, was sich durch die Differenz zwischen normativ postuliertem und empirisch vorfindbarem Verhalten erklären lässt. Störungen rein technischer Natur (z.B. ein Computerabsturz) werden hier ausgeklammert.

---

402 Vgl. Kotchetova/Salterio 2004, S. 552

Management Reporting-Enzyklopädie:

Störungen des Berichtswesens

Als Störungen des Berichtswesens können alle Effekte personeller und/oder organisatorischer Natur bezeichnet werden, welche ihre Ursache im menschlichen Informationsverhalten haben und als Ergebnis die Erreichung der Berichtszwecke beeinträchtigen oder sogar gänzlich verhindern.

Nachdem der Mensch im gesamten Management Reporting-Prozess beteiligt ist, kann es in jeder Phase dieses Prozesses zu Störungen kommen. Die Art der Störung kann sich wiederum auf unterschiedlichen semiotischen Ebenen bemerkbar machen und zu unterschiedlichen Störeffekten führen (vgl. **Abbildung 6.16**). Die wichtigsten dabei auftretenden Effekte sollen hier zunächst überblicksartig vorgestellt werden:[403]

- Syntaktische Störungen: Sie können in unterschiedlichen Phasen des Reportingprozesses auftreten und erscheinen immer dann, wenn die Signal- bzw. Zeichenketten nicht fehlerfrei zwischen dem Berichtsersteller und dem Berichtsempfänger übermittelt werden: Der Berichtsersteller macht Schreibfehler in seinen Kommentaren oder setzt das Komma bei Zahlenangaben irrtümlich an der falschen Stelle, er spricht undeutlich oder zu leise, etc. Ebenso kann die syntaktische Störung beim Empfänger auftreten, da dieser durch Hintergrundgeräusche das Gesprochene nicht versteht, durch einen Kaffeefleck auf dem Bericht die Legende zur Grafik nicht mehr entziffern kann, einen Flüchtigkeitsfehler beim Lesen macht, etc.
- Semantische Störungen: Sie treten immer dann auf, wenn das inhaltliche Verstehen der Berichtsinformation beeinträchtigt ist.[404] Übermittelte Inhalte werden zwar korrekt aufgenommen, aber falsch gedeutet oder interpretiert. Fehlende oder missverständliche Definitionen begünstigen natürlich derartige Störungen.
- Pragmatische Störungen: sie bezeichnen Situationen, in denen die Berichtsinformation nicht das intendierte Verhalten auslösen und damit ihre Zweckbestimmung verfehlen.[405] Ursachen solcher Störungen können sowohl beim Berichtsersteller als auch beim Berichtsempfänger liegen: Der Ersteller schätzt den Informationsbedarf der Empfängers falsch ein und liefert unpassende Daten, der Empfänger misstraut dem Ersteller oder den Berichtsinhalten und stützt seine Entscheidung auf andere Quellen, fühlt sich von den Berichtsinhalten in seiner persönlichen Leistung herabgesetzt und lehnt eine Beschäftigung ab, erkennt nicht den Nutzen der Berichtsinformation für die anstehende Entscheidung und ignoriert die Berichtsinhalte deshalb, etc.

---

403 Vgl. dazu Koch 1994, S. 88ff.
404 Vgl. Küpper 2005, S. 181
405 Vgl. dazu ausführlich Koch 1994, S. 94ff.

Abbildung 6.16 Mögliche Störungsstellen im Berichtsprozess

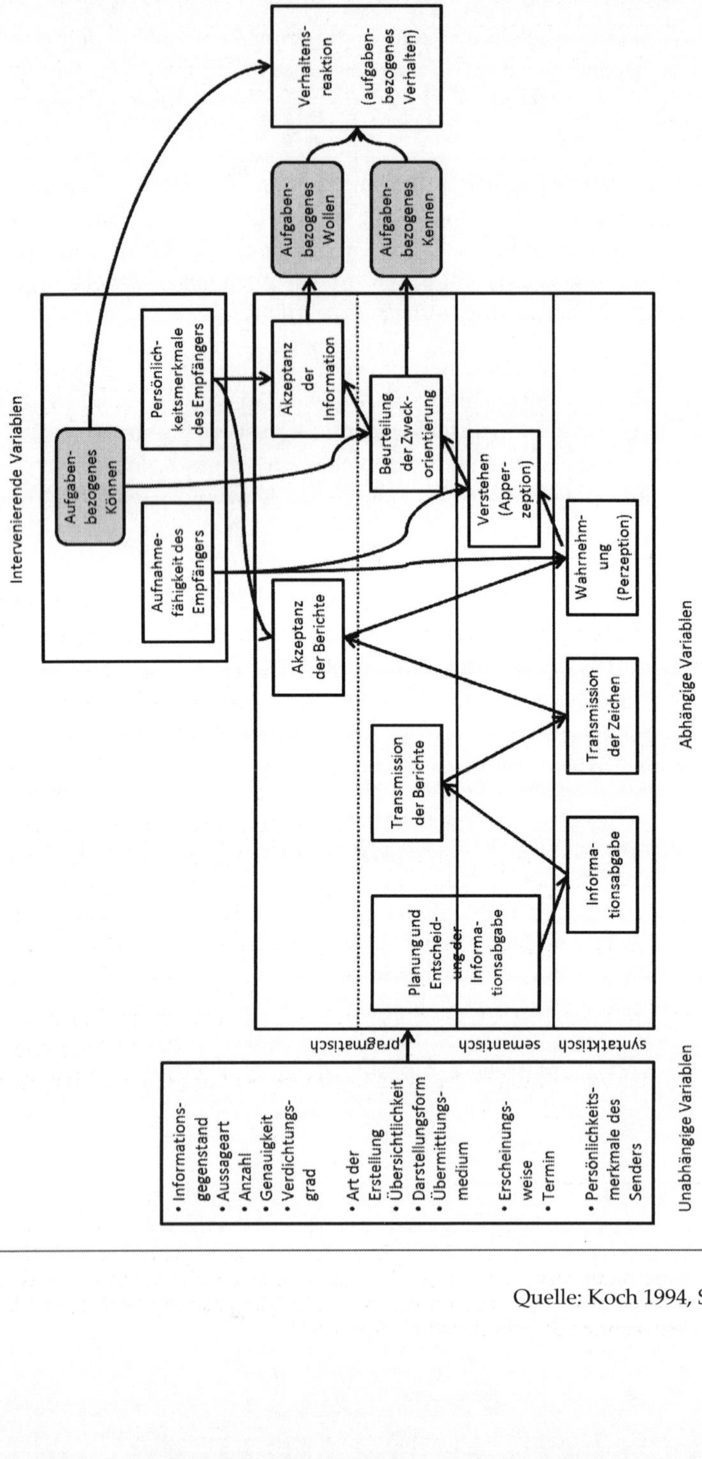

Quelle: Koch 1994, S. 99 und S. 109

Die hier genannten Beispiele für Störungen stellen keineswegs eine vollständige Aufzählung dar. Fehler, Missverständnisse und Fehlinterpretationen sind selbst aber nur „Symptome“: Die inhärente Fehlerbehaftetheit sowohl der Erstellung als auch der Aufnahme und Nutzung von Berichtsinformation durch Menschen hat ihre Ursache in der grundsätzlichen **kognitiven Beschränktheit der Individuen**. Diese führt dazu, dass Menschen eben nicht wie ein homo oeconomicus perfekte Informationsverarbeiter sind, sondern vielmehr mit Heuristiken arbeiten.

Management Reporting-Enzyklopädie:

Heuristik

Als Heuristik kann jedes Problemlösungs- oder Entscheidungsverfahren bezeichnet werden, welches nicht die objektiv optimale Lösung, sondern nur eine subjektiv akzeptable („gut genug“) Lösung anstrebt. Heuristiken werden (meist unbewusst) von Individuen eingesetzt, um komplexe Probleme mit begrenzten kognitiven Kapazitäten in begrenzter Zeit zu lösen. Heuristiken treten auch im Management Reporting-Prozess auf.

6.3.3 Verhaltenspsychologische Ursachen für Störungen im Management Reporting

Die bisherigen Ausführungen haben gezeigt, dass der Mensch eine wesentliche „Störgröße“ im Prozess des Management Reporting darstellt und dass diese Störungen auf unterschiedlichen semiotischen Ebenen und in praktisch allen Phasen des Informationsprozesses auftreten können.[406] Als basale Ursache wurde die beschränkte Rationalität der Handelnden identifiziert und der damit einhergehende Einsatz von Heuristiken. Nunmehr gilt es genauer darzustellen, welche verhaltenspsychologischen Phänomene im Einzelnen sich hinter den verschiedenen Störungen verbergen. Dabei kann hier weder eine ausführliche psychologische Darstellung der einzelnen Heuristiken und Störungen gegeben werden, noch eine auf Vollständigkeit zielende Auflistung erfolgen. Vielmehr sollen die für das Management Reporting wesentlichsten Phänomene dargestellt und in ihren Wirkungen für das Berichtswesen beschrieben werden. Die Strukturierung der Darstellung erfolgt dabei zum einen entlang der Phasen des Informationsprozesses und zum anderen getrennt nach den beteiligten Akteuren (vgl. **Abbildung 6.17**). Dabei ist zu beachten, dass einzelne Heuristiken in verschiedenen Phasen des Berichtsprozesses relevant werden und sowohl beim Berichtsersteller als auch beim Berichtsempfänger auftreten. Die Phänomene werden dann nur einmal detaillierter erläutert. In allen weiteren Kategorien werden nur ergänzende Besonderheiten dargestellt.

---

406 Im Englischen wird dabei meist von „Biases“ gesprochen, was mit „Verzerrung“ oder „Abweichung“ übersetzt werden kann. Die Erforschung solcher Biases geht vornehmlich auf die Arbeiten von Tversky und Kahneman zurück (vgl. Tversky/Kahneman 1974). Daneben finden sich in der Literatur auch die Begriffe „Informationspathologie“ (vgl. Willensky 1967, Sorg 1982, Scholl 1992) oder „Verhaltensanomalie“ (Hirsch 2007a, Hirsch 2008).

Abbildung 6.17 Heuristiken und Störungen im Management Reporting

	Identifikation Infobedarf	Identifikation Infoquelle	Infogewinnung	Infoverarbeitung und Aufbereitung	Infospeicherung	Infoübermittlung	Infoverwendung
Berichtsersteller	• Betriebsblindheit • Overconfidence	• Availability bias	• Small sample fallacy • Confirmation bias • Availability bias	• Verankerungsheuristik • Konjunktionsfehler • Validity effect • Availability bias		• Framing Effekt • Information overload	• Labelling Effekt
Interaktion Ersteller–Empfänger	• Beziehung und Rollen • Halo-Effekt • Gruppendenken	• Halo-Effekt				• Beziehung und Rollen	• Beziehung und Rollen • Halo-Effekt
Berichtsempfänger	• Betriebsblindheit • Kontrollillusion • Confirmation bias • Overconfidence				• Availability bias		• Rückschaufehler • Small sample fallacy • Verankerungsheuristik • Confirmation bias • Validity effect • Availability bias

Quelle: eigene Darstellung

6.3.3.1 Heuristiken und Verzerrungen in der Phase „Identifikation des Informationsbedarfs"

Diese Phase zeitigt ein theoretisch optimales (und bei Aufrechthaltung der homo oeconomicus Annahme eben auch zu erwartendes) Ergebnis, wenn sich das festgestellte subjektive Informationsbedürfnis des Empfängers vollständig mit dem objektiven Informationsbedarf deckt. Die Identifikation des subjektiven Informationsbedürfnisses des Berichtsempfängers kann in der Praxis sowohl als „push" (Empfänger artikuliert seine Wünsche) als auch als „pull" Prozess erfolgen (Berichtsersteller leitet den Bedarf aus Erfahrung oder anderen Indikatoren ab). Deshalb können in dieser Phase Störungen und Verzerrungen sowohl auf Empfänger- als auch auf Erstellerseite den Prozess beeinträchtigen.

Betriebsblindheit

Unter „Betriebsblindheit" wird das oftmals anzutreffende Phänomen verstanden, dass Menschen über bestimmte Aufgaben und Problembereiche ein sehr detailliertes Wissen erwerben und umfangreiche Erfahrung sammeln, gleichzeitig aber eine geringe Neigung verspüren, sich mit ihnen Unvertrautem oder Neuem auseinanderzusetzen.[407] Je mehr sich das vorhandene Wissen in den routinemäßig auftretenden Verfahren bewährt, desto stärker wird dieser Effekt: „Ich weiß doch schon alles, was ich brauche – klappt doch offensichtlich!"

Konkret: Beispiele für Betriebsblindheit bei der Identifikation des Informationsbedarfs

Betriebsblind handelt, wer sich ausschließlich auf frühere Erfahrungen verlässt und nicht mehr die Möglichkeit einbezieht, dass sich Rahmenbedingungen seitdem verändert haben könnten. Sätze wie „Das haben unsere Kunden in der Vergangenheit nie geschätzt!" oder „Das mache ich seit Jahren so – warum sollte ich es nun ändern?" sind Ausdruck davon.

Betriebsblind handelt auch, wer seine eigene unmittelbare Erlebenswelt als Stellvertreter für die gesamte Realität ansieht: „Bei uns hat sich das nicht bewährt – das braucht doch niemand!" Diese Verallgemeinerung ist unzulässig!

Betriebsblindheit ist damit die „Schattenseite" von Erfahrung. Durch Erfahrung lernt man, Fehler zu vermeiden. Durch Erfahrung *ver*lernt man allerdings auch, sich Neuem zu öffnen. Betriebsblinde Berichtsempfänger setzen ihren zukünftigen Informationsbedarf weitgehend mit ihrem aktuellen Informationsangebot gleich: „Ich brauche das, was ich immer bekomme – das hat mir auch in der Vergangenheit gereicht!" Betriebsblinde Berichtsersteller können sich ebenfalls nicht von ihren „Favoriten" lösen und berichten das, was sie inzwischen perfektioniert haben – auch wenn es nicht (mehr) gebraucht wird. Auf beiden Seiten haben demnach die gemachten Erfahrungen typische Erwartungsmuster verfestigt, wann Information als zulässig oder als relevant gelten kann.[408] Der Rest wird ausgeblendet.

---

407 Vgl. Scholl 1992, Sp. 903f.
408 Vgl. Sorg 1982, S. 380

Die Gefahr der Betriebsblindheit ist besonders groß, wenn das Aufgabenfeld relativ begrenzt und statisch ist. Die hohe Zahl an gleichartigen Erfahrungen verfestigt sich dann schneller, eine „Akkommodation“ von Neuem wird zunehmend schwieriger.[409] Tritt in einer solchen Situation dann eine Veränderung ein (das Aufgabenfeld wird erweitert oder verändert, die Rahmenbedingungen ändern sich deutlich), dann tritt zwar der entstandene „blinde Fleck“ deutlich, aber für eine adäquate Reaktion häufig zu spät zu Tage: Der Markt hat sich gewandelt, die technologische Entwicklung wurde verpasst, die schleichende Entwicklung nicht wahrgenommen, etc.

Verzerrungen durch Beziehung und Rollen

Ein homo oeconomicus erkennt den objektiv notwendigen Informationsbedarf und ist in der Lage, diesen seinem Gegenüber als das eigene subjektive Informationsbedürfnis auszudrücken bzw. als subjektives Informationsbedürfnis seines Gegenübers wahrzunehmen – und zwar unabhängig davon, *wer* das Gegenüber ist und welche Beziehung zwischen den beiden Individuen besteht.

In der Praxis ist aber genau dies häufig ein entscheidender Einflussfaktor. Die Artikulation und/oder die Wahrnehmung des Informationsbedürfnisses hängen sehr wohl von der hierarchischen Stellung der Beteiligten, ihren bisherigen Erfahrungen miteinander, bestehenden Abhängigkeiten sowie dem gegenseitig entgegengebrachten Vertrauen oder der für einander vorhandenen Sympathie ab.[410] Weder Berichtsersteller noch Berichtsempfänger können „losgelöst vom Gegenüber“ handeln – nur ein homo oeconomicus kann das.

> **Konkret**: Beispiele für Verzerrungen durch Beziehung und Rollen bei der Identifikation des Informationsbedarfs
>
> Der Chef hat zwar den logischen Aufbau der Umsatztabelle auch beim letzten Mal noch nicht völlig verstanden, er möchte dies seinem Controller aber nicht sagen. „Dann verliere ich doch meine Autorität!“ Also erhält er auch im nächsten Monatsbericht die Aufstellung ohne die für ihn so wichtigen Begriffserläuterungen und Erklärungen. Der Controller hat umgekehrt leichte Zweifel, ob der Chef die Aufstellung tatsächlich vollständig verstanden hat. Aber andererseits: „Hat er sicher, sonst wäre er ja nicht Chef. Nein, das weiß er sicher. Wenn ich ihm Erklärungen liefere, hält er mich für besserwisserisch...“
>
> Der neue Controller hat die Zusammenstellung im Monatsbericht geändert. Manche Inhalte sind verschwunden, andere sind hinzugekommen. Und das, obwohl der alte Bericht doch immer so übersichtlich war! Was bildet sich der Neue eigentlich ein? Da könnte ja jeder kommen. Diese Flausen werden wir ihm aber rasch austreiben...

Von einer Störung soll hier aber nur dann gesprochen werden, wenn die Verzerrung unbewusst geschieht, also nicht in bewusster Manipulationsabsicht erfolgt (z.B. Betrug oder Täuschung). Gerade bei Beteiligten in unterschiedlichen hierarchischen Positionen, deren

---

409 Vgl. Scholl 1992, Sp. 904
410 Vgl. Sorg 1982, S. 350, Scholl 1992, Sp. 907

Beziehung durch Abhängigkeit geprägt ist (typisch für die Konstellation Controller als Berichtsersteller und Vorgesetzter als Berichtsempfänger), treten diese Verzerrungen aber durchaus auch unbewusst auf. Es liegt also keineswegs unbedingt eine Täuschungsabsicht vor, wenn der Controller die Ergebnisse etwas weniger schlecht darstellt, als sie eigentlich sind bzw. er seine Maßnahmenvorschläge sehr vage formuliert, um nicht „bei denen da oben anzuecken". Der Wunsch, Sanktionen zu vermeiden oder umgekehrt Belohnung zu erlangen, ist bei einer Kommunikation über verschiedene Hierarchieebenen ein häufiger und starker Verzerrungsfaktor.[411]

Halo-Effekt

Eine weitere in der Phase der Identifikation des Informationsbedarfs auftretende Verzerrung stellt der sogenannte „Halo-Effekt" dar. In gewisser Weise stellt auch er eine Verzerrung dar, welche durch die Beziehung zwischen Ersteller und Empfänger der Information ausgelöst wird. Allerdings ist die Wirkungsrichtung hier lediglich einseitig: Der Halo-Effekt beschreibt eine Situation, in welcher eine Person auf Grund einer einzigen, deutlich hervorstechenden Eigenschaft beurteilt wird, welche alle anderen Merkmale überstrahlt (engl. „halo" = Heiligenschein).[412]

> **Konkret**: Beispiel für Verzerrungen durch den Halo-Effekt bei der Identifikation des Informationsbedarfs
>
> Der neue Controller macht auf den Chef an seinem ersten Arbeitstag gleich einen äußerst angenehmen Eindruck: ordentlich gekleidet, sehr gute Umgangsformen, geschliffene Ausdrucksweise. „Das ist ein guter Mann, das sehe ich sofort." Als „der Neue" einige Tage später einige grundlegende Änderungsvorschläge für das Monatsreporting an den Vorstand vorbringt, ist der Chef sehr schnell überzeugt. „Sie bringen hier richtig Zug in die Bude, das habe ich gleich gesehen. Machen Sie nur, Ihre Kompetenz wird Sie noch weit nach oben bringen!"

Je nachdem, ob die dominante Eigenschaft einer Person vom Beobachter als positiv oder negativ wahrgenommen wird, kann auch der Halo-Effekt selbst positiv oder negativ wirken: Einem Brillenträger wird mehr Kompetenz zugesprochen, ein übergewichtiger Mitarbeiter wird als träge und wenig motiviert eingeschätzt, etc. Im Management Reporting äußert sich der Halo-Effekt wiederum in einer verzerrten Wahrnehmung des Informationsbedarfs: Wenn der charismatische Chef die Info haben will, dann wird diese wohl notwendig sein. Die kritische Distanz geht verloren, eine von der Person unabhängige Analyse des Informationsbedarfs (wie sie bei einem homo oeconomicus zu erwarten wäre) ist nicht oder nur schwer möglich.

---

411 Vgl. Nerdinger 2011, S. 61, Sorg 1982, S. 382
412 Vgl. Weber/Schäffer 2011, S. 90

Groupthink (Gruppendenken)

Im Allgemeinen gilt es als erstrebenswert und effizient, wenn die in einer Gruppe zusammenarbeitenden Mitglieder sich um Übereinstimmung bemühen, Konflikte vermeiden und eine gemeinsame Gruppenmeinung erarbeiten wollen. Geschieht dies allerdings zu früh und zu unreflektiert, so tritt das sozialpsychologische Phänomen des „Groupthink" (Gruppendenken) auf. Dieses wurde bereits in den 70er-Jahren vom Amerikaner Irvin Janis untersucht.[413] Gruppendenken tritt auf, wenn die einzelnen Gruppenmitglieder in ihrem Bestreben nach Zusammenhalt und Einmütigkeit ihre eigene kritische Meinung vorschnell der Gruppenmeinung unterordnen. Da Einigkeit eher zu Sympathie führt und gerade in sehr homogenen Gruppen (z.B. „Experten unter sich") der Gruppendruck sehr hoch werden kann, erscheint es für das einzelne Mitglied vorteilhafter, sich der Gruppenmeinung anzuschließen. Kontroverse Meinungen werden nicht mehr vorgebracht und auch nicht ausgetragen.[414]

Konkret: Beispiele für Gruppendenken bei der Identifikation des Informationsbedarfs

Dem neuen Junior Controller wird an seinem ersten Arbeitstag geraten: „Vergiss, was Du an der Uni gelernt hast. Bei uns läuft das nämlich so..." Im Bestreben, sich nicht lächerlich zu machen bzw. als naseweis zu gelten, verkneift sich der frisch gebackene Absolvent Nachfragen zur Sinnhaftigkeit des aktuellen Monatsberichts. Schließlich will er mit seinen neuen – erfahreneren – Kollegen ja gut auskommen.

Nachdem die Geschäftszahlen den dritten Monat in Folge unbefriedigend ausgefallen sind, wird eine Task Force gebildet, welche eine umfassende Ursachenanalyse erstellen soll. Alle Mitglieder gelten als erfahrene Fachleute in ihrer Funktion. Das Team weiß, dass die Geschäftsführung große Erwartungen hat und schnelle Ergebnisse verlangt. Nach einem ersten Brainstorming sind die Schwerpunkte der weiteren Analyse auch schon gesetzt, die erarbeiteten Punkte scheinen grundsätzlich plausibel, auch wenn manche nicht wirklich überzeugt sind. Aber: „In Anbetracht des Zeitdrucks können wir nicht endlose Runden drehen und über andere mögliche Vorgehensweisen streiten. Wir haben keine Zeit für interne Streitigkeiten, jetzt müssen wir alle an einem Strang ziehen!" Also enthält der Abweichungsbericht nur Aussagen zu den Feldern, auf die man sich im ersten Meeting geeinigt hat. Andere Faktoren werden nicht mehr weiter betrachtet.

Die Gefahr des Gruppendenkens ist besonders groß, wenn auf die Gruppe von außen Druck ausgeübt wird (z.B. Zeitdruck, Erwartungen) und/oder wenn die Gruppe eine hohe Kohäsion (Zusammengehörigkeit) aufweist. Das Gruppendenken ebenso fördert ein starker Gruppenführer, der eine bestimmte Lösung bzw. Sichtweise eindeutig präferiert und das Fehlen alternativer Informationsquellen, welche die Gruppenmeinung „aufbrechen" könnten.[415] Im Management Reporting kann dieser Effekt dann auftreten, wenn „eingespielte Teams" zwischen Berichtserstellern und Berichtsempfängern sich vorschnell und ohne

413 Vgl. Janis 1982
414 Vgl. Scholl 1992, Sp. 906
415 Vgl. Weber/Riesenhuber 2002, S. 16

eventuell kontroverse Diskussion auf den zu deckenden Informationsbedarf einigen: „Das brauchen wir jetzt, da sind wir uns einig." Ein homo oeconomicus würde ohne Rücksicht darauf den Informationsbedarf analysieren – Controller und Manager aber nicht...

Illusion of Control (Kontrollillusion)

Eine sehr häufig anzutreffende Verzerrung ist die sogenannte „Kontrollillusion". Ihr unterliegt, wer den eigenen persönlichen Einfluss auf bestimmte Situationen bzw. Ergebnisse überschätzt.[416] Entscheider unterliegen häufig dem Trugschluss, durch persönliche Eigenschaften und Fähigkeiten sowie eigene Handlungen Ergebnisse „erzwingen" zu können. Sie halten Situationen generell für kontrollierbar und übersehen den Einfluss von Zufallsvariablen.[417]

Die Kontrollillusion wird durch einige Faktoren besonders gefördert:[418]

- Vertrautheit mit der Situation und vorhandene Fähigkeiten,
- Erfolgserwartungen,
- Grad der Erwünschtheit des Ergebnisses, Motivation,
- Positive Grundstimmung der Person,
- Geringe Beschäftigung mit objektiven Wahrscheinlichkeiten.

Kontrollillusionen unterliegt prinzipiell jeder Mensch: Sei es beim Autofahren (Ich kenne die Strecke, fahre seit 20 Jahren unfallfrei, bin ausgeruht, ergo kann mir nichts passieren!), beim Glücksspiel (Menschen ziehen es generell vor, Lose selbst zu ziehen und sich diese nicht zuteilen zu lassen, da sie ihre Gewinnaussichten bei eigener Loswahl höher einschätzen) oder bei Finanzinvestitionen (Ich weiß selbst am besten, welche Aktien steigen werden).

> **Konkret**: Beispiele für Kontrollillusion bei der Identifikation des Informationsbedarfs
>
> Im Management Reporting können Kontrollillusionen die Identifikation des Informationsbedarfs beeinflussen. Wenn der Informationsempfänger seine eigenen Einflussmöglichkeiten überschätzt, wird er umgekehrt manche Umweltfaktoren als unwichtig einstufen und nicht nach Informationen darüber verlangen: „Mit der Konkurrenz hat das nichts zu tun, es liegt nur an uns!" „Wir haben es selbst in der Hand, die budgetierten Effizienzsteigerungen wahr werden zu lassen. Reden wir uns doch nicht auf die wirtschaftliche Lage raus!"
>
> Umgekehrt kann eine Kontrollillusion auch zur Suche nach Kausalbeziehungen verleiten, die in der Realität nicht vorhanden sind. „Ich mache nun schon seit drei Monaten die townhall meetings mit unseren Mitarbeitern. Das hebt doch deren Motivation und Mitarbeiterzufriedenheit. Das sollten Sie aber auch einmal im Bericht darstellen!"

---

[416] Vgl. Thompson 2004, S. 115
[417] Vgl. Grob/Bensberg 2009, S. 72
[418] Vgl. Thompson 2004, S. 119ff.

Während ein homo oeconomicus sich definitionsgemäß keinen Illusionen über die eigenen Einflussmöglichkeiten hingibt und Kausalbeziehungen immer neutral erkennt, unterliegen sowohl der Berichtsempfänger als auch der Berichtsersteller der Kontrollillusion. Es ist offensichtlich, dass die Kontrollillusion durch andere hier beschriebene Effekte noch weiter verstärkt werden kann, so z.B. durch Gruppendenken („Alle sind sich einig!") oder durch hierarchische Beziehungen („Er ist doch der Chef – er weiß das!").

Confirmation Bias (Tendenz zur Bestätigung der eigenen Annahmen)

Menschen irren – und sie irren in aller Regel nicht gerne. Vielmehr suchen sie nach Bestätigungen für ihre bisher gemachten Erfahrungen und ihre bisher getroffenen Annahmen. Neue Information wird von einem Menschen umso leichter wahrgenommen und verarbeitet, je besser sie zu seinem Weltbild passt: Menschen sehen nur, was sie sehen wollen.[419] Neue Inputs und Informationen werden also den bereits bekannten Informationen „angeglichen", um Dissonanzen und Unsicherheit zu vermeiden.[420]

Auch dies ist aber kein bewusster Prozess, bei dem Daten mutwillig manipuliert werden. Vielmehr erfolgt die Suche, Interpretation und Speicherung von Information unbewusst in einer Art und Weise, welche die bestehenden Hypothesen bestärkt und ihre Ablehnung systematisch unwahrscheinlicher macht. Dieses unbewusste Streben nach Annahmenbestätigung ist umso stärker ausgeprägt, je stärker diese Annahmen bereits verfestigt sind und je höher die Motivation der Person zur Aufrechterhaltung der Annahme ausfällt.[421]

Konkret: Beispiele für Confirmation Bias bei der Identifikation des Informationsbedarfs

Der Confirmation Bias beeinflusst die Identifikation des Informationsbedarfs, indem eine unbewusste Tendenz dahingehend besteht, nur solche Informationen nachzufragen, welche die eigenen Annahmen und Erwartungen bestätigen können. Wer nicht mit technologischen Änderungen rechnet, wird auch keine Informationen darüber verlangen, um nicht bei einem Irrtum „ertappt" zu werden.

Besonders offensichtlich wird der Effekt, wenn Abweichungsberichte oder Ad hoc Berichte erstellt werden sollen. Die schlechten Umsatzzahlen der Vertriebsniederlassung Nord lösen große Enttäuschung aus, die Geschäftsführung verlangt eine detaillierte Analyse. Auf welche Kausalfaktoren hinter der Umsatzentwicklung die Analyse fokussiert und welche Ergebnisse der Bericht darstellt, hängt vornehmlich auch von den Erwartungen derer ab, die den Bericht in Auftrag geben bzw. erstellen: Wer Konkurrenzaktivitäten als Ursache vermutet, wird diese auch genauer untersuchen und im Bericht als Ursache erläutern. Ebenso könnten unerwartete Einmaleffekte, eigene Personalprobleme oder technische Lieferschwierigkeiten als Hypothesen die Analyse und die Berichtsinhalte prägen. Man findet nicht, was man sucht, sondern man sucht, was man finden will!

---

419 Vgl. Scholl 1992, Sp. 905
420 Vgl. Sorg 1982, S. 380
421 Vgl. Oswald/Grosjean 2004, S. 93

Die Tendenz zur Bestätigung der eigenen Annahmen tritt nicht nur in der Phase der Identifikation des Informationsbedarfs auf, sondern auch und vor allem in der Phase der Informationsnutzung und wird dort noch einmal aufgegriffen.

Overconfidence (Selbstüberschätzung)

Das Phänomen der Selbstüberschätzung wird in der Kognitionspsychologie in verschiedenen Ausprägungen beschrieben.[422] Ein Individuum kann zum einen die Wahrscheinlichkeit überschätzen, mit der eigene Aussagen oder Prognosen sich als richtig oder treffend erweisen. In diesem Fall liegt also die erwartete „Trefferquote" über der realen. Zum anderen kann das Individuum ungerechtfertigterweise ein zu enges Konfidenzintervall für eine eigene Schätzung oder Annahme annehmen. Hier ist der vom Individuum sich selbst zugetraute Fehler geringer als der tatsächliche.

Beide Aspekte sind Ausdruck eines generell übertriebenen bzw. nicht abgesicherten Vertrauens von Individuen in die eigenen Fähigkeiten und Kenntnisse. Menschen neigen dazu, sich selbst als überdurchschnittlich einzustufen und den eigenen Beitrag zu einem Ergebnis zu überschätzen.[423] Das Ausmaß der Selbstüberschätzung wird dabei von einer Reihe anderer Faktoren beeinflusst,[424] wobei für das Management Reporting zwei besondere Bedeutung haben:

- **Schwierigkeitsgrad**: Schwierige Aufgaben oder Situationen provozieren ein höheres Ausmaß an Selbstüberschätzung als leichte Situationen. Wir schätzen unsere Leistung bei großen Schwierigkeiten tendenziell zu gut ein, während wir bei einfachen Aufgaben eher untertreiben.
- **Vorhandenes Expertenwissen**: Experten zeigen in ihrem Fachgebiet ein geringeres Ausmaß an Selbstüberschätzung. Offensichtlich gelingt es uns besser, unsere „wahren" Fähigkeiten und Leistungen einzuschätzen, wenn wir mit den Aufgaben und Problemen sehr gut vertraut sind, während wir in neuen, unbekannten Aufgaben unsere Leistung überschätzen.[425]

Konkret: Beispiele für Selbstüberschätzung bei der Identifikation des Informationsbedarfs

Selbstüberschätzung kann in der Phase der Identifikation des Informationsbedarfs sowohl beim Berichtsersteller als auch beim Berichtsempfänger auftreten. Der Berichtsersteller kann die Berichtsinhalte zu stark daran orientieren, was er selbst als wahrscheinlichen Informationsbedarf erwartet („Ich weiß doch, was der Chef braucht. Von mir bekommt er immer, was er wissen muss."). Er überschätzt seine „Trefferquote" bei der Ermittlung des Informationsbedarfs. Genau der gleiche Effekt kann auch beim Informationsempfänger auftreten („Keiner weiß besser als ich selbst, was ich brauche."). In beiden

422 Vgl. Hoffrage 2004, 235f.
423 Vgl. Grob/Bensberg 2009, S. 71
424 Vgl. Hoffrage 2004, S. 242ff.
425 Vgl. Jungermann/Pfister/Fischer 1998, S. 186

Fällen führt die eigene Selbstüberschätzung dazu, dass die Ermittlung des Informationsbedarfs zu früh abgebrochen wird bzw. sich auf zu wenige Aspekte beschränkt.

Fatalerweise ist dieser Effekt bei geringer Erfahrung stärker ausgeprägt: Der neue Chef fragt nicht nach einer zweiten Meinung, der neue Controller vertraut seiner Ausbildung. Beide überschätzen ihre Kenntnisse und Fähigkeiten mehr als ihre erfahrenen Kollegen.

6.3.3.2 Heuristiken und Verzerrungen in der Phase „Identifikation der Informationsquellen"

Ein homo oeconomicus verfügt über vollständige Information. Dies setzt voraus, dass er nicht nur weiß, welche Information er benötigt (Phase der Identifikation des Informationsbedarfs), sondern dass er auch Zugang zu dieser Information hat. Dies führt zur zweiten Phase im Informationsprozess: der Identifikation der Informationsquellen. In einer perfekten Welt werden alle zur Deckung des Informationsbedarfs notwendigen und geeigneten (und nur diese!) Quellen identifiziert. Auch hier zeigen sich in der Praxis wiederum Verzerrungen und Abweichungen vom theoretischen Optimum.

Availability Bias (Verfügbarkeitsheuristik)

Die Verfügbarkeitsheuristik beschreibt allgemein die Tendenz von Individuen, ihre Entscheidungen und Handlungen auf Informationen zu stützen, an die sie sich leichter erinnern können.[426] Anders ausgedrückt: je einfacher verfügbar Information für eine Person ist, desto größer ist die Wahrscheinlichkeit, dass sie deren Handlungen und Entscheidungen beeinflusst. Verfügbarkeit bedeutet hier vor allem, dass ein Individuum schnell und/oder einfach in der Lage ist, sich Beispiele vorzustellen bzw. in Erinnerung zu rufen.[427] So überschätzen Personen generell die Wahrscheinlichkeit, bei einem Flugzeugabsturz ums Leben zu kommen – einfach, weil über Flugzeugabstürze häufiger (und spektakulärer) berichtet wird als über andere Todesursachen und deshalb diese Information präsenter ist.[428]

Auch Stereotype und Vorurteile können – zumindest teilweise – durch die Verfügbarkeitsheuristik erklärt werden: wer zufälligerweise mehrmals Studenten beim Biertrinken beobachtet, neigt dazu, diese nicht repräsentativen Beobachtungen zur Grundlage seiner Einschätzung über den Bierkonsum und den Arbeitseifer von Studierenden generell zu machen. Andere, den Beobachtungen eventuell widersprechende, Information ist weniger einfach zugänglich und wird deshalb in der Meinungsbildung nicht oder nicht ausreichend berücksichtigt.

Häufig zeigt sich, dass negative Ereignisse oder Situationen aus der Vergangenheit leichter erinnert werden als positive. Was schief gegangen ist, bleibt stärker im Gedächtnis verhaf-

---

426 Vgl. Hirsch 2007a, S. 137

427 Vgl. Jungermann/Pfister/Fischer 1998, S. 169

428 Vgl. Reber 2004, S. 153, Hirsch 2007b, S. 15

tet und kann schließlich zu Risikoscheu oder Zukunftspessimismus führen.[429]

Konkret: Beispiele für die Verfügbarkeitsheuristik bei der Identifikation der Informationsquellen

Die Verfügbarkeitsheuristik schlägt in der Phase der Identifikation der Informationsquellen immer zu, wenn bevorzugt auf bereits bekannte und/oder einfach zugängliche Quellen zurückgegriffen wird: „Das ziehe ich alles aus dem ERP-System, mehr brauche ich nicht.“ „Ich habe keinen Zugriff auf die Daten aus der Produktionsplanung und kenne die Inhalte auch gar nicht genau. Aber das geht sicher auch ohne.“

Ebenso zeigt sich die Verfügbarkeitsheuristik, wenn die Eignung einer Informationsquelle auf Basis besonders gut erinnerter früherer Ereignisse beurteilt wird: „Die CRM-Daten taugen nichts, das hat man doch letzten Monat gesehen!“ „Die Infos aus dem Branchen-Benchmark waren super – die bauen wir wieder ein!“

In beiden Fällen wird die Suche nach geeigneten Informationsquellen ungerechtfertigt eingeschränkt und/oder zu früh abgebrochen. Andere, weniger offensichtliche, aber unter Umständen viel besser geeignete Quellen werden nicht identifiziert. Nachdem es meist der Berichtsersteller ist, der die benötigten Informationen beschaffen muss, ist dieser Effekt bei ihm besonders relevant.

Halo-Effekt - zum Zweiten

Auch der bereits beschriebene Halo-Effekt kann sich bei der Identifikation der Informationsquellen bemerkbar machen, so etwa wenn die „überstrahlende“ Eigenschaft einer Person dazu führt, dass ihre Hinweise auf möglicherweise nützliche Informationsquellen automatisch als „absolut nützlich“ oder „absolut unbrauchbar“ eingeschätzt werden.

In einer weiten Auslegung des Effekts könnten auch Situationen darunter subsummiert werden, in denen eine hervorstechende Eigenschaft einer Informationsquelle zu unzulässigen Schlüssen auf ihre Brauchbarkeit oder Unbrauchbarkeit führt:[430] Teure Datenquellen sind sicher auch gut und aktuell, der bekannte Anbietername bürgt auch für Qualität (und Relevanz), etc.

6.3.3.3 Heuristiken und Verzerrungen in der Phase „Informationsgewinnung“

Die Phase der Informationsgewinnung umfasst alle Aufgaben, die nötig sind, um aus den identifizierten Informationsquellen die als notwendig erachteten Daten und Informationsobjekte zu sammeln und einer weiteren Verarbeitung zugänglich zu machen. Wenngleich diese Phase von manchen vielleicht eher als „reine Fleißarbeit“ angesehen wird, in der man

---

429 Vgl. Nerdinger/Horsmann 2004, S. 719

430 Der Halo-Effekt wird in seiner Grundform als Effekt zwischen Individuen beschrieben und nicht als eine Beziehung zwischen Individuum und Beobachtungsobjekt. Insofern stellt dies hier eine weite Auslegung des Konzepts dar.

nicht viel falsch machen könne, solange man gewissenhaft bleibt, so können doch auch hier verschiedene Verzerrungen auftreten. Der Schwerpunkt liegt in dieser Phase dabei eindeutig beim Berichtsersteller.

Small Sample Fallacy (Ignorieren der Stichprobengröße)

Die small sample fallacy – am ehesten mit „Ignorieren der Stichprobengröße" übersetzbar – lässt sich zum einen als ein statistisches Problem beschreiben, wird aber zum anderen auch in der kognitiven Psychologie aufgegriffen. Betrachtet man individuelles Handeln und Entscheiden, so steht die small sample fallacy für Situationen, in denen der Handelnde sein Urteil oder seine Handlung auf eine (zu) kleine Stichprobe stützt, weil er diese (unbewusst) für ebenso repräsentativ wie eine große Stichprobe hält. Das Ignorieren der Stichprobengröße führt dazu, dass die kleine Stichprobe fälschlicherweise als repräsentativ für die Grundgesamtheit gewertet wird.[431] Wer zweimal ohne Unfall eine rote Ampel überquert hat und daraus schließt, dass dies generell gefahrlos möglich ist, unterliegt dem Stichprobenfehler ebenso wie ein Verkäufer, der das Lob eines einzelnen Kunden als stellvertretend für die allgemeine Kundenzufriedenheit ansieht.

Im Management Reporting kann das Ignorieren der Stichprobengröße dazu führen, dass die Daten- und Informationssammlung zu früh abgeschlossen wird, da man die verfügbaren Daten als ausreichend repräsentativ ansieht. Dieses Problem wird dadurch weiter verschärft, dass die Informationssammlung in der Regel unter Zeitdruck und Ressourcenmangel stattfinden muss und deshalb eine vollständige Sammlung aller potentiell verfügbaren Daten in der Regel nicht möglich und meist auch nicht sinnvoll ist. Die Datensammlung wird deshalb ohnedies nicht durch ein völliges Ausschöpfen der Quellen, sondern vielmehr durch eine mehr oder weniger bewusste Abbruchsentscheidung beendet. Die small sample fallacy führt dazu, dass diese Abbruchsentscheidung zu früh getroffen wird und man mit Datenmaterial arbeitet, welches irrtümlich bereits als ausreichend repräsentativ erachtet wird.

Konkret: Beispiele für das Ignorieren der Stichprobengröße bei der Informationsgewinnung

Nachdem der Monatsbericht einige deutliche Abweichungen von den Budgetwerten bei Umsatz und Ergebnis einzelner Produkte ergeben hat, ist eine Detailanalyse gefordert. Im Abweichungsbericht sollen mögliche Ursachen dargestellt werden. Aus Zeitgründen beschränkt sich das Controlling darauf, nicht mit allen betroffenen Produktmanagern zu sprechen, sondern nur die Produktverantwortlichen für die beiden umsatzstärkten Produkte zu befragen: „Den anderen wird es sicher ähnlich gehen."

Im letzten Monat ist ein deutlicher Anstieg der Forderungen aus Lieferungen und Leistungen zu beobachten. Die offenen Forderungen schwanken zwar regelmäßig, die Geschäftsführung meint aber, diesmal einen generellen Trend zu erkennen. Das Controlling wird mit einer genaueren Analyse beauftragt. Da die Daten erst seit der Systemumstel-

[431] Vgl. Grob/Bensberg, S. 72

lung vor 2 Jahren detailliert und rasch verfügbar vorliegen, beschränkt sich die Auswertung auf diesen Zeitraum: „Davor war es auch nicht anders."

Confirmation Bias (Tendenz zur Bestätigung der eigenen Annahmen) - zum Zweiten

Der confirmation bias, der bereits als Einflussfaktor bei der Suche und Auswahl möglicher Informationsquellen beschrieben wurde, tritt auch in der Phase der Informationsgewinnung auf. Hier führt er dazu, dass aus den verfügbaren Informationsquellen vornehmlich solche Daten und Informationen gesammelt werden, welche den eigenen Annahmen und Erwartungen nicht widersprechen: Informationen werden also primär zur Bestätigung gesammelt: Die Geschäftsführung vermutet hinter den vermehrten Kundenbeschwerden ein Lieferantenproblem – das Controlling sucht nach Informationen, welche diese Vermutung stützen können und konzentriert seinen Bericht auf diesen Aspekt. Der Controller hält den Führungsstil des neuen Vertriebsleiters für die Hauptursache der gestiegenen Kündigungsrate im Vertrieb. Er befragt deshalb die Mitarbeiter nach ihrer Einschätzung über „den neuen Chef". Andere mögliche Ursachen werden ausgeblendet und im Bericht nicht dargestellt.

Auch hier zeigt sich deutlich der schmale Grat zwischen ökonomisch sinnvoller Beschränkung auf plausibel erscheinende Ausgangsannahmen einerseits (da man mit den verfügbaren Ressourcen nicht jede potentiell mögliche Erklärung detailliert prüfen kann und sich deshalb auch auf Erfahrung und „gesunden Menschenverstand" verlassen muss) und unbewusster Verzerrung des Informationsprozesses andererseits.

Availability Bias (Verfügbarkeitsheuristik) - zum Zweiten

Eng verknüpft mit der small sample fallacy und dem confirmation bias tritt bei der Informationssammlung auch wieder die Verfügbarkeitsheuristik in Erscheinung: Da aus ressourcenökonomischer Sicht eine Beschränkung der zu sammelnden Information ohnedies unvermeidbar ist, liegt es für den Berichtsersteller nahe, vornehmlich bereits vorhandene oder einfach verfügbare Information zu sammeln: Der letzte Branchenreport ist noch gut in Erinnerung, die Quartalszahlen sind noch frisch, das Protokoll des Vertriebstreffens ist rasch zur Hand, die Auswertung aus dem ERP-System ist auf dem eigenen Rechner gespeichert und jederzeit verfügbar – was braucht man mehr?

In Verbindung mit einer Überschätzung der Repräsentativität dieser Informationen (small sample fallacy) und bei Übereinstimmung mit den eigenen Annahmen (confirmation bias) ist die Versuchung für den Berichtsersteller groß, die Informationssammlung auf diese verfügbaren Daten zu beschränken: diese hat man inhaltlich verstanden und man hält sie für zutreffend. Warum also weiter suchen...?

6.3.3.4 Heuristiken und Verzerrungen in der Phase „Informationsverarbeitung und Aufbereitung"

Für den Berichtsersteller stellt die Phase der Informationsverarbeitung und Aufbereitung den Kern seiner Tätigkeit im Berichtsprozess dar. Hier ergibt sich der größte Spielraum bezüglich des Grads der Automatisierung und Standardisierung, der Individualisierung und der situationsspezifischen Anpassung. Gerade diese großen Spielräume öffnen aber auch das Tor für eine Vielzahl an Heuristiken und Informationsverzerrungen.

Anchoring Effect (Verankerungsheuristik)

Vor allem in komplexen Situationen unterliegt die menschliche Informationsverarbeitung häufig der Verankerungsheuristik.[432] Der Effekt tritt immer dann auf, wenn ein anfangs wahrgenommener Reiz die nachfolgende Wahrnehmung wesentlich beeinflusst – dieser erste Reiz also als „Anker" für die Einordnung und Bewertung der nachfolgenden Reize fungiert.[433] Menschen benutzen also unbewusst Startwerte, von denen ausgehend sie durch Extrapolation, Vergleich oder Plausibilitätsmutmaßungen andere Werte ableiten bzw. spätere Informationen kategorisieren. Klassischerweise dienen z.B. Budgetwerte oder Istwerte aus dem abgelaufenen Geschäftsjahr als „Anker", die dazu benutzt werden, um die aktuellen Geschäftszahlen zu bewerten – auch wenn sich die Rahmenbedingungen inzwischen deutlich geändert haben mögen und diese Werte deshalb als Vergleichsmaßstab nicht mehr geeignet sind.[434]

Der Anker tritt aber auch subtiler auf – dann nämlich, wenn er als Ankerwert gar nicht explizit gemacht worden ist (was bei einem Budget oder den Vorjahreszahlen in der Regel ja der Fall ist). So kann ein „first guess" unbewusst als Referenzwert die gesamte nachfolgende Analyse beeinflussen. Liegt dieser hoch, so wird das Endergebnis der Analyse tendenziell höher ausfallen als bei einem niedrigen „first guess".[435] Für einen homo oeconomicus sollte der Startwert keinen Einfluss auf das Ergebnis der Analyse haben – für einen Berichtsersteller aber sehr wohl!

Derartige Ankereffekte sind erstaunlich robust und treten sogar dann auf, wenn die beteiligten Individuen explizit darauf hingewiesen worden sind.[436] So erleben wir als Konsumenten sehr häufig, dass wir einen Preis von 99,90 € intuitiv als billiger wahrnehmen (und deshalb eher zum Kauf geneigt sind), wenn er einem „bisher gültigen" oder „vom Hersteller empfohlenen" Preis von 129,90 € gegenübergestellt wird. Der aktuell zu zahlende Preis sollte in seiner Attraktivität für einen homo oeconomicus völlig unabhängig davon sein, mit welchem anderen Preis er verglichen wird – für den „Durchschnittskonsumenten" dient der Ursprungspreis allerdings als Anker, welcher das Attraktivitätsurteil des neuen Preises wesentlich beeinflusst – der Werbung sei Dank.

> **Konkret**: Beispiele für die Verankerungsheuristik bei der Informationsverarbeitung
>
> Die Auswahl von Vergleichsmaßstäben provoziert unweigerlich Verankerungseffekte: Die Interpretation der eigenen Ergebnisse (und deren Darstellung im Bericht) hängt stark

432 In der Literatur findet sich auch der synonyme Begriff „Ankereffekt" (vgl. z.B. Weber/Schäffer 2011, S. 91 oder Nerdinger/Horsmann 2004, S. 719).

433 Vgl. Weber/Schäffer 2011, S. 91

434 Vgl. Hirsch 2007b, S. 15

435 Vgl. Weber/Schäffer 2011, S. 91

436 Vgl. Mussweiler/Englisch/Strack 2004 für einige Beispiele hierzu.

davon ab, ob diese mit dem Branchendurchschnitt oder mit dem „best in class" verglichen werden. Vom Management offiziell gesetzte Zielwerte, aber auch informell kommunizierte Erwartungen und Schätzungen fungieren ebenso als Anker, an denen die Interpretation der gesammelten Daten ausgerichtet wird: Ob ein Gewinnanstieg von 3% im Bericht als „red flag" oder „green flag" gekennzeichnet wird, ist nur vom Ankerwert abhängig.

Ankerwerte sind häufig lange Zeit im Einsatz: wird ein bereits lange zurück liegendes Krisenjahr weiterhin als Startpunkt für die Darstellung der Umsatzentwicklung gewählt, bleibt dies nicht ohne Einfluss auf die Interpretation der aktuellen Umsatzzahlen durch den Controller.

Ankereffekte führen auch dazu, dass die Reihenfolge der Wahrnehmung einzelner Informationsobjekte zu einem bedeutenden Faktor für deren Verarbeitung wird. Beginnt der Controller seine Analyse zufällig mit den Zahlen einer in Schwierigkeiten steckenden Konzerntochter werden die Interpretationen der nachfolgenden Tochtergesellschaften anders ausfallen als wenn zufällig der „Star" unter den Tochtergesellschaften den Anfang bildet.

Die Verankerungsheuristik führt dazu, dass eigentlich Irrelevantes die Wahrnehmung des Berichtserstellers verzerrt und damit die Interpretation der Inputdaten und deren Darstellung im Bericht beeinflusst. Da der Effekt auch beim Berichtsempfänger und dessen Interpretation der Berichtsinhalte auftritt,[437] stellt die Verankerungsheuristik wahrscheinlich eine der wichtigsten Arten des „information bias" im Management Reporting dar.

Conjunction Fallacy (Konjunktionsfehler)

Menschen haben generell Schwierigkeiten, Wahrscheinlichkeiten abzuschätzen. Besonders gravierend wird dieses Problem, wenn die Wahrscheinlichkeit von verbundenen Ereignissen oder ganzen Ereignisketten ermittelt oder abgeschätzt werden soll. In diesem Fall wird die Wahrscheinlichkeit für das Auftreten der verbundenen Ereignisse typischerweise zu hoch eingeschätzt.[438] Menschen nutzen ganz offensichtlich nicht die Regeln der Wahrscheinlichkeitsrechnung (selbst wenn ihnen diese an sich geläufig sind), sondern eher ihr intuitives Gefühl, um subjektive Wahrscheinlichkeiten zu schätzen. Wenn eine Kombination von Eigenschaften oder Ereignissen für uns „subjektiv Sinn macht" (weil wir ihr gemeinsames Auftreten für realistisch oder plausibel halten), dann ordnen wir dieser Kombination intuitiv eine viel höhere Eintrittswahrscheinlichkeit zu, als es objektiv statistisch gerechtfertigt wäre. Die Kognitionspsychologie liefert eine Reihe von potentiellen Erklä-

---

437 Vgl. dazu Kapitel 6.3.3.7.

438 Das „klassische" Experiment zur Darstellung des Effekts geht auf Tversky und Kahnemann zurück und fungiert seitdem unter der Bezeichnung „Linda Problem": ein Großteil der Probanden schätzten ausgehend von einer Personenbeschreibung, welche ihnen von den Forschern vorgelegt wurde, die Wahrscheinlichkeit, dass die fiktive Person „Linda" *sowohl* Bankangestellte *als auch* Frauenaktivistin ist, als deutlich höher ein als die Wahrscheinlichkeit, dass Linda nur *eine* dieser beiden Eigenschaften aufweist – was rein statistisch unmöglich ist (vgl. Tversky/Kahnemann 1973).

rungen für diesen Effekt,[439] was an seiner prinzipiellen Wirkung aber nichts ändert.

Konkret: Beispiele für den Konjunktionsfehler in der Informationsverarbeitung

Der Konjunktionsfehler „schlägt zu", wenn der Berichtsersteller in seiner Analyse auf mehrere mögliche Ursachen stößt, die sich zu „einem stimmigen Bild" verbinden lassen und er der Kombination dieser potentiellen Ursachen dann intuitiv einen höheren Wahrheitsgehalt beimisst als jeder einzelnen Ursache alleine. Auf seiner Suche nach möglichen Erklärungen ergibt sich die Möglichkeit, verschiedene Puzzlesteine zu einem stimmigen Ganzen zu verbinden. Nachdem „alles so gut zusammenpasst", wird die Kombination der Einzelfaktoren als gültig angesehen: „Das kann kein Zufall sein, so muss es sein, das erklärt es!"

Validity Effect (Wahrheitseffekt)

Der Wahrheitseffekt beschreibt die menschliche Tendenz, Aussagen, die man bereits früher einmal gehört oder gelesen hat, unbewusst als glaubhafter einzustufen als subjektiv völlig neue Informationen. Auch wenn man sich nicht bewusst an die eigentlichen Informationsinhalte erinnern kann, so scheint eine Art „implizites Gedächtnis" zu existieren, welches dazu führt, dass die Wiederholung einer bereits vorher wahrgenommenen Aussage deren subjektiven Wahrheitsgehalt erhöht: je öfter man eine Information wahrnimmt, desto glaubwürdiger wird diese. Der Effekt konnte in zahlreichen Experimenten nachgewiesen werden und gilt sowohl für Tatsachenaussagen als auch für Aussagen, welche lediglich Vermutungen und Meinungen ausdrücken.[440]

Der unbewusste Zusammenhang „Häufigkeit der Wiederholung erhöht den wahrgenommenen Wahrheitsgehalt" gilt insbesondere für Bereiche, in denen die Subjekte sich selbst als kompetent einstufen – die Wiederholung einer Aussage, deren Wahrheitsgehalt man abschätzen zu können glaubt, wird also zu einem stärkeren Wahrheitseffekt führen als eine Aussage aus einem völlig unbekannten Wissensgebiet.[441] Für das Management Reporting ergibt sich daraus eine hohe Verzerrungsgefahr!

Konkret: Beispiele für den Wahrheitseffekt in der Informationsverarbeitung

Der Berichtersteller hat – beruflich und privat – häufig Berichte und Darstellungen gelesen, welche den gestiegenen Rohstoffbedarf der BRIC-Staaten und den damit einhergehenden Anstieg der Weltmarktpreise thematisieren. Mehrere Lieferanten des Hauptrohstoffs in der Produktion haben nun zu unterschiedlichen Zeitpunkten, aber mit jeweils ähnlicher Begründung („gestiegene Beschaffungskosten") ihre Preise erhöht. Auch ohne sich detailliert an einzelne Quellen erinnern zu können, wird diese Begründung vom Controller unbewusst als glaubwürdig eingestuft, da sie einer bereits häufig wahrgenommenen Aussage entspricht. Andere mögliche Ursachen werden nicht gesucht, die

439 Vgl. dazu Fisk 2004.
440 Vgl. Hackett Renner 2004, S. 201
441 Ebenda, S. 207

gestiegenen Rohstoffpreise werden unreflektiert als Erklärung in den Bericht übernommen.

Die Geschäftsleitung wartet dringend auf den detaillierten Bericht über die Ursachen für die vermehrt auftretenden Lieferschwierigkeiten beim Hauptprodukt des Unternehmens. Der Controller spricht mit einer Reihe von Verantwortlichen aus unterschiedlichen Unternehmensbereichen. Die Vertriebsmitarbeiter berichten relativ einhellig über Probleme mit der neuen ERP-Software, welche die Auftragsbearbeitung ungewohnt macht und zu Fehlern und Verzögerungen führt. Aus der Produktion kommen unterschiedliche Hinweise, welche alle darauf hinauslaufen, dass einige kundenspezifische Sonderwünsche technisch nur sehr schwierig umsetzbar sind. Nachdem der Controller selbst mit dem ERP-System Erfahrung hat, von den technischen Abläufen aber nichts versteht, stuft er unbewusst die Aussagen des Vertriebs als vertrauenswürdiger ein. Deren mehrfache Wiederholung scheint für ihn eine Tatsache zu bestätigen, während die technischen Aussagen nach wie vor für ihn unklar bleiben. Der Bericht zielt deshalb vornehmlich auf den Faktor „Anlaufschwierigkeiten mit der neuen Software“ ab.

Availability Bias (Verfügbarkeitsheuristik) - zum Dritten

Auch in der Phase der Informationsverarbeitung und Aufbereitung kann die Verfügbarkeitsheuristik zu Verzerrungen führen. Diese wurde allgemein als die Tendenz beschrieben, eigene Urteile vornehmlich auf einfach verfügbare (erinnerbare) Informationen zu stützen und andere Informationen ungerechtfertigterweise zu negieren oder zumindest als weniger wichtig einzustufen. Verfügbarkeit kann die Suche nach Informationsquellen, die Gewinnung der Information aus diesen Quellen oder eben auch die Verarbeitung eben dieser Information beeinflussen.

Informationsverarbeitung bedeutet, die Inputinformation in irgendeiner Form zu transformieren:[442] Mit welchen anderen Informationsobjekten der Input verglichen wird, in welche Teilobjekte er zerlegt oder mit welchen Methoden er in die Zukunft fortgeschrieben wird, ist dabei stark von den erinnerten und jederzeit verfügbaren Informationen abhängig: Da die eigenen Budgetzahlen leicht verfügbar sind ist ein Vergleich mit diesen viel wahrscheinlicher als ein Vergleich mit den Zahlen der Wettbewerber (auch wenn dieser vielleicht viel aussagekräftiger wäre). Da man nun endlich mit Pivot-Tabellen in Excel umzugehen gelernt hat, wendet man diese Darstellungsform häufiger an. Und weil man umgekehrt noch immer nicht „sattelfest“ bei der Anwendung von linearen Regressionen ist, wird diese Methode eben nicht eingesetzt. Man nutzt, was man weiß bzw. was man einfach beschaffen kann. Damit werden die Möglichkeiten der Verarbeitung und Aufbereitung der Information aber meist bei weitem nicht ausgeschöpft – ein Fehler, der einem homo oeconomicus nicht passieren könnte…

---

[442] Vgl. Kapitel 5.3.1

6.3.3.5 Heuristiken und Verzerrungen in der Phase „Informationsspeicherung“

Die Phase der Informationsspeicherung ist vornehmlich durch den Einsatz von technischen Hilfsmitteln charakterisiert. Hier ist „der Faktor Mensch" von vergleichsweise geringerer Bedeutung und Verzerrungsmöglichkeiten sind entsprechend weniger stark ausgeprägt.

Availability Bias (Verfügbarkeitsheuristik) - zum Vierten

Auch in der Phase der Informationsspeicherung kann die bereits mehrfach beschriebene Verfügbarkeitsheuristik auftreten – hier nun allerdings auf Seiten des Informationsempfängers. Das Speichern von Berichtsinformationen hat zum Ziel, die Verfügbarkeit und Zugänglichkeit der Informationsobjekte sicherzustellen bzw. zu verbessern. Was gespeichert wird, ist in Zukunft (hoffentlich) rasch und einfach auffindbar und besitzt damit eine höhere Wahrscheinlichkeit, zukünftige Handlungen und Entscheidungen der Berichtsempfänger zu beeinflussen. Wenn man so will, „provoziert" die Informationsspeicherung geradezu das Auftreten der Verfügbarkeitsheuristik: Auf sie wird häufiger zurückgegriffen, sie bleibt leichter und deutlicher im Gedächtnis der Handelnden.

Entscheidend ist hier weniger die reine Tatsache der Informationsspeicherung selbst. Riesige Archive oder elektronische „Datengräber" führen per se noch nicht dazu, dass ihre Inhalte leichter zugänglich sind. Vielmehr ist es die (bewusste oder unbewusste) *Priorisierung* einzelner Informationsobjekte, welche beim Informationsempfänger nachfolgend die Verfügbarkeitsheuristik auslöst: Einige Informationsobjekte sind nicht im prinzipiell zugänglichen „Datengrab" des ERP-Systems „versteckt", sondern als Management Summary explizit verteilt worden. Kernaussagen des Monatsberichts sind nicht nur im tabellarischen Anhang des Berichts, sondern auch im Protokoll der Vorstandssitzung enthalten und damit gegenüber anderen Informationsobjekten hervorgehoben. Die selektive Hervorhebung einzelner Informationsobjekte im Zuge der Speicherung und Dokumentation ist also die eigentliche Basis für die Verfügbarkeitsheuristik – nicht die umfassende Informationsspeicherung als solche.

6.3.3.6 Heuristiken und Verzerrungen in der Phase „Informationsübermittlung“

Die Informationsübermittlung stellt den eigentlichen Kommunikationsakt dar, welcher unter Nutzung verschiedenster Medien und Kommunikationskanäle erfolgen kann. Verzerrungen sind hier zum einen durch die Beziehung zwischen Sender (Berichtsersteller) und (Berichts-)Empfänger, zum anderen aber auch direkt durch die für die Übermittlung gewählte Darstellungsform der Information bedingt. Letztere liegt in der Verantwortung des Berichtserstellers, weshalb diesem auch in dieser Phase einige der auftretenden Verzerrungen zugerechnet werden können.

Framing Effekt

Der Framing Effekt[443] bezeichnet die Tatsache, dass die Wahrnehmung eines Problems oder Sachverhalts durch den Informationsempfänger maßgeblich von der Art der Darstellung beeinflusst wird. Die Präsentation der Information bildet also einen Rahmen für deren Interpretation.[444] Je nachdem wie (d.h. mit welchen Formulierungen und Begriffen) ein Sachverhalt dargestellt wird, kann seine Interpretation durch den Informationsempfänger unterschiedlich ausfallen. Im ursprünglichen Experiment konnten Kahnemann und Tversky etwa zeigen, dass Alternativen mit identischen Erwartungswerten von den Versuchsteilnehmern signifikant unterschiedlich häufig gewählt wurden, je nachdem ob sie eher positiv oder eher negativ formuliert waren. Während ein homo oeconomicus aufgrund des identischen Erwartungswertes die Alternativen auch als identisch wahrnehmen würde, bilden Menschen aber unterschiedliche Präferenzen aus – sie lassen sich vom sprachlich konstruierten Rahmen leiten und sind nicht invariant gegenüber den gewählten Formulierungen.[445]

Im Berichtswesen dann entsprechend durch bewusste oder unbewusste Wahl bestimmter Formulierungen und Darstellungsformen die Interpretation der Berichtsinhalte beeinflusst werden. Die Aussage „Die Zahlen sprechen für sich!" bedeutet eben nicht, dass die Botschaft bei jedem Empfänger gleich ankommt. Durch den Einsatz von negativ oder positiv formulierten Aussagen kann der Berichtsersteller entsprechend teilweise die Interpretation der Berichtsinhalte durch die Empfänger beeinflussen.[446]

> **Konkret**: Beispiel für den Framing Effekt in der Informationsübermittlung
>
> Typische Beispiele für einen Framing Effekt entstehen immer dann, wenn in einem Bericht Wertungen ausgedrückt werden.
>
> Die beiden Aussagen „Das neue Produkt A konnte bereits im ersten Quartal nach Markteinführung die Hälfte aller etablierten Produkte im Umsatz übertreffen" und „Das neue Produkt A landete im ersten Quartal nach Markteinführung nur im Mittelfeld der Umsatzstatistik" können durchaus einen identischen Sachverhalt beschreiben – sie werden aber unterschiedliche Interpretationen und Reaktionen bei den Berichtsempfängern auslösen.

---

443 Die deutsche Übersetzung „Rahmeneffekt" ist in der deutschsprachigen Literatur nicht üblich, sodass auch hier ausschließlich der englische Begriff genutzt werden soll.

444 Vgl. Kahnemann/Tversky 1984

445 Hirsch zeigt dies am Beispiel von betrieblichen Anreizsystemen: so drücken die Formulierungen „80€ Grundgehalt und 20€ Bonus bei Zielerreichung" bzw. „100€ Grundgehalt und 20€ Abzug bei Nichterreichen des Ziels" zwar äquivalente Erwartungswerte aus, doch ihre Anreizwirkung wird unterschiedlich sein (vgl. Hirsch 2007a, S. 163).

446 Deshalb finden sich in Praktikerleitfäden zum Management Reporting durchaus auch Abschnitte zum Thema „richtige Formulierung von Berichtsinhalten" (vgl. etwa Pollmann/Rühm 2007, S. 196ff.).

Information Overload

Weiter oben wurde bereits darauf hingewiesen, dass Informationsangebot und Informationsnachfrage in vielen Fällen nicht völlig deckungsgleich sind.[447] Bedingt durch die stark wachsenden Möglichkeiten der elektronischen Daten- und Informationsverarbeitung sowie die gleichzeitig stark ansteigende Menge an verfügbaren Daten ist die Versuchung für den Berichtsersteller groß, die im Bericht enthaltene Informationsmenge ebenfalls deutlich auszuweiten. Dem liegt intuitiv die Einstellung zugrunde, dass mehr Information auch ein Mehr an Entscheidungs- und Handlungsqualität bedingt.[448]

Dem ist aber nicht so – im Gegenteil. Menschen verfügen nur über eine begrenzte kognitive Kapazität und können nicht unbegrenzte Informationsmengen aufnehmen. Wird diese maximal verarbeitbare Informationsmenge überschritten, so sinkt die Entscheidungsqualität sogar wieder. Es zeigt sich also ein Zusammenhang zwischen verfügbarer Informationsmenge und Entscheidungsqualität, der annähernd einer umgekehrten U-Kurve entspricht:[449] mit steigender Informationsmenge steigt zunächst auch die Qualität der Entscheidungen um nach Erreichen eines Maximums mit weiter zunehmender Informationsmenge wieder abzusinken: ein Mehr an Information ist in dieser Situation kontraproduktiv, es tritt ein „information overload“ auf.

> **Management Reporting-Enzyklopädie:**
>
> **Information Overload**
>
> Als Information Overload wird derjenige Teil des einem Berichtsempfänger zur Verfügung stehenden Informationsangebots bezeichnet, welcher die kognitiv beschränkten Informationsverarbeitungsfähigkeiten des Empfängers übersteigt.[450] Information Overload trägt zu keiner weiteren Verbesserung der Handlungs- und Entscheidungsqualität bei, sondern kann im Gegenteil kontraproduktiv wirken.

Information Overload stellt streng genommen keine Information im engen Sinne mehr dar, da ihm die konstitutive Eigenschaft der Zweckdienlichkeit fehlt: was zuvor noch nützlich war, wird nun unklar, lenkt ab, löst Widersprüche aus, lässt den Informationsempfänger verwirrter zurück als er zuvor war. Zu beachten ist, dass der Effekt zwar beim Berichtsempfänger auftritt, aber durch den Berichtsersteller ausgelöst wird. Dieser ist für die Informationsmenge und deren Aufbereitung verantwortlich und entscheidet auch, welche und wie viel Berichtsinformation übermittelt wird.

> **Konkret**: Beispiele für Information Overload in der Informationsübermittlung
>
> In Standardberichten ergibt sich häufig eine „schleichende Ausweitung“ des berichteten Informationsumfangs. Neben der allgemein als nützlich angesehenen Kerninformation

447 Vgl. Kapitel 2.2.
448 Vgl. Volnhals/Hirsch 2008, S. 50
449 Vgl. Hirsch/Volnhals 2012, S. 25
450 Vgl. Volnhals/Hirsch 2008, S. 51

äußern einzelne Berichtsempfänger immer wieder Sonderwünsche nach punktueller Zusatzinformation. Um diese Sonderwünsche nicht jedes Mal einzeln „nacharbeiten" zu müssen, nimmt das Controlling alle in der Vergangenheit geäußerten Sonderwünsche einfach in den Standardumfang des Berichts auf. Dieser wächst mit jedem neuen Berichtszyklus, um schließlich neben der ursprünglich als notwendig erachteten Information auch eine Vielzahl an Einzelinformationen zu enthalten, welche nur unter besonderen Bedingungen und von einzelnen Personen als nützlich erachtet wurden, nunmehr aber eher zur generellen Verwirrung und Verwunderung beitragen („Warum steht das eigentlich in unseren Monatsberichten? Was soll ich damit?").

Auch in Ad Hoc Berichten zeigt sich das Problem des Information Overload. In falsch verstandenem Ehrgeiz („Die sollen mal sehen, was wir alles zum Thema zusammengetragen haben!") oder aus mangelnder Reflexion des zu erwartenden Informationsbedarfs („Keine Ahnung, was die haben wollen. Wir packen einfach alles rein, was wir zum Thema herausgefunden haben.") werden Berichte über an sich eng begrenzte Fragestellungen mit einer Vielzahl an mehr oder weniger unverbundenen Einzelinformationen gefüllt – um damit das Gegenteil dessen zu erreichen, was Berichtsersteller und Berichtsempfänger eigentlich beabsichtigt haben.

Das Problem des Information Overload wird dadurch verschärft, dass sich viele Informationsempfänger der negativen Wirkung eines Zuviel an Information nicht bewusst sind. Empirische Untersuchungen zeigen wiederholt, dass sich Entscheider bei geringerem Informationsangebot unsicherer und unzufriedener fühlen als bei hohem Informationsangebot – und entsprechend nach mehr Information verlangen.[451] Offensichtlich wird die eigene Informationsverarbeitungskapazität generell überschätzt – das subjektive Überlastungsempfinden tritt später auf als der objektive Information Overload. Manager verlangen mehr Information, obwohl diese ihnen objektiv nichts mehr nützt. Für einen typischen Berichtsersteller ist es in solchen Situationen natürlich besonders schwierig, die Bitte nach weiterer Information abzulehnen.

Verzerrungen durch Beziehung und Rollen - zum Zweiten

Die Phase der Informationsübermittlung bietet Raum für Verzerrungen, die durch die Beziehungen zwischen den Beteiligten verursacht werden. Wie schon bei der Ermittlung des Informationsbedarfs beschrieben, geschieht die Informationsaufnahme nicht losgelöst von den Eigenschaften des Gegenüber: kommt die Berichtsinformation von einem sympathischen Controller, wird ihr unbewusst ein höherer Wahrheitsgehalt beigemessen. Ist der Berichtsersteller in der Vergangenheit durch seine Arroganz und unsympathisches Auftreten aufgefallen, wird dies Auswirkungen auf die Akzeptanz der Berichtsinformation haben („Was der Schnösel uns wohl nun wieder auf den Tisch legt..."). Umgekehrt wird eine ausgeprägte Abhängigkeit des Berichtserstellers vom Empfänger („Diesmal darf er nicht unzufrieden mit mir sein!") die Darstellung und Übermittlung der Inhalte beeinflussen.

---

451 Vgl. Hirsch/Volnhals 2012, S. 26

6.3.3.7 Heuristiken und Verzerrungen in der Phase „Informationsverwendung“

In der Phase der Informationsverwendung tritt der Empfänger der Berichtsinformation in den Fokus. Allerdings ist selbst hier auch auf Seiten des Berichtserstellers noch Raum für Verzerrungen, wie gleich am folgenden Phänomen gezeigt werden kann.

Labelling Effect (Etikettierungseffekt)

Ein „Etikett“ stellt allgemein eine Kennzeichnung eines Objekts dar (z.B. ein Preisetikett zur Kennzeichnung einer Ware). Auch „sprachliche Etiketten“ sind durchaus häufig anzutreffen. Werden Schlüsselwörter mit bestimmten Reizen verbunden, so beeinflussen sie die Wahrnehmung dieser Reize: ein als „lieblich“ beschriebener Wein wird tendenziell als süßer empfunden, die Geschwindigkeit eines Wagens wird von Augenzeugen tendenziell höher geschätzt, wenn der Wagen als „rasend“ und nicht als „fahrend“ beschrieben wird, etc.[452]

Ein Bezug zum Berichtswesen lässt sich hier unmittelbar erkennen: Vom Berichtsersteller (bewusst oder unbewusst) gewählte Formulierungen, Schlüsselwörter, Beschriftungen oder Überschriften können die Wahrnehmung der Berichtsinhalte deutlich beeinflussen: ein und dieselbe Tabelle kann durch unterschiedliche Überschriften oder einen anders formulierten Kommentar beim Berichtsempfänger deutlich unterschiedliche Reaktionen und Interpretationen auslösen.

Konkret: Beispiele für den Labelling Effect in der Informationsverwendung

Der Monatsbericht listet wie üblich auf der ersten Seite in einer kurzen Übersichtstabelle die von der Geschäftsführung vor einiger Zeit festgelegten Kenngrößen auf und vergleicht deren aktuelle Monatswerte mit den Budgetzahlen. Wie schon im Monat davor zeigt sich auch diesmal bei den meisten Kenngrößen eine leicht negative Abweichung der Istwerte von den Budgetgrößen. Der Controller wählt als Überschrift für die Management Summary den Titel „Auf dem Sprung, die Budgetziele zu übertreffen“. Das Management erkennt in den Zahlen in der Tat, dass man für die nächsten Monate eine gute Ausgangsposition hat und eine Übererfüllung der ambitionierten Budgetziele nach wie vor im Bereich des Möglichen ist. Man ist guter Dinge für die Zukunft…

Im nächsten Monat hat sich an diesem Trend nichts geändert. Tatsächlich sind die Abweichungen zum Budget mehr oder weniger unverändert geblieben, also weiterhin leicht negativ. Diesmal stellt der Controller die Management Summary unter den Titel „Noch immer hinter den Zielen“ – mit der zu erwartenden Reaktion des Managements: Noch länger kann man diese unbefriedigende Situation nicht akzeptieren, nun sind drastische Maßnahmen notwendig…

---

452 Vgl. Pohl 2004, S. 327

Wichtig ist auch hier, dass solche sprachlichen Etiketten vom Berichtsersteller nicht bewusst gewählt werden müssen, um ihre Wirkung zu entfalten – was die Verzerrung noch gefährlicher macht, da sich weder der Berichtsersteller noch der Berichtsempfänger des Effekts bewusst sind. Häufig bleibt das verbale Etikett viel stärker in der Erinnerung haften (und beeinflusst spätere Wahrnehmungen und Handlungen) als die „etikettierten" Informationsobjekte selbst („Die genauen Zahlen habe ich nicht mehr im Kopf, aber die Lage hat sich damals ja generell als ziemlich schlecht dargestellt.").

Verzerrungen durch Beziehung und Rollen - zum Dritten

Auch die Nutzung der übermittelten Berichtsinformation kann durch die zwischen den Beteiligten existierenden Beziehungen verzerrt werden: Rivalität, Sympathie, hierarchische Abhängigkeit, etc. können einen starken Einfluss darauf nehmen, wie der Berichtsempfänger mit der erhaltenen Information umgeht: Einem „Schützling" will man öffentlich nicht schaden, deshalb wird auch als mangelhaft empfundene Information genutzt. Da man sich als hierarchisch Höhergestellter keine Blöße geben will, werden als unverständlich empfundene Berichtsteile nicht hinterfragt, man stützt sich lieber auf Vermutungen über deren Bedeutung. Der erstellte Bericht wird als „beispielhaft" oder „unzureichend" tituliert – je nachdem, wie viel Sympathie zwischen dem Ersteller und dem Empfänger herrscht, etc.

Der Nutzen und die Bedeutung der Berichtsinformation für das Handeln der Empfänger sind eben nicht nur vom Inhalt, sondern auch von dem Beziehungsgefüge zwischen den Beteiligten abhängig. Kein homo oeconomicus würde sein Urteil über die erhaltene Information und deren weitere Verwendbarkeit von solchen Faktoren abhängig machen – Menschen tun dies sehr wohl.

Halo-Effekt - zum Dritten

Der bereits mehrfach beschriebene Halo-Effekt kann hier ähnlich wie in der Phase der Ermittlung des Informationsbedarfs wirken – allerdings mit „vertauschten Rollen". Nunmehr kann eine hervorstechende Eigenschaft des Berichtserstellers die Aufnahme und Nutzung der Information tendenziös beeinflussen: Der Berichtsersteller gilt allgemein als „lebenslustig" und „spaßig" – seine Berichte werden deshalb nicht ernst genommen, auch wenn sie durchaus den Kern des Problems treffen. Dem kleinwüchsigen Kollegen geht es ähnlich: unwillkürlich vergleicht der Empfänger dessen Berichte mit den Ergebnissen „der Großen" und legt andere Maßstäbe an die Ergebnisse „unseres kleinen Controllers" an.

Hindsight Bias (Rückschaufehler)

Ein Rückschaufehler tritt immer dann auf, wenn ein Individuum bei der Aufnahme von subjektiv neuer Information unbewusst *nachträglich* die vorher geschätzte Auftretenswahrscheinlichkeit dieser Information korrigiert („Das war ja klar, das wusste ich schon davor."). Individuen bilden in der Regel nachträglich „geschönte" Erinnerungen an ihre eigenen Einschätzungen und Urteile aus.[453]

Das nachträgliche Erinnern an die ursprünglich abgegebene Schätzung oder ein ursprünglich getroffenes Urteil ist also nicht unabhängig von der bereits bekannten Information über den tatsächlichen Wert oder das tatsächliche Ereignis – Menschen schaffen es nicht, ihnen bekannt gewordene Information „beiseite zu legen". Die Erinnerung an die ursprüngliche Schätzung wird systematisch von diesem Schätzwert abweichen und in Richtung des inzwischen bekannt gewordenen Ergebnisses verzerrt.[454] Man könnte den Rückschaufehler also auch als „nachträgliches Besserwissen" bezeichnen.

Im Management Reporting kann der Rückschaufehler dazu führen, dass Berichtsempfänger einzelne Informationsobjekte nicht als das aufnehmen und interpretieren, was sie eigentlich sind: Neuigkeiten bzw. Korrekturen von bisher vorhandenen Irrtümern. Stattdessen korrigiert der Berichtsempfänger bei der Aufnahme der Berichtsinformation seine Erinnerungen: „Das habe ich doch immer schon gesagt, so überraschend ist das nicht." Der Rückschaufehler führt dazu, dass die Unsicherheit in Entscheidungssituationen systematisch unterschätzt wird. Die Berichtsinformation verliert teilweise ihre Anregungsfunktion, der Empfänger lässt sich nicht mehr überraschen oder in seiner Meinung beeinflussen, da er nachträglich meint, dies oder zumindest etwas Ähnliches ohnehin erwartet zu haben.

> **Konkret**: Beispiel für den Rückschaufehler in der Informationsverwendung
>
> Nachdem der Geschäftsleitung wiederholt einzelne Kundenbeschwerden vorgetragen worden sind, wird nun eine detaillierte Darstellung der Kundenzufriedenheit beauftragt. Die Analyse zeigt, dass vor allem junge Kunden und Erstkäufer vermehrt unzufrieden sind. Dies ließ sich aus den bisherigen Einzelfällen so nicht ablesen, aber der Vertriebschef meint noch während der Ergebnispräsentation, dass ihn dies eigentlich nicht überrasche und die bisher eingeleiteten Maßnahmen dann doch völlig richtig seien – nun sollte man doch die Wirkung dieser Maßnahmen abwarten, bevor man weitere „Panikaktionen" starte...

Small Sample Fallacy (Ignorieren der Stichprobengröße) - zum Zweiten

Während für den Berichtsersteller ein Ignorieren der Stichprobengröße vor allem bei der Informationsgewinnung zu Verzerrungen führen kann, ist dieser Fehler auf Seiten des Berichtsempfängers naturgemäß bei der Verwendung der Berichtsinformation am ausgeprägtesten. Aussagen, welche sich auf eine (zu) kleine Stichprobengröße (Anzahl von Beobachtungen) stützen, werden ungerechtfertigterweise in ihrer Allgemeingültigkeit überschätzt. Gibt der Bericht nur einzelne Beispiele für positives oder negatives Kundenfeedback, so kann daraus streng genommen nicht auf die allgemeine Kundenzufriedenheit

---

453 Vgl. Grob/Bensberg 2009, S. 71

454 Vgl. Pohl 2004b, S. 366. Der Rückschaufehler ist häufig an Montagen anzutreffen, wenn jedermann bereits am Freitag gewusst haben will, wie die Fußballspiele vom Wochenende wohl laufen werden.

geschlossen werden. Genau dies werden viele Berichtsempfänger aber tun. Das besondere Hervorheben eines Falles, in welchem dem Konkurrenten doch noch ein Auftrag weggeschnappt werden konnte, sagt nichts über die allgemeine Wettbewerbsfähigkeit dieses Konkurrenten aus. Die Berichtsempfänger werden aber genau dies versuchen.

Berichtsempfänger sind versucht, Berichtsinformationen zu verallgemeinern – vor allem, wenn die Einzelinformationen bestehende Erwartungen oder Annahmen zu bestätigen scheinen („Na also, hier steht es schwarz auf weiß, ich lag also richtig mit meiner Annahme!").

Anchoring Effect (Verankerungsheuristik) - zum Zweiten

Ankereffekte wurden bereits in der Phase der Informationsverarbeitung (auf Seiten des Berichtserstellers) als eine wesentliche Heuristik beschrieben. Auch der Empfänger von Berichtsinformation arbeitet mit Ankern. Diese Anker können im Bericht selbst gesetzt werden (z.B. durch Wahl der Vergleichsmaßstäbe oder durch die logische Anordnung der Berichtsinformation), können aber auch (mehr oder weniger zufällig) aus anderen Quellen stammen und danach die Interpretation der Berichtsinformation beeinflussen. Der Empfänger nutzt (unbewusst) Ankerwerte, um seine Erwartungen und Prognosen bezüglich anderer Werte zu bilden. Je nach Wahl und Höhe des Ankers wird auch die eigene Prognose unterschiedlich ausfallen. Das wiederum hat Auswirkungen darauf, wie die Berichtsinformation interpretiert und wahrgenommen wird – z.B. welche Werte als „enttäuschend" oder „zufriedenstellend" interpretiert werden (je nachdem mit welchem Ankerwert sie verglichen werden).

Confirmation Bias (Tendenz zur Bestätigung der eigenen Annahmen) - zum Zweiten

Menschen suchen tendenziell nach Bestätigungen für ihre vorhandenen Meinungen und Einstellungen. Dies wurde als Confirmation Bias bezeichnet. Dieser Tendenz zur Bestätigung der eigenen Annahmen unterliegt auch ein Berichtsempfänger. Er gleicht die aufgenommene Berichtsinformation mit seiner eigenen Meinung ab. Information, welche den eigenen Standpunkt tendenziell unterstützt, wird als näherliegend eingestuft als sie tatsächlich ist (Assimilationsfehler), während Information, welche sich von der eigenen Meinung unterscheidet als noch stärker unterschiedlich wahrgenommen wird (Kontrastierungsfehler).[455] Die Unterschiede zwischen der Berichtsinformation und der eigenen Meinung werden also in beide Richtungen unbewusst übertrieben, um ihre Akzeptanz bzw. Zurückweisung zu ermöglichen.

So gelingt es unterschiedlichen Berichtsempfängern, die gleiche Berichtsinformation unterschiedlich – nämlich jeweils als den eigenen Standpunkt bestätigend – zu interpretieren: Die aktuellen Monatszahlen zeigen einen leicht vergrößerten Marktanteil beim Hauptkunden, da zwei wichtige Aufträge dem größten Konkurrenten weggeschnappt werden konnten. Leider ist der Einstieg in die neue Technologie beim Kunden nicht geglückt. Diesen

---

[455] Vgl. Koch 1994, S. 155

Auftrag hat sich der Konkurrent geholt. Der Bericht zeigt deshalb eindeutig, dass die eigene Wettbewerbsfähigkeit gestiegen bzw. gesunken ist – je nachdem, welcher Meinung man vor Kenntnis des Berichts war.

Validity Effect (Wahrheitseffekt) - zum Zweiten

Die Wiederholung einer bereits vorher wahrgenommenen Aussage erhöht deren subjektiven Wahrheitsgehalt. Dies wurde als Wahrheitseffekt bezeichnet. Im Management Reporting kann dies dazu führen, dass redundante, mehrfach (möglicherweise in leicht veränderter Darstellungsform) aufscheinende Berichtsinformation unbewusst an Wahrheitsgehalt gewinnt: Wird sowohl im Bericht als auch in den Medien und bei Pausengesprächen auf die schwierige konjunkturelle Lage verwiesen, so wird diese letztendlich als Wahrheit akzeptiert und die Validität des Arguments nicht mehr hinterfragt. Der Berichtsempfänger ist so oft mit dieser Information konfrontiert worden, dass sie seiner Meinung nach einfach stimmen muss. Im Management Reporting ist dem Ersteller der Berichtsinformation allerdings in der Regel nicht bekannt, welche Berichtsinformationen beim Empfänger den Wahrheitseffekt auslösen, da dieser sie mit ähnlichen Informationen aus anderen Quellen und anderen Situationen in Verbindung bringt.

Availability Bias (Verfügbarkeitsheuristik) - zum Vierten

Die Verfügbarkeitsheuristik wurde bereits in verschiedenen Phasen des Informationsprozesses als eine typische Verzerrung beschrieben. Auch in der Phase der Informationsverwendung durch den Berichtsempfänger kann sie auftreten. Der Empfänger versucht unbewusst, die Wahrscheinlichkeit oder Glaubwürdigkeit einer Berichtsinformation dadurch einzuschätzen, dass er sich an ähnliche Ereignisse oder Informationen zu erinnern versucht.[456] Kann er spontan solche Assoziationen herstellen oder fallen ihm ungestützt (d.h. ohne fremde Reize) ähnliche Begebenheiten ein, interpretiert er dies als Hinweis auf eine höhere Glaubwürdigkeit der Berichtsinformation: „Das habe ich schon einmal anderswo gehört / gelesen, das erscheint plausibel.“

Ein Bezug zum Wahrheitseffekt ist offensichtlich: Was häufiger wiederholt wird, ist leichter erinnerbar und wird unbewusst als glaubwürdiger eingestuft. Steter Tropfen höhlt den Stein…

6.3.4 Zur Vermeidbarkeit von Störungen

Störungen und Verzerrungen im Informationsprozess können nicht vollständig vermieden werden. Bei vielen Arten von Biases hat sich gezeigt, dass das menschliche Informationsverhalten selbst bei expliziten Hinweisen oder bei subjektivem Bewusstsein über ihre Existenz nach wie vor verzerrt bleibt. Menschen können nur sehr bedingt in die Haut eines homo oeconomicus schlüpfen – selbst wenn sie wollen. Deshalb kann es auch im Berichts-

---

456 Vgl. Weber/Riesenhuber 2002, S. 18f.

wesen nicht darum gehen, die beschriebenen Störungen und Verzerrungen vollständig zu eliminieren. Allerdings sind durchaus Möglichkeiten zur Verringerung dieser Verzerrungen vorhanden:

- **Bereitstellung von Hilfsmitteln**, welche die Informationsverarbeitung und nachfolgende Entscheidungsfindung unterstützen und strukturieren.[457] Hierbei kann es sich um simple Checklisten, festgelegte Prozeduren und Prozessbeschreibungen (Leitfäden) ebenso handeln wie um komplexe technische Expertensysteme, welche den gesamten Informationsprozess begleiten. Alle Hilfsmittel engen den handlungs- und Interpretationsspielraum der beteiligten Akteure ein, was zwar die Kreativität und Flexibilität beeinträchtigt, aber umgekehrt subjektive Abweichungen und eben „Verirrungen" reduziert. Genau dieser Effekt steht hier im Vordergrund. Im Management Reporting kann z.B. durch Leitfäden oder Checklisten festgelegt werden, welche Informationsquellen überhaupt durchsucht werden sollen oder welche Informationsobjekte in einen Bericht aufgenommen werden müssen.[458] Expertensysteme können bei der Analyse der Daten ebenso wie bei deren Interpretation eingesetzt werden und unverzerrte Interpretationen unterstützen.

- **Zuweisung von Verantwortung** auf die Handelnden.[459] Verantwortung besteht zunächst vor allem darin, das eigene Tun und Handeln erklären zu müssen, was sich wiederum in einem selbstkritischeren Vorgehen niederschlagen soll: Wer rechtfertigen muss, *was* er tut, wird sich genauer überlegen, *warum* er es tut und ob sein Handeln so richtig ist. Im Management Reporting bedeutet dies, die am Informationsprozess Beteiligten eindeutig zu identifizieren und die Rollenverteilung nachvollziehbar festzulegen. Es muss erkennbar sein, wer in welcher Form an der Erstellung des Berichts mitgewirkt hat und wer die Berichtsinformation weiter in welcher Form nutzen soll. Wer sich nicht hinter einer bequemen Anonymität verstecken kann, wird reflektierter handeln, da er für sein Handeln auch zur Rechenschaft gezogen werden kann.

- **Training.** Aufklärung über mögliche Verzerrungen, deren Ursachen und über Möglichkeiten ihrer Vermeidung kann helfen, das Bewusstsein der Beteiligten zu schärfen und die Wahrscheinlichkeit des Auftretens mancher Verzerrungen reduzieren. Wer die Stolperfallen kennt, kann diese auch besser vermeiden. Allerdings ist dies nicht immer sichergestellt, da sich manche Verzerrungen als erstaunlich robust gegenüber Aufklärung der Beteiligten erwiesen haben.[460]

- **Vorgehen in Gruppen.** Gruppen können als interne Fehlererkennung in Informationsverarbeitungsprozessen wirken. Wo ein einzelner Akteur seine eigene Unzulänglichkeit nicht erkennt, können andere Gruppenmitglieder als Korrektiv wirken.[461] So kann die Erstellung und auch die Auswertung von Berichtsinformation nicht nur aus Effizienz-

---

457 Vgl. Kotchetova/Salterio 2004, S. 559
458 Vgl. Weber/Riesenhuber 2002, S. 24
459 Vgl. Larrick 2004, S. 322 und Kotchetova/Salterio 2004, S. 558
460 So etwa der Verankerungseffekt (vgl. Kapitel 6.3.3.4).
461 Larrick 2004, S. 326

oder Zeitgründen auf mehrere Personen verteilt werden, sondern auch, weil dadurch mögliche Verzerrungen verringert werden können. Allerdings sind auch Gruppen nicht frei von Verzerrungen, wie die genannten Beispiele von Gruppendenken oder durch Beziehungen und Rollen ausgelöste Verzerrungen zeigen.[462]

- Einige Verzerrungen treten bei **Experten** in geringerem Maße auf als bei ungeübten Beteiligten. Experten zeigen im Feld ihrer Expertise eine bessere Urteilsfähigkeit und eine bessere Selbsteinschätzung. Mit der Erstellung von Berichten (Quellenidentifikation, Datensuche, Auswertung und Darstellung) sollten deshalb vornehmlich Personen beauftragt werden, welche über das hierfür nötige Methoden- und Sachwissen verfügen. In der Regel wird dieses Fachwissen im Unternehmen der Controllingfunktion zugeschrieben. Allerdings darf auch ein Experte nicht mit dem Idealbild des homo oeconomicus gleichgesetzt werden. Auch Fachleute irren, handeln teilweise irrational und unterliegen verschiedenen Verzerrungen in ihrem Handeln – wenn auch teilweise in geringerem Ausmaß als Nicht-Experten.

Als Fazit bleibt festzuhalten, dass der Informationsprozess des Management Reporting in allen seinen Phasen anfällig ist für menschliches Verhalten, welches nicht dem idealisierten Bild eines homo oeconomicus entspricht. Die unvermeidbare begrenzte Rationalität der menschlichen Akteure kann durch technische Hilfsmittel und Systeme ebenso wie durch organisatorische und prozedurale Vorkehrungen zwar teilweise ausgeglichen, aber nie ganz eliminiert werden. Das Management Reporting bleibt wie jeder andere Informationsprozess notwendigerweise „menschlich“ und damit fehleranfällig.

462 Vgl. Kapitel 6.3.3.1.

7 „Wann“ - die zeitliche Dimension von Berichten

Nach dem „Was?“ und dem „Wie?“ ist die Frage nach dem „Wann?“ die dritte große Gestaltungsdimension des Management Reporting. Darunter sollen alle Aspekte der zeitlichen Gestaltung und des terminlichen Ablaufs des internen Berichtswesens subsummiert werden. Entsprechend wird im Folgenden auf die nachstehenden Fragen eingegangen: In welchen Abständen wird berichtet (Berichtszyklen) und welche Zeiträume werden in den Berichten inhaltlich abgedeckt (Kapitel 7.1)? Wie werden die Berichtszeitpunkte gewählt und welche Beziehungen bestehen zwischen dem Zeitpunkt der Berichtserstellung und dem Zeitpunkt der Berichtsnutzung (Kapitel 7.2)? Wie viel Zeit beansprucht der Prozess des Management Reporting selbst und welche Konsequenzen ergeben sich daraus für die Nutzung der Berichtsinformation bzw. für den Nutzen von Berichten allgemein (Kapitel 7.3)?

7.1 Berichtszyklen und Berichtszeiträume

Bereits bei der Darstellung typischer Berichtsarten wurden periodisch wiederkehrende Standardberichte von fallweise erstellten oder überhaupt nur einmalig anfallenden Abweichungs- und Ad-Hoc Berichten abgegrenzt.[463] Bei den regelmäßig erstellten Standardberichten stellt sich immer die Notwendigkeit, die zeitlichen Abstände zwischen einzelnen Berichtsinstanzen (Berichtszyklus) sowie den Berichtszeitraum festzulegen.

> **Management Reporting-Enzyklopädie:**
>
> **Berichtszyklus und Berichtszeitraum**
>
> Der Berichtszyklus kennzeichnet den Zeitraum, welcher zwischen zwei aufeinanderfolgenden Erstellungsterminen eines periodisch wiederkehrend erstellten Standardberichts liegt. Der Berichtszyklus ist damit der maximale Zeitraum, den ein Berichtsnutzer warten muss, bis der gewünschte Standardbericht in aktualisierter Form vorliegt.
>
> Der Berichtszeitraum kennzeichnet die Zeitspanne, über welche ein Bericht Information enthält. Die in einem Bericht enthaltene Information bezieht sich auf Zeitpunkte und/oder Zeitabschnitte innerhalb des Berichtszeitraums.

Berichtszyklus und Berichtszeitraum sind nicht synonym und fallen in aller Regel auch nicht zusammen: Der häufigste Berichtszyklus ist in der Praxis der Kalendermonat. Doch typische Monatsberichte enthalten meist Information, welche sich nicht nur auf einen einzigen Monat bezieht (Berichtszeitraum). Monatsberichte enthalten in aller Regel auch In-

---

463 Vgl. Kapitel 4.1.2.

formationen über das gesamte Kalenderjahr (z.B. Budgetwerte), über Vorjahre (z.B. Vergleichswerte) oder über bisher abgeschlossene Monate des aktuellen Geschäftsjahrs („Year to date"-Aussagen). Der Berichtszeitraum ist also normalerweise länger als der Berichtszyklus, sodass aufeinanderfolgende Berichte sich in ihren inhaltlichen Aussagen zeitlich überlappen – was aus Gründen der Vergleichbarkeit und leichteren Informationsaufnahme und -verarbeitung durchaus gewünscht ist.

Trotzdem gilt natürlich, dass aus Gründen der Berichtseffizienz und Berichtseffektivität nicht zu oft und nicht zu selten berichtet werden soll. Die Berichts- und Aktualisierungszyklen sollen so gewählt werden, dass diese mit der Dynamik und Reagibilität der Berichtsinhalte möglichst übereinstimmen (vgl. **Abbildung 7.1**).

Abbildung 7.1 Periodizität von typischen Berichtsinhalten

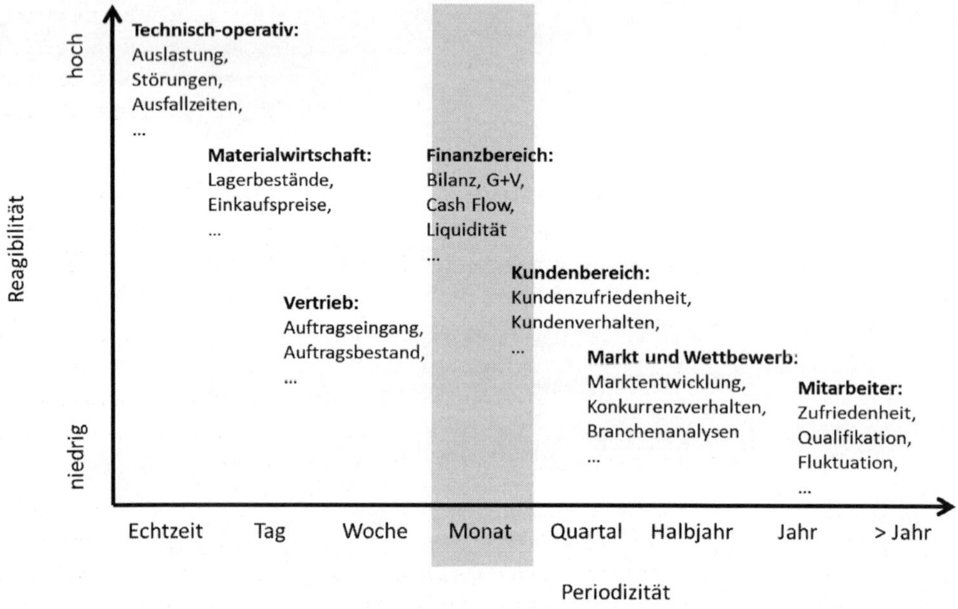

Quelle: in Anlehnung an Waniczek 2002, S. 131

Beziehen sich Berichte auf Sachverhalte, welche sich nur selten oder nur sehr langsam ändern, so ist ein längerer Berichtszyklus möglich als bei Sachverhalten, welche starken Schwankungen unterliegen. Dasselbe gilt für die Notwendigkeit, auf Berichtsinformation zu reagieren: wird die Berichtsinformation sehr häufig oder kurzfristig Basis von Entscheidungen oder Handlungen, so muss sie in entsprechend kürzeren Abständen zur Verfügung gestellt werden. Im Extremfall kann eine laufende Aktualisierung und Zurverfügungstellung „in Echtzeit" (z.B. online) erforderlich sein. In diesen Fällen wandelt sich Berichtsinformation von einer Bringschuld der Berichtsersteller zu einer Holschuld der Berichtsempfänger:[464] zentral verfügbare und laufend aktualisierte Informationen müssen durch die Nutzer bei Bedarf aktiv abgerufen werden (continuous management reporting).

Aus diesen allgemeinen Regeln kann auf typische Inhalte verschiedener Standardberichte geschlossen werden:[465]

- Tägliche oder noch kürzere Berichtszyklen sind sinnvoll für Informationen, welche sich zum einen rasch ändern und zum anderen auch kontinuierlich für die operative Steuerung des Unternehmens nötig sind. Im technisch-produktiven Bereich sind dies z.B. Ausfalls- und Auslastungszeiten, im finanziellen Bereich Liquiditätsbestände oder Zahlungsein- und -ausgänge. Selbstverständlich müssen täglich aktualisierte Berichte weitestgehend automatisiert ablaufen bzw. in Form von online abrufbaren Informationsportalen realisiert werden.
- Wöchentliche Berichtszyklen bieten sich für Informationsobjekte an, welche zum operativen Steuerungsinstrumentarium zählen, aber nicht im täglichen Rhythmus aktualisiert werden müssen. Je nach Branche können hierzu z.B. Auftragseingang und Umsatz, aber auch Lagerbestände oder aktuelle Marktpreise gehören (z.B. für wichtige Rohstoffe).
- Der „klassische" monatliche Berichtszyklus umfasst meist Informationen aus den Monatsabschlüssen (G+V, Bilanzdaten), aber auch vielfältige Informationen aus anderen Funktionsbereichen (Personalbestand, Lagerbestand, Einkaufs- und Produktionsmengen, etc.).
- Längere Berichtszyklen sind für Sachverhalte sinnvoll, welche nur langsamen Änderungen unterliegen und / oder deren Erfassung und Auswertung sehr aufwändig ist. Dazu gehören häufig Markt- und Brancheninformationen, aber auch detaillierte Auswertungen aus den Bereichen Personal (z.B. Qualifikationsmatrix) oder Marketing (Kundenzufriedenheitsanalysen, Imagebefragungen, etc.).

Der Berichtszyklus einzelner Informationsobjekte sollte also soweit möglich mit deren Nutzungszyklus übereinstimmen. Der Erhebungszyklus kann teilweise davon abweichen: So werden Daten der Buchhaltung oder Lagerbestandsveränderungen meist kontinuierlich erfasst, doch eine laufende Berichterstattung über diese Veränderungen wäre keineswegs sinnvoll. Erhebungszyklen sind nicht mit Berichtszyklen gleichzusetzen.[466]

---

464 Vgl. Stadler/Weißenberger 1999, S. 9
465 Vgl. Waniczek 2002, S. 130ff und Ederer 1995, S. 706
466 Vgl. Axson 2006, S. 154f.

Konkret: Periodizität und typische Berichtsinhalte in der Praxis

In einer Ende des Jahres 2001 durchgeführten Befragung untersuchten Gleich/Sasse/Gräf unter anderem die Periodizität der Berichterstattung von typischen Steuerungsgrößen in großen Unternehmen.[467] Dabei ergab sich folgendes Bild:

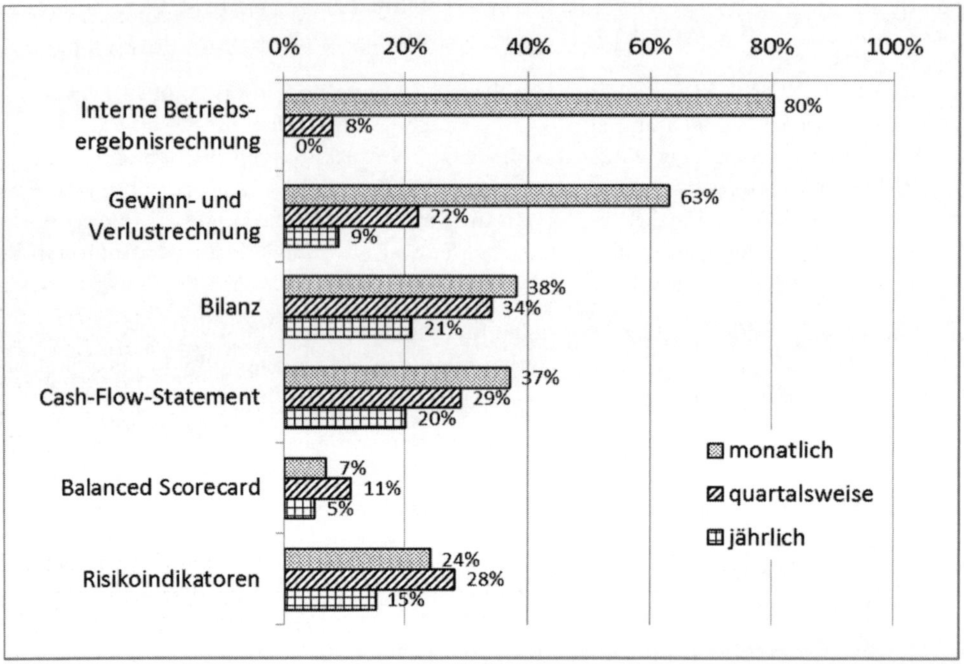

Quelle: Gleich/Sasse/Gräf 2003, S. 124, eigene Darstellung

„Klassische" Finanzkennzahlen aus der internen Ergebnisrechnung (Kostenrechnung) sowie der Gewinn- und Verlustrechnung werden in den allermeisten Fällen monatlich berichtet. Hier zeigt sich der offensichtlich häufige Nutzungsbedarf der Berichtsempfänger. Bei anderen finanziellen Basisgrößen variiert der Berichtszyklus stärker zwischen den Unternehmen. Dies mag teilweise auch in den Erhebungszyklen begründet sein: Cash Flow Statements oder Unternehmensbilanzen werden häufig nicht im Monatsrhythmus erstellt. Der Erhebungszyklus bildet somit die Obergrenze des maximal erreichbaren Berichtszyklus: Was nicht häufiger ermittelt wird, kann auch nicht häufiger berichtet werden.

Eine Veränderung der Berichtszyklen unter gleichzeitiger Beibehaltung der Berichtszeiträume führt zu einem veränderten Ausmaß an subjektiver Redundanz:[468] Werden z.B. die Istwerte des abgelaufenen Geschäftsjahres nicht mehr vierteljährlich, sondern monatlich in Berichten abgedeckt, so wird der Berichtsempfänger entsprechend häufiger mit diesen

467 Vgl. Gleich/Sasse/Gräf 2003
468 Zum Begriff der subjektiven Redundanz vgl. Kapitel 5.4.3.

Informationen konfrontiert, ihr Neuigkeitswert sinkt. Umgekehrt führt eine Verkürzung der Berichtszeiträume bei gleichbleibenden Berichtszyklen zu einer Abnahme der Redundanz: Werden in den Monatsberichten nicht mehr die Monate des gesamten abgelaufenen Geschäftsjahrs, sondern nur mehr des vergangenen Quartals dargestellt, wird der Empfänger entsprechend nur mehr dreimal mit diesen Informationen konfrontiert. Redundanz ist im Management Reporting durchaus auch gewollt und kann bewusst eingesetzt werden.[469] Das Zusammenspiel aus Berichtszyklus und Berichtszeitraum stellt ein Instrument zu deren gezielten Steuerung dar.

7.2 Berichtszeitpunkte, Aktualität

Von der Frage der Berichtszyklen ist die Frage nach den Berichtszeitpunkten zu trennen: Management Reports können in relativ kurzen Abständen (z.B. monatlich) erstellt werden und trotzdem zu den falschen Zeitpunkten verfügbar sein. Der richtige Berichtszeitpunkt ist prinzipiell immer dann gegeben, wenn die berichtete Information auch tatsächlich benötigt wird – also eine zeitliche Nähe zwischen Informationsverfügbarkeit und Informationsbedarf[470] gegeben ist. Müssen Entscheidungen in immer rascherer Abfolge getroffen und Handlungen immer kurzfristiger umgesetzt werden, so muss auch die dafür notwendige Information immer rascher zur Verfügung gestellt werden. Zeit und Schnelligkeit werden auch im Management Reporting zu Erfolgsfaktoren.[471]

Da der subjektive Informationsbedarf der verschiedenen Informationsempfänger aber nicht genau vorhersehbar ist und auch zwischen den Berichtsempfängern differieren kann, wird Aktualität deshalb in der Praxis meist als „Pünktlichkeit" verstanden und als die zeitliche Nähe zwischen der Informationsverfügbarkeit und vorab definierten Berichtsterminen interpretiert: Berichte sollen zuallererst pünktlich sein, d.h. die vorab definierten Berichtstermine einhalten. Da diese Berichtstermine aber eben vorab definiert werden mussten und sich (fast) nicht am möglicherweise nur ganz kurzfristig auftretenden Informationsbedarf orientieren können, entsteht notwendigerweise eine gewisse zeitliche Diskrepanz zwischen der Verfügbarkeit von („pünktlicher") Berichtsinformation und konkretem Informationsbedarf. Diese Diskrepanz wird umso gravierender, je schnelllebiger das Umfeld ist, in dem gehandelt werden muss: „Manager are trying to manage a real-time world with batch reports."[472]

Damit wird die Festlegung von Berichtsterminen zu einer wichtigen Entscheidung im Prozess des Management Reporting. Werden die Berichtstermine falsch (d.h. unpassend) gesetzt, so leidet die Aktualität der Berichte: zu frühe Berichte, welche auf die Notwendigkeiten und Nebenbedingungen des Erstellungsprozesses nicht genügend Rücksicht nehmen, können nicht eingehalten werden. In der Folge sind die Berichtsersteller frustriert und die

---

469 Vgl. dazu Kapitel 5.4.2

470 Vgl. dazu noch einmal die Definition von „Aktualität" in Kapitel 5.4.1

471 Vgl. Haberstroh/Papperitz 1992, S. 12

472 Axson 2006, S. 132

Berichtsempfänger enttäuscht. Wird der frühe Termin eingehalten, so kann der Empfänger die Information eventuell noch nicht aufnehmen bzw. adäquat verarbeiten. Der Bericht fördert dann eher den „Information Overload“, als dass er die anstehenden Handlungen unterstützt.[473] Auch zu späte Termine sind zu vermeiden. In diesen Fällen entsteht das Informationsbedürfnis, bevor es durch einen (offiziell pünktlichen) Bericht gedeckt werden kann. Entscheidungen und Handlungen müssen dann ohne die eigentlich notwendige Information getroffen bzw. initiiert werden,[474] da nicht auf die Berichtsinformation gewartet werden kann.

Obwohl das zeitliche Dilemma des Management Reporting nie zur Gänze aufgelöst werden kann, so finden sich in der Praxis zwei wesentliche Ansätze zur Minderung des Problems.

Ansatz der „Flash Reports“

„Flash reports“ – im Deutschen am ehesten mit „Schnellmeldung“ oder wörtlich „Blitzmeldung“ zu übersetzen – bezeichnen Vorabberichte, welche möglichst schnell nach Ablauf eines berichtsauslösenden Ereignisses erstellt werden, um ausgewählte, besonders wichtige Inhalte des späteren vollständigen Berichts möglichst frühzeitig an den Empfängerkreis kommunizieren zu können.

Flash Reports sind eine durchaus häufig anzutreffende Ergänzung zu den klassischen Monatsberichten.[475] Das berichtsauslösende Ereignis ist hierbei der Abschluss eines Kalendermonats. Der Prozess der Berichtserstellung nimmt allerdings einige Zeit in Anspruch,[476] sodass die Berichtsempfänger nicht unmittelbar nach Monatsende die Berichtsinformation nutzen können. Ein Flash Report soll eine schnelle Erstinformation mit ausgewählten Informationen ermöglichen.

> **Management Reporting-Enzyklopädie:**
>
> **Flash Report**
>
> Flash Reports sind Vorabberichte, welche möglichst rasch nach Auftreten eines berichtsauslösenden Ereignisses oder Termins erstellt werden, um eine schnelle Erstinformation zu ermöglichen und die Berichtsempfänger mit den wesentlichsten Aussagen des später fertiggestellten regulären Berichts vertraut zu machen.

Dabei wird auf Detaillierungstiefe, Genauigkeit und Kommentierung zugunsten von Schnelligkeit verzichtet. Die Informationen des Flash Reports sind meist vorläufig und können sich im Zuge der Erstellung des endgültigen Berichts noch ändern. Flash Reports machen deshalb vor allem dann Sinn, wenn der Nutzen einer schnellen Verfügbarkeit die Nachteile einer mangelnden Genauigkeit und Stabilität überkompensiert: „Besser eine erste grobe Schätzung sofort als 2 Wochen auf genaue Zahlen warten müssen!“ Flash Reports

473 Vgl. Weber/Schaier/Strangfeld 2005, S. 25 und auch Kapitel 6.3.3.6
474 Vgl. dazu schon Blohm/Heinrich 1965, S. 51f.
475 Vgl. z.B. Weber/Schaier/Strangfeld 2005, S. 51
476 Siehe dazu gleich weiter unten Kapitel 7.3.

enthalten deshalb auch nur Informationsarten, mit welchen die Berichtsempfänger gut vertraut sind und deren Interpretation rasch und ohne Unterstützung möglich ist (meist vor allem finanzielle Kennzahlen).

Ansatz des „Fast Close"

Dem eigentlichen Bericht einen Vorabbericht vorauszuschicken, um das Informationsbedürfnis der Empfänger möglichst rasch zumindest teilweise befriedigen zu können, ist aus verschiedenen Gründen keine optimale Lösung: Zum einen bindet auch die Erstellung der Flash Reports Ressourcen, wenngleich der Aufwand für deren Erstellung möglichst gering gehalten wird. Zum anderen sind Flash Reports naturgemäß kein vollwertiger Ersatz für den eigentlichen, später folgenden Bericht. Damit bleibt die Gefahr bestehen, dass trotz Flash Reports (und damit intensiviertem Ressourceneinsatz) das Management Reporting seine Aufgabe nach wie vor nur unzureichend erfüllen kann.

Konsequenter, aber auch anspruchsvoller ist deshalb der Alternativansatz des „Fast Close". Dahinter verbirgt sich das Bestreben, möglichst rasch nach Erreichen des berichtsauslösenden Termins bereits den endgültigen Bericht vorlegen zu können. Das Konzept des Fast Close stammt aus dem externen Rechnungswesen: Man versucht, die Bücher möglichst rasch zu schließen, die Daten aufzuarbeiten und die aktuellen Geschäftszahlen möglichst rasch zu veröffentlichen.[477] Dies kann analog natürlich auch für das interne Rechnungswesen und damit im Management Reporting versucht werden. Für die Umsetzung einer derart beschleunigten Berichtserstattung sind verschiedene Maßnahmen denkbar:[478]

- Vorziehen von vorbereitenden Tätigkeiten auf die Zeit vor dem berichtsauslösenden Termin,
- Standardisierung von Prozessen und Vereinheitlichung von IT-Systemen zur Beschleunigung von Verarbeitungsschritten und Vermeidung von manuellen Schnittstellen,
- Vereinheitlichung von Datenstrukturen,
- Zusammenführung von Konsolidierungen, Angleichen von externem und internem Rechnungswesen zur Vermeidung von Doppelarbeiten.

7.3 Dauer des Reportingprozesses

Das Problem der eingeschränkten Aktualität, welches durch Flash Reports oder Fast Close Projekte gelöst werden soll, hat seine primäre Ursache in der Dauer des Reportingprozesses. Auch in einfachen, routinisierten Informationsprozessen[479] sind immer mehrere, teilweise sehr zeitaufwändige, Schritte zu durchlaufen. Dazu kommt, dass nicht nur die Pha-

---

[477] Vgl. Weide 2009b, S. 9
[478] Vgl. Eggemann/Petry 2002, S. 1673f., Weide 2009, S. 10
[479] Vgl. dazu auch Kapitel 2.1.3.

sen der eigentlichen Berichtserstellung, sondern auch die nachfolgende Informationsnutzung Zeit benötigt. Nicht zu vergessen ist auch, dass zuerst „etwas geschehen muss, damit es berichtet werden kann": Jeder Berichtsinformation geht ein Ereignis oder eine Entwicklung voraus, welche ihrerseits Zeit beansprucht. Der Berichtszweck im engeren Sinn ist erfüllt, wenn die Berichtsinformation das Handeln der Berichtsempfänger beeinflusst hat. Im weiteren Sinn erfüllt sich der Berichtszweck aber erst dann, wenn das durch den Bericht ausgelöste Handeln seinerseits den intendierten Effekt gezeitigt hat: Abweichungen vom Plan treten im Zeitablauf (unter Umständen auch nur schleichend) auf, müssen erkannt und im Management Reporting aufgearbeitet und kommuniziert werden, woraufhin die Information interpretiert und zur Entwicklung von Gegenmaßnahmen genutzt werden kann, welche ihrerseits wieder ihre gewünschte Wirkung (nämlich die Erreichung der angepeilten Ziele) entfalten müssen (vgl. **Abbildung 7.2**).

Abbildung 7.2 Dauer des Management Reporting Prozesses als Erfolgsfaktor

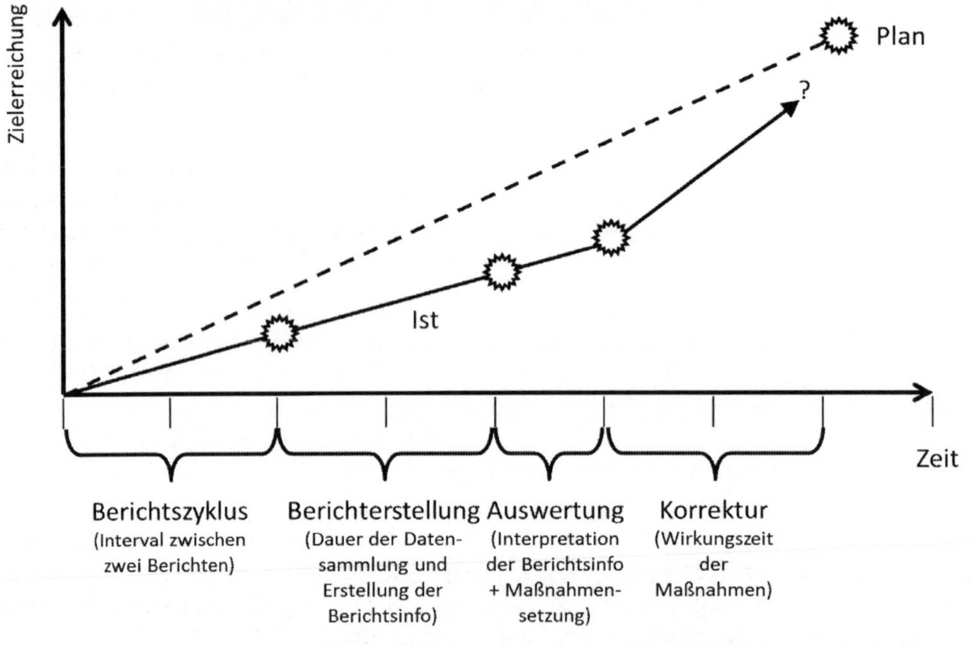

Quelle: in Anlehnung an Waniczek 2002, S. 53

Die im Unternehmen Handelnden streben eine kontinuierliche Annäherung an die gesetzten Ziele an (idealisiert dargestellt durch die unterbrochene Linie in **Abbildung 7.2**). Allerdings kommt es häufig zu Abweichungen von dieser geplanten Zielerreichung. Je nach Berichtszyklus dauert es bereits eine Weile, bis die Planabweichung überhaupt festgestellt werden kann. Je länger die Berichtszyklen, desto länger können Planabweichungen schleichend entstehen, ohne von den Verantwortlichen erkannt zu werden.[480] Bei Eintritt des Berichtszeitpunktes muss der Bericht zunächst erstellt und danach von den Empfängern ausgewertet werden. Dazu gehört, dass bei Bedarf Korrekturmaßnahmen eingeleitet werden, welche ihrerseits Zeit benötigen, bis sie die angestrebte Korrektur hin zum Zielzustand bewirken können.

Jede der beschriebenen Phasen des Reportingprozesses kann durch eine Verkürzung ihrer Dauer zu einer effektiveren Steuerung des Unternehmens beitragen:

1. Kürzere Reportingzyklen reduzieren die Gefahr, dass Zielabweichungen lange unbemerkt bleiben. Je kritischer eine Größe für die Steuerung des Unternehmens ist, desto geringer sollten die Zyklen sein, in denen den Verantwortlichen über diese Größe berichtet wird.
2. Eine Verkürzung der Phase der eigentlichen Berichtserstellung trägt ebenfalls dazu bei, dass Abweichungen und Störungen möglichst rasch von den Verantwortlichen zur Kenntnis genommen werden können.
3. Bei der Erstellung des Berichts kann bereits durch eine adäquate Darstellung und Kommentierung der Berichtsinhalte die Phase der Auswertung und Maßnahmensetzung verkürzt werden.
4. Letztendlich kann der Bericht durch Aufnahme geeigneter Maßnahmenvorschläge Fehler bei der Setzung von Korrekturmaßnahmen vermeiden. Soweit die Berichtersteller sich bereits mit dem berichteten Problem auseinandersetzen mussten und über das notwendige Expertenwissen verfügen, können sie unter Umständen geeignetere (rascher wirkende) Maßnahmen erarbeiten als dies die Berichtsempfänger selbst könnten.

Es überrascht deshalb nicht, dass in der Praxis auf einen möglichst schnellen Reportingablauf und eine Verkürzung der Dauer einzelner Phasen des Reportingprozesses großes Augenmerk gelegt wird.

Konkret: Empirische Ergebnisse zu Dauer und Aufwand des Management Reportingprozesses in der Praxis

Die Erstellungsdauer von Monatsberichten als häufigstem Standardbericht wurde bereits mehrfach empirisch untersucht.[481] Dabei zeigen sich durchaus große Unterschiede sowohl was die durchschnittliche Dauer der Berichtserstellung als auch was die Extremwerte unter den jeweils untersuchten Unternehmen betrifft:

Während die schnellsten Beispielsunternehmen in allen Untersuchungen die Monatsberichte bereits nach wenigen Tagen den Empfänger bereitstellen können, brauchen die langsamsten bis zu 20 Arbeitstage – was beinahe einem ganzen Kalendermonat ent-

480 Vgl. Waniczek 2002, S. 52

481 Vgl. z.B. Stadler/Weißenberger 1999, Weber/Schaier/Strangfeld 2005, WHU 2009 oder Weber/Rehring/Voußem 2011

spricht. Mit anderen Worten: In den langsamen Unternehmen erfahren die Verantwortlichen von der Geschäftsentwicklung immer erst mit einem zeitlichen Versatz von einem ganzen Monat! Dass sich aus solchen Unterschieden Wettbewerbsvor- bzw. –nachteile ergeben können, ist nicht verwunderlich.

	Arbeitstage		
	schnellstes Unternehmen	Mittelwert	langsamstes Unternehmen
Stadler/Weißenberger 1999 *	4	9	14
Weber/Schaier/Strangfeld 2005	8	13	24
WHU Controllerpanel 2009	3	10	20
Weber/Rehring/Voußem 2011	2	8	20

* Kalendertage

8 „Wer“ - Beteiligte an Berichten

Als letzte Gestaltungsdimension des Management Reporting soll auf die organisatorische Umsetzung des Berichtswesens eingegangen werden. Zu klären ist hierbei zunächst, welche Personen bzw. Funktionen überhaupt am Management Reporting-Prozess beteiligt sind (Ersteller und Nutzer von Berichtsinformation, vgl. Kapitel 8.1). Darüber hinaus ist zu klären, in welcher Form die Aufgabe des Management Reporting in die Aufbau- und in die Ablauforganisation des Unternehmens eingegliedert wird (Kapitel 8.2). Abschließend soll noch auf Shared Service Center als besondere Organisationsform des Management Reporting eingegangen werden (Kapitel 8.3).

8.1 Beteiligte im Management Reporting

Da es sich beim Management Reporting um einen Informationsaustausch und damit einen Kommunikationsprozess handelt, sind immer mindestens zwei Parteien beteiligt: Ersteller und Empfänger der Berichtsinformation. Hinzu können weitere Beteiligte treten, welche den Management Reporting Prozess unterstützen und/oder technisch ermöglichen.

8.1.1 Ersteller

Da Information zu einer zentralen Ressource in praktisch jedem Unternehmen geworden ist, ist der Austausch von Kommunikation untrennbarer Bestandteil eines jeden Aufgabenbündels in Unternehmen: praktisch kein Mitarbeiter eines Unternehmens kann seine Aufgabe erfüllen, ohne zumindest zeitweise Information an Andere zu übermitteln.[482] Um einen Ersteller von Berichtsinformation im hier verstandenen Sinn handelt es sich allerdings nur dann, wenn die Information für unternehmensinterne Adressaten bestimmt ist und es sich dabei um Führungsinformation handelt (also Information, welche für Führungshandlungen relevant ist). Selbst in diesem enger gefassten Verständnis sind viele unterschiedliche Stellen und Aufgabenträger zumindest fallweise mit der Erstellung Berichtsinformation beschäftigt (vgl. **Abbildung 8.1**):

- Presseabteilungen, Investor Relations oder PR-Abteilungen erstellen Berichte für Unternehmensexterne und befassen sich damit im Regelfall nicht mit Management Reporting.
- Regelmäßige Berichte für Unternehmensinterne werden zwar auch von Abteilungen wie der Internen Kommunikation, dem Betriebsrat oder internen Trainingseinheiten erstellt, allerdings handelt es sich dabei nicht um Führungsinformation, weshalb auch diese Stellen nicht unter den Begriff des Management Reporting fallen.

---

482 Schmidt führt dieses Argument zur Spitze, indem er schlussfolgert, dass es „... keine Stelle [gibt], die nicht gleichzeitig im weitesten Sinne eine Stelle des betrieblichen Berichtswesens wäre.“ (Schmidt 1980, Sp. 322).

- Das „klassische" Management Reporting ist dagegen ein fester Aufgabenbestandteil des betrieblichen Rechnungswesens. Ebenso finden sich in anderen typischen Unterstützungsfunktionen (z.B. Unternehmensplanung) oder in der Internen Revision regelmäßige Ersteller von Management Reports.

Abbildung 8.1 Mit Berichtserstellung befasste Organisationseinheiten

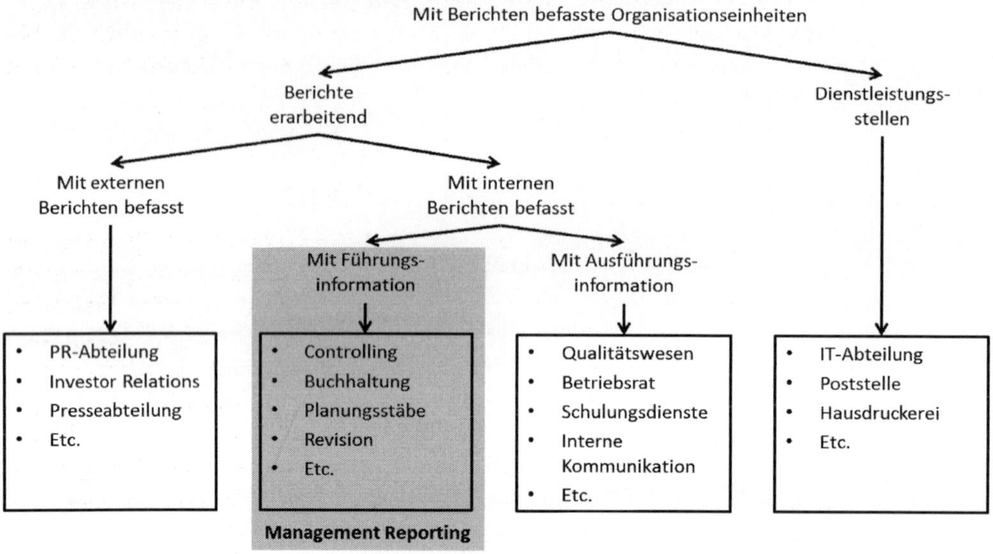

Quelle: in Anlehnung an Schmidt 1980, Sp. 323f.

Die Beschäftigung mit der Berichtserstellung kann dabei in unterschiedlicher Form erfolgen:

1. **Inputlieferanten** leisten einen Beitrag zur Berichtserstellung, indem sie als Informationsquelle fungieren bzw. Einzelinformationen aus verschiedenen Informationsquellen sammeln und zur Berichtserstellung zur Verfügung stellen. Operative Einheiten, welche in regelmäßigen Abständen definierte Inputs für den Monatsbericht liefern oder Marktforschungsabteilungen stellen Beispiele für diese Gruppe dar.

2. **Berichtsverantwortliche** sind vornehmlich für die Einhaltung und ordnungsgemäße Durchführung des Management Reporting Prozess zuständig. Sie kümmern sich um die Termineinhaltung, den Umfang und die Struktur der zu erstellenden Prozesse, müssen selbst aber nicht unmittelbar an der Erstellung der Berichtsinformation beteiligt sein. So kann der Leiter Controlling durchaus als Verantwortlicher für den regelmäßigen Monatsbericht fungieren, ohne sich selbst um die Erstellung der eigentlichen Berichte kümmern zu müssen.

3. Zu den **Berichtserstellern im engeren Sinne** sind all diejenigen Stellen und Aufgabenträger zu rechnen, welche unmittelbar mit der Verarbeitung und Aufbereitung der Berichtsinformation beschäftigt sind. Diese finden sich häufig im Rechnungswesen des Unternehmens.[483]

Trotzdem wäre es unangemessen, nur die dritte Gruppe zu den Erstellern von Management Reports zu rechnen, da diese alleine nicht das von den Führungshandelnden benötigte Resultat erreichen könnten. Allerdings können die drei Rollen zumindest teilweise auch in einer Stelle oder einem Aufgabenträger zusammenfallen: Der Berichtsersteller im engeren Sinne ist dann gleichzeitig für den Berichtsprozess verantwortlich als auch für die Beschaffung der benötigten Inputinformationen. Vor allem in kleineren Unternehmen kann dies durchaus der Regelfall sein.

8.1.2 Nutzer

Berichte dienen unterschiedlichen Zwecken, wobei die Dokumentation, die Planung und die Entscheidungsunterstützung als die wesentlichen Berichtszwecke genannt wurden.[484] Als Nutzer von Management Reports kommen demnach alle Funktionen und Stellen im Unternehmen in Frage, welche zum einen Führungsaufgaben wahrnehmen und im Rahmen diese Führungsaufgaben Information für Planungs- und Entscheidungszwecke benötigen (Dokumentationszwecke sind hier eher vernachlässigbar). Zu dieser Führungsaufgabe gehört unter anderem, sich einen Überblick über die aktuelle Situation und verfügbare Handlungsalternativen zu verschaffen, Priorisierungen vorzunehmen, Aktionen ableiten und mögliche Ursache-Wirkungsbeziehungen erkennen zu können[485] – sich also vielfältige Informationen zu verschaffen, was häufig auch in Berichtsform geschieht.

„Führungsaufgabe" ist aber keineswegs mit „Unternehmensführung" gleichzusetzen. Vielmehr kann Führung allgemein als zielbezogene Einflussnahme auf das Verhalten anderer Menschen verstanden werden.[486] Dies kann auf unterschiedlichen hierarchischen Ebenen geschehen: so üben Teamleiter und Abteilungsleiter ebenso Führungsaufgaben aus wie Leiter ganzer Unternehmensbereiche oder Vorstandsmitglieder großer Unternehmen. Sie alle zählen damit zum Nutzerkreis des Management Reporting. Vereinfacht können drei Ebenen von Nutzern von Management Reports unterschieden werden:[487]

1. Nutzer mit umfassender Führungsverantwortung für ganze Unternehmen bzw. Unternehmensteile.
2. Nutzer mit Führungsaufgaben für bestimmte Funktionen, Prozesse und Abläufe im Unternehmen.

---

[483] Nicht ohne Grund zählt das Berichtswesen zu den „klassischen" Kernaufgaben des Controllings. Vergleiche dazu die Übersicht über verschiedene empirische Studien in **Tabelle 3.1**.

[484] Vgl. Kapitel 4.1.

[485] Vgl. Waniczek 2002, S. 33

[486] Vgl. von Rosenstiel 2006, S. 355

[487] Vgl. Hoffmann 2002, S. 156ff.

3. Nutzer mit Führungsaufgaben für kleine, organisatorisch abgegrenzte Unternehmensteile wie etwa Abteilungen oder Teams.

Die unterschiedlichen Aufgabenbündel bedingen auch einen unterschiedlichen Informationsbedarf auf jeder Ebene, wobei die Ebenen inhaltlich-logisch zusammenhängen (vgl. **Abbildung 8.2**).

Abbildung 8.2 Informationshierarchien und Berichtsnutzer

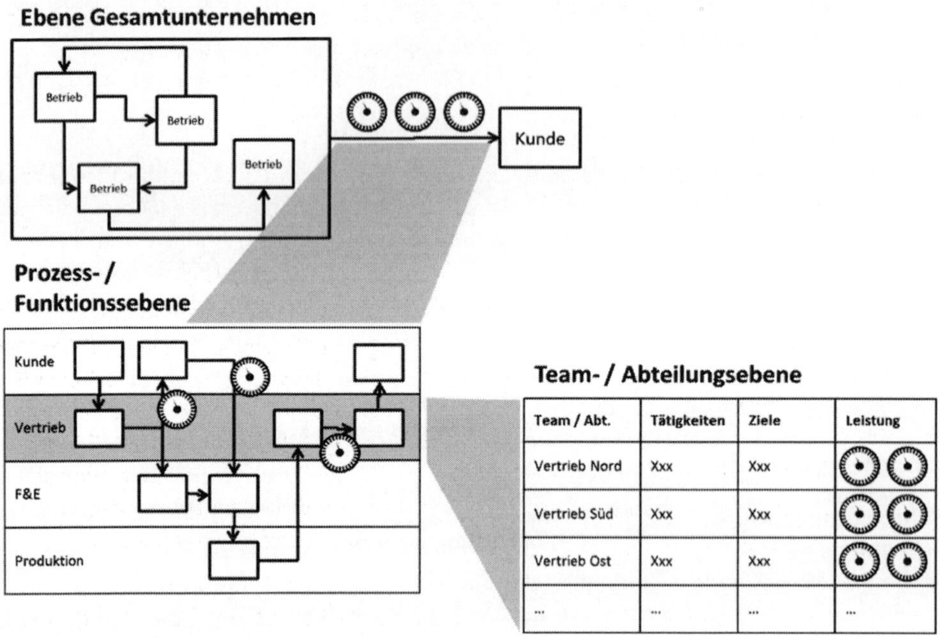

Quelle: in Anlehnung an Hoffmann 2002, S. 158

Während auf der Ebene der Teams und Abteilungen vorwiegend individuelle Informationsobjekte mit stark operativem Bezug benötigt werden, muss ein Management Reporting auf der Ebene des Gesamtunternehmens sowohl operative als auch strategische Informationen und finanzielle ebenso wie nicht-finanzielle Informationsobjekte umfassen. Der Informationsbedarf auf der Prozess- und Funktionalebene kann als Bindeglied zwischen diesen beiden Ebenen aufgefasst werden.[488]

[488] Vgl. Hoffmann 2002, S. 157

8.1.3 Andere Beteiligte

Neben den bisher beschriebenen Rollen (typische Ersteller und typische Nutzer) können im Management Reporting Prozess noch einige weitere Beteiligte auftreten. Zu nennen sind hier zunächst Stellen und Funktionen, welche quasi als „Dienstleister" dazu beitragen, dass der Management Reporting Prozess überhaupt ablaufen kann. Dazu gehört typischerweise die IT-Abteilung eines Unternehmen, welche für die Pflege und den Betrieb von elektronischen Systemen und Datenbanken als Quelle von Berichtsinformation ebenso verantwortlich ist wie für die Software zur Informationsverarbeitung und die Kommunikationssysteme zur Informationsübermittlung. Andere (meist externe) Beteiligte können etwa als Berater bei der Verarbeitung und Interpretation der Berichtsinformation eine Rolle spielen (z.B. Steuerberater).Die Mitwirkung dieser unterstützenden Funktionen prägt den Management Reporting Prozess in seinem Charakter aber nicht wesentlich, sondern soll nur zu einem qualitativ besseren und/oder effizienterem Ablauf des Prozesses beitragen.

Das Management Reporting wendet sich definitionsgemäß an Nutzer mit Führungsaufgaben innerhalb des eigenen Unternehmens.[489] Unter besonderen Bedingungen können aber auch Unternehmensexterne zu Nutzern von Management Reporting Information und damit zu Beteiligten werden:

- In regulierten Wirtschaftszweigen verfügen die Regulierungsbehörden über teilweise umfassende Informationsrechte, welche über die normalerweise übliche Publikationspflicht von Unternehmen hinausgehen. So hat die Bundesnetzagentur im Rahmen ihrer Regulierungskompetenzen z.B. das Recht, von marktbeherrschenden Unternehmen in der Telekommunikationsbranche zum Zwecke der Entgeltregulierung detaillierte Kostennachweise zu verlangen. Diese TK-Anbieter müssen der Bundesnetzagentur also regelmäßig über ihre Kostenstruktur berichten. Die Bundesnetzagentur wird ihrerseits damit zu einem externen Nutzer von Management Reporting Information.
- Externe Nutzer von typischer Management Reporting Information können auch in Unternehmenskooperationen auftreten.[490] Um eine möglichst enge und den Kooperationszielen dienende Zusammenarbeit zu gewährleisten, müssen die Kooperationspartner einander mit Informationen versorgen, welche typischerweise nur internen Nutzern zugänglich gemacht wird (Kosteninformation, Prozessinformation, etc.).
- Unter bestimmten Umständen können auch andere Unternehmensexterne zu Nutzern von Management Reporting Information werden.[491] So ist es etwa bei großen börsennotierten Unternehmen nicht unüblich, Analysten und Finanzinvestoren Hintergrundinformation zur Verfügung zu stellen, welche über die gesetzliche Publikationspflicht hinausgeht. Ebenso sind Kreditgeber (z.B. Hausbank) fallweise Adressaten von internen Management Reports. Allerdings geschieht dies typischerweise nicht so regelmäßig und strukturiert, wie es für „normale" Management Reports kennzeichnend ist.

---

489 Vgl. Kapitel 3.1.1.
490 Vgl. Drews 2001, S. 169ff.
491 Vgl. Waniczek 2009, S. 32

8.2 Organisation des Berichtswesens

Der Begriff der „Organisation" wird in der Betriebswirtschaftslehre in unterschiedlichen Bedeutungen verwendet:[492] In einem instrumentellen Sinn bezeichnet Organisation die Aufgabe des „organisatorischen Regelns" (Organisieren). Im institutionellen Sinn steht die Organisation für das System (die Institution) als solches, welche zumindest teilweise das Ergebnis bewussten Organisierens sein kann.

Da das Management Reporting eng mit der betrieblichen Funktion des Controllings verknüpft ist und in der Praxis eine Hauptaufgabe des Controllings darstellt, ist die Organisation des Berichtswesens auch eng mit der Organisation des Controllings insgesamt verbunden. Zu klären ist dabei:

1. ob und inwieweit sich die Organisation des Berichtswesens von der Organisation des Controllings als übergeordneter Funktion unterscheidet,
2. wie die spezifische Aufgabe des Management Reporting selbst organisatorisch konfiguriert ist (Aufbauorganisation),
3. wie der Prozess des Management Reporting organisatorisch umgesetzt und strukturiert wird (Ablauforganisation).

Die Fragen 2 und 3 werden im Folgenden näher behandelt. Auf die erste Frage lässt sich keine allgemeingültige Antwort geben. Da das Controlling zwar ein wichtiger, aber keineswegs der einzige Beteiligte im Management Reporting Prozess ist, ist eine völlige Angleichung der beiden Organisationen nicht automatisch sinnvoll. Die effektive und effiziente Einbeziehung anderer involvierter Stellen kann hier Abweichungen notwendig machen. Je stärker aber das Controlling als Funktion die Gesamtaufgabe des Management Reporting beeinflusst und prägt, desto stärker wird die Controllingorganisation auch als „Schablone" für die Organisation der Reportingaufgabe verwendbar sein. Auf Shared Service Center im Reporting, welche als eine organisatorische Besonderheit zu einem deutlichen Abweichen der Reporting-Organisation von der Controlling-Organisation führt, wird noch gesondert eingegangen.[493]

8.2.1 Aufbauorganisation des Berichtswesens

Jede Organisation im institutionellen Sinn ist durch eine Reihe von Strukturvariablen beschreibbar, welche die wesentlichen Eigenschaften der Organisation ausdrücken und sie damit vergleichbar machen. Diese Dimensionen sind:[494]

492 Vgl. Schreyögg 2008, S. 5f.
493 Vgl. Kapitel 8.3
494 Vgl. Kieser/Walgenbach 2007, S. 77ff., Bergmann/Garrecht 2008, S. 21ff.

- Spezialisierung – inhaltliche Abgrenzung unterschiedlicher Teilaufgaben voneinander,
- Koordination – Mechanismen zur Abstimmung unterschiedlicher Stellen im Hinblick auf gemeinsame Ziele,
- Delegation – Verteilung von Entscheidungsbefugnissen auf verschiedene Aufgabenträger und hierarchische Ebenen,
- Formalisierung – schriftliche Fixierung von Regeln,
- Konfiguration – struktureller Aufbau der Organisation.

Diese generischen Dimensionen sind für jedes Organisationsproblem relevant und damit auch bei der aufbauorganisatorischen Gestaltung des Management Reporting zu beachten.[495] Allgemeingültige Regeln kann es aber naturgemäß auch hier nicht geben. Vielmehr werden die Kontextfaktoren (Unternehmensgröße und Unternehmenskultur, Dynamik der Branche, Komplexität des Geschäftsmodells, etc.) die organisatorischen Gestaltung wesentlich beeinflussen.

In der Dimension **„Spezialisierung"** ist zu klären, ob und wie weit das Management Reporting einer spezialisierten Stelle zugewiesen werden soll – ob es im Unternehmen also dedizierte „Management Reporting Experten" geben soll, welche sich ausschließlich (oder zumindest vornehmlich) mit dem internen Berichtswesen befassen. Dem Vorteil eines höheren Know-Hows und gesteigerter Effizienz stehen als Nachteile die Gefahr von Monotonie und damit verbundener sinkender Motivation der Aufgabenträger sowie ein steigender Koordinationsaufwand gegenüber. Die Spezialisierung kann sich nicht nur in einer Abgrenzung des Management Reporting von anderen Controllingaufgaben äußern, sondern auch innerhalb des Management Reporting zu einer weiteren Zergliederung in Teilbereiche und Einzelaufgaben führen, welche an verschiedene (nunmehr noch weiter spezialisierte) Aufgabenträger verteilt werden. Dies setzt natürlich eine gewisse Mindestausstattung an personellen Ressourcen voraus und findet sich deshalb hauptsächlich in Großunternehmen. Dort kann es aber durchaus sinnvoll sein, z.B. die grafische Gestaltung von Berichten („PowerPoint") von der rechnerischen Erarbeitung der Berichtsinhalte („Excel") zu trennen und verschiedenen Spezialisten zuzuweisen.

In der Dimension der **„Koordination"** muss der durch die Arbeitsteilung zwischen den verschiedenen Aufgabenträgern entstehende Abstimmungsbedarf einer organisatorischen Lösung zugeführt werden. Hierzu stehen zum einen personenorientierte (persönliche Weisung und Selbstabstimmung durch die Aufgabenträger) und zum anderen technokratische Instrumente (Programme und Pläne) zur Verfügung.[496] Die Koordination bezieht sich zum einen auf die Abstimmung innerhalb der für das Management Reporting zuständigen Stelle(n) und zum anderen auf die Abstimmung zwischen der Management Reporting Stelle einerseits und den anderen Beteiligten (Berichtsempfänger, Inputlieferanten, Unterstützer) andererseits. Abzustimmen sind dabei prinzipiell alle Gestaltungsdimensionen des Ma-

---

495 Vgl. Kammer 2005, S. 235ff.
496 Vgl. Bergmann/Garrecht 2008, S. 35

nagement Reporting: Wozu sollen die Berichte eingesetzt werden, was sollen sie beinhalten, wie sollen sie gestaltet und kommuniziert werden, wann und wie häufig werden sie benötigt, wer kümmert sich jeweils darum, etc. Ob dies im Einzelfall von einem dazu befugten Mitarbeiter (Vorgesetzter) persönlich oder aber eher allgemeingültig in Handbüchern, Anweisungen, Prozess- oder Stellebeschreibungen erfolgt, ist hierbei sekundär.

In der Strukturdimension der **„Delegation“** muss die Verteilung von Ausführungs- und Entscheidungskompetenzen an hierarchisch nachgeordnete Stellen geklärt werden.[497] Welche Aufgaben „Chefsache“ bleiben und welche hierarchisch niedrigeren Ebenen anvertraut werden, hängt von der Führungskultur des Unternehmens insgesamt sowie von Effizienz- und Effektivitätsüberlegungen ab: Welche hierarchische Ebene kann eine bestimmte Berichtsaufgabe möglichst zielführend und dabei ressourcensparend erfüllen? Im Management Reporting findet sich dabei häufig eine Aufteilung der Funktion über mehrere hierarchische Ebenen: Eine dezentrale Erstellung von Berichten ist in der Regel zielführender, wenn auch die Nutzung der Berichtsinformation dezentral erfolgt.[498] Anders gelagert ist der Fall eines Management Reporting für die Unternehmensleitung. Hier kann entweder der gesamte Prozess in den Händen einer zentralen Reportingstelle liegen, oder die Informationssammlung und grobe Aufbereitung erfolgen durch hierarchisch niedrigere Stellen (welche näher am operativen Geschehen und/oder den Datenquellen sind), während z.B. die endgültige Aufbereitung und Interpretation sowie die Kommunikation an die Unternehmensleitung von einer hierarchisch höheren Stelle durchgeführt wird (zentrales Controlling, CFO-Organisation, etc.). Hier überwiegt die Sorge, dass eine dezentrale Berichtserstellung zu wenig auf die Informationsbedürfnisse der Unternehmensspitze eingehen kann.

Die Strukturdimension **„Formalisierung“** bezieht sich auf den Grad bzw. das Ausmaß der schriftlichen Festlegung von Regeln, Prozessen und Kommunikationswegen.[499] Ein hoher Formalisierungsgrad der Management Reporting Aufgabe wird sich im Ergebnis auch in einheitlicheren und strukturierteren Berichtsinhalten niederschlagen.[500] Der Formalisierungsgrad ist dabei naturgemäß im Standardreporting höher: zu verwendende Quellen sind festgelegt, Inputlieferanten benannt, Adressatenkreise bestimmt, Kommunikationswege nicht frei wählbar, etc. Für Abweichungs- oder Bedarfsberichte können die mit dem Management Reporting befassten Stellen diese Regeln meist nur analog oder situationsspezifisch angepasst nutzen. Deshalb ist es auch denkbar, den stark formalisierbaren Teil des Management Reporting vom situationsspezifischen Teil zu trennen und unterschiedliche organisatorische Einheiten damit zu betrauen.[501]

In der Strukturdimension der **„Konfiguration“** gilt es vor allem, den äußeren Aufbau der Organisation festzulegen und in Form von Stellen sowie aggregierten Einheiten (Abteilungen, Bereiche, etc.) zu konkretisieren.[502] Diese Entscheidungen sind naturgemäß nicht von

497 Vgl. Gleich/Temmel 2008, S. 72
498 Vgl. Schmidt 1980, Sp. 325
499 Vgl. Gleich/Temmel 2008, S. 69
500 Vgl. dazu auch Kapitel 5.4.2.
501 Vgl. dazu das Konzept der „Reporting Factory“ in Kapitel 8.3.
502 Vgl. Bergmann/Garrecht 2008, S. 59ff.

den vorhergehenden Strukturdimensionen losgelöst zu treffen. Für das Management Reporting stellt sich so z.B. die Frage, ob die Aufgabe zentral oder dezentral organisiert werden soll (eine einzige Reportingstelle für das gesamte Unternehmen oder verteilte Reportingverantwortliche in verschiedenen Unternehmensbereichen) und ob die Organisation des Berichtswesen der allgemeinen Aufbauorganisation des Unternehmens folgen soll oder von dieser abweichend organisiert wird.[503]

8.2.2 Ablauforganisation des Berichtswesens

Auch die Gestaltung der in der Organisation ablaufenden Prozesse orientiert sich an grundlegenden Strukturierungsprinzipien, welche die möglichst effiziente und effektive Durchführung dieser Prozesse ermöglichen sollen. Deren zielorientierte Gestaltung und Steuerung wird als Prozessmanagement bezeichnet.[504] Im Rahmen des Prozessmanagements gilt es festzulegen, welche Inputs ein Prozess erfordert und welche Outputs er selbst anderen Prozessen zur Verfügung stellt, welche Organisationseinheiten im Prozess an der Transformation der Inputs in die Outputs beteiligt sind und wie diese Transformation im Einzelnen geschehen soll.

Übertragen auf den Management Reporting Prozess bedeutet dies, dass in Richtlinien, Katalogen, Verfahrensanweisungen, Handbüchern etc. die benötigten Inputinformationen (Inhalte, Umfang, Quellen, Aktualität, etc.), die einzusetzenden Transformationsoperationen, die daraus entstehenden Berichtsinformationen und ihre Darstellungsformen sowie die für diese Schritte jeweils verantwortlichen Stellen und Aufgabenträger beschrieben werden. Das oberste Ziel der Ablauforganisation eines Management Reporting Prozesses ist es dabei, „... die zweckentsprechende Verbindung zwischen den Informationsquellen, den Stellen der Informationserfassung, -speicherung und -bearbeitung und den Orten des Bedarfs herzustellen."[505]

Die organisatorischen Prinzipien sollen nun so umgesetzt werden, dass das Prozessziel (bestmögliche Deckung des Informationsbedarfs der Berichtsempfänger bei größtmöglicher Effizienz) möglichst weitgehend erreicht wird. Dabei kommt es in unterschiedlichen Organisationen naturgemäß auch zu unterschiedlichen Prozesslösungen, da die Informationsbedürfnisse selbst, aber auch die jeweils wirkenden Kontextfaktoren verschieden ausgeprägt sind. Auch innerhalb einer Organisation erweist es sich aber meist als angebracht, die organisatorischen Prinzipien für einzelne Prozessphasen selektiv anzuwenden. Dabei stehen die „Kernphasen" des Prozesses im Vordergrund, also die Schritte der Berichtserstellung und Darstellung sowie der nachfolgenden Übermittlung und Nutzung der Berichtsinformation. Gleich und Temmel haben hierzu konkrete Vorschläge erarbeitet (vgl. **Abbildung 8.3**).[506]

503 Vgl. Gleich/Temmel 2008, S. 82ff.
504 Vgl. Bergmann/Garrecht 2008, S. 95
505 Schmidt 1980, Sp. 326
506 Vgl. Gleich/Temmel 2008, S. 78ff.

Abbildung 8.3 Kriterien der Ablauforganisation von Reportingprozessen

	Spezialisierung	Standardisierung	Formalisierung	Zentralisierung
Berichts-erstellung	↘ Keine Varianten in der Daten-generierung	↗ Maximal bei Datensammlung / -management	↗ Klare und allgemeingültige Richtlinien	↗ Datensammlung / -management an zentraler Stelle
Berichts-analyse	→ Abhängig von Berichtstyp und Adressaten	→ Hoch bei Ermittlung der Abweichungen, niedrig bei Analyse	→ Hoch bei Ermittlung der Abweichungen, Analyse nichtt formalisiert	↘ Dezentrale Überprüfung und Analyse nahe am Geschäft
Berichts-kommentierung	↗ Berichts- und adressaten-spezifisch	→ Mittlere Standardisierung	→ Mittlere Formalisierung	↘ Dezentrale Kommentierung nahe am Geschäft
Berichts-steuerung	↗ Adressaten- und sachverhalts-spezifisch	→ Ablauf der Maßnahmen-findung und –vorbereitung	→ Mittlere Formalisierung	↘ Adressaten-abhängig vor Ort

Quelle: in Anlehnung an Gleich/Temmel 2008; S. 81

Die **Phase der Erstellung des Berichts** ist meist durch einen relativ hohen Formalisierungsgrad gekennzeichnet. Genaue und als allgemeingültig deklarierte Regeln und Richtlinien sollen sicherstellen, dass unterschiedliche Berichtsinstanzen in gleicher Art und Weise erstellt und aufbereitet werden und damit zum einen für die Nutzer Vergleichbarkeit und einfache Wiedererkennung gewahrt bleiben und zum anderen für die Ersteller Skaleneffekte nutzbar werden. Demselben Ziel dient auch ein hoher Standardisierungsgrad sowie eine hohe Zentralisierung der Abläufe (gemeinsame Datenbasis). Dagegen ist die Spezialisierung eher gering ausgeprägt. Es liegt im Wesen gerade von Standardberichten, nicht auf „Sonderwünsche“ einzelner Anspruchsgruppen einzugehen (weder bei Berichtsinhalten noch bei Berichtsterminen oder Darstellungsformen).

Die mit der Erstellung eng verbundene **Analyse der Berichtsinhalte** ist dagegen deutlich geringer standardisiert und formalisiert. Hier müssen die Berichtsersteller flexibel handeln und entscheiden können, da der Detaillierungsgrad (wie genau und umfassend muss analysiert werden?) sowie der Fokus der Analyse (wonach wird gesucht und welche Zusammenhänge werden geprüft?) nicht generisch festgelegt werden können. Auch muss die Analyse häufig unter Beteiligung von weiteren Stellen und Funktionsträgern erfolgen, da nur die mit den analysierten Tatbeständen operativ eng Vertrauten notwendige Erklärungen und/oder weitere Inputs zur Interpretation liefern können. Eine zentralisierte Analyse ist deshalb meist nicht ratsam bzw. nur oberflächlich möglich.

Durchaus ähnlich stellt sich das Bild für die an die Analyse anschließende **Interpretation** dar. Hierbei werden die Analyseergebnisse für die Berichtsempfänger aufbereitet und entsprechend dargestellt. Auch hier lassen sich durch Formalisierung und Standardisierung nur sehr begrenzt Vorteile erzielen. Allerdings wird der Spezialisierungsgrad in der Interpretation höher sein als in der Analyse. Darunter ist zu verstehen, dass die Analyse zunächst wenig auf die Bedürfnisse und Wünsche einzelner Beteiligter Rücksicht nehmen muss, während die Darstellung und Interpretation der Ergebnisse umgekehrt sehr stark auf die einzelnen Berichtsempfänger abgestimmt wird: Wer muss welche Ergebnisse in welcher Form erfahren? Was kann dem Vorstand berichtet werden, was bleibt niedrigeren Hierarchieebenen vorbehalten und umgekehrt? Welche Darstellungsform ist für welchen Empfängerkreis am geeignetsten (Text, Tabellen, Grafiken, etc.)?

Die **Nutzung der Berichtsinformation** (Gleich und Temmel nennen diese Phase „Berichtssteuerung") ist in der Regel ein hoch spezialisierter Vorgang, welcher letztendlich auf allen Hierarchieebenen und in allen Funktionsbereichen stattfinden muss und deshalb sehr dezentral organisiert ist. Die Nutzung der Berichtsinformation kann sehr unterschiedliche Formen annehmen und zu völlig unterschiedlichen Reaktionen (Maßnahmen) führen, weshalb auch hier keine hohe Standardisierung und Formalisierung erreichbar ist. Dies würde die Flexibilität und Kreativität der Beteiligten unnötig einschränken.

8.3 Shared Service Center (SSC) im Management Reporting: "Reporting Factory"

In Zeiten zunehmenden Wettbewerbs werden auch administrative und unterstützende Unternehmensfunktionen wie das Controlling verstärkt nach Effizienz- und Effektivitätskriterien beurteilt: Wie kann die Aufgabe möglichst zielführend und mit möglichst geringem Ressourceneinsatz erfüllt werden? Im Spannungsfeld zwischen Standardisierung und Individualisierung einerseits und Zentralisierung und Dezentralisierung andererseits ist die Frage nicht für alle Controllingaufgaben einheitlich zu beantworten. So wird bei manchen Einzelaufgaben die Frage der Effektivität (Zielunterstützung) dominieren, bei anderen hingegen der Aspekt der Effizienz (Ressourcenverbrauch).[507]

Bei Controllingaufgaben, welche primär unter Effizienzgesichtspunkten optimiert werden, kann ihre Bündelung in einer organisatorisch eigenständigen, zentralen, alle Unternehmens- und Konzernteile bedienenden, Organisationseinheit sinnvoll sein. Derartige Lösungen sind in vielen anderen Unterstützungsfunktionen – so auch im Finanzbereich - bereits seit längerem etabliert und unter der Bezeichnung „Shared Service Center" (SSC) bekannt.[508] Die Bündelung der Funktionen in SSCs soll Volumen- und Kostenvorteile („Economies of Scale"), eine verstärkte „Professionalisierung" der Aufgaben (Expertenbildung), sowie Fähigkeits- und Leistungsvorteile ermöglichen. Allerdings ist die Bündelung be-

---

507 Vgl. Peters 2006, S. 94

508 Vgl. Krüger/Danner 2004a, Krüger/Danner 2004b

stimmter Aufgaben in einem SSC nicht in jedem Fall möglich und sinnvoll:[509] Als wesentliche Voraussetzungen gelten dabei, dass die Aufgaben eigenständige Transformationsobjekte aufweisen, die Konsolidierbarkeit durch IT-Anwendungen gegeben ist, sowie ein hoher Grad an Standardisierbarkeit erreicht werden kann (möglichst wenige individuelle Anpassungen). Als Grundprinzipien für eine derartige „Industrialisierung" erweisen sich deshalb die Faktoren „Standardisierung", „Spezialisierung" und „Automatisierung".[510] Dies trifft auf Routinetätigkeiten typischerweise häufiger und in größerem Ausmaß zu als auf fallweise ablaufende Prozesse.

Da auch das Management Reporting unbestreitbar solche „transaktionslastigen" Routineelemente aufweist, stellt sich die Frage, ob das Management Reporting organisatorisch in einer „Controllingfabrik"[511] bzw. einer „Reporting Factory"[512] zusammengefasst werden kann und soll. In der Tat wird das Management Reporting in der Literatur durchaus als ein „Kandidat" für eine Zusammenführung in einem SSC genannt.[513]

Eine „Reporting Factory" als ein auf das interne Berichtswesen spezialisiertes SSC bündelt alle transaktionalen Aufgaben innerhalb des komplexen Management Reporting Prozesses.[514] Dies sind vor allem das Datenmanagement in all seinen Facetten (Datengenerierung, - speicherung, -validierung, -aufbereitung) und die Erstellung von Standardauswertungen und –berichten. Hier können die Grundprinzipien der „Industrialisierung" in ausreichendem Maße genutzt werden:[515]

- Standardisierung: Regelmäßig wiederkehrende Aufgaben der Datensammlung und Aufbereitung können durch einheitliche Vorlagen (Templates) und genormte Vorgehensweisen (Prozessbeschreibungen) effizienter gemacht werden. Ebenso können die Outputs (Berichtsinhalte) vereinheitlicht werden, was wiederum deren Erstellungsprozess vereinfacht.
- Spezialisierung: Datensammlung und -aufbereitung müssen nicht in örtlicher Nähe zu den Berichtsempfängern durchgeführt werden. Entsprechend können diese Tätigkeiten über verschiedene Einheiten hinweg zentral gebündelt werden. Die zentral damit beauftragte Stelle kann Skaleneffekte nutzen und sich ein höheres Spezialwissen aneignen, als dies verteilte Stellen könnten.
- Automatisierung: Verdichtungen, Konsolidierungen, Umrechnungen und viele andere Transformationen können weitgehend automatisiert werden, sofern die zu verarbeitende Informationsmenge den Automatisierungsaufwand rechtfertigt. Bei einer Bündelung dieser Aufgaben wird dies häufig der Fall sein.

---

509 Vgl. Keuper/von Glahn 2006, S. 87
510 Vgl. Michel 2007, S. 272f.
511 Horvath 2009, S. 785
512 Michel/Kirchberg 2008
513 So etwa Michel 2007
514 Vgl. Michel/Kirchberg 2008, S. 317f.
515 Vgl. Michel 2007, S. 166ff.

Neben den „industrialisierten" Management Reporting-Aufgaben können und werden natürlich auch individuelle ad-hoc Auswertungen angeboten werden sowie die Pflege einer umfassenden Daten- und Informationsplattform, welche die Nutzer für individuelle Auswertungen und Analysen nützen können. Allerdings sind hier die Vorteile eines SSC nicht mehr so stark ausgeprägt, womit dezentrale Lösungen für diese Aufgaben wieder relevant werden. „Reporting Factories" müssen also keineswegs alle Aufgaben des internen Berichtswesens zur Gänze umfassen.

Konkret: Zentralisiertes Management Reporting bei der UBS[516]

Als die UBS Global Wealth Management & Business Banking als größter Geschäftsbereich der UBS im Jahre 2001 eine Bestandsaufnahme ihrer Controllingressourcen durchführte, bestand ein zentrales Ergebnis darin, dass ca. 45% der verfügbaren Controllingressourcen für die Datenaufbereitung, Sicherstellung der Datenverfügbarkeit und der Datenqualität gebunden waren. Für analytische Aufgaben sowie die direkte Unterstützung der operativen Einheiten als Kunden des Controlling verblieb zu wenig Kapazität, obwohl naturgemäß diese Aufgaben von den Kunden am höchsten geschätzt wurden.

In einem Process Redesign Projekt sollte das Reporting effizienter gemacht werden. Standardisierte Management Reports sollten weitgehend automatisiert und zentralisiert werden. Dazu mussten zunächst integrierte Accounting- und Reporting-Systeme eingeführt werden. Die direkte Unterstützung der operativen Einheiten sollte ebenfalls weiterentwickelt werden, damit die Controlling-Kunden das Management Reporting als echten Mehrwert („Value Added Service") wahrnehmen erleben konnten. Entsprechend sollten die verfügbaren Ressourcen verstärkt auf diese Aufgaben konzentriert werden.

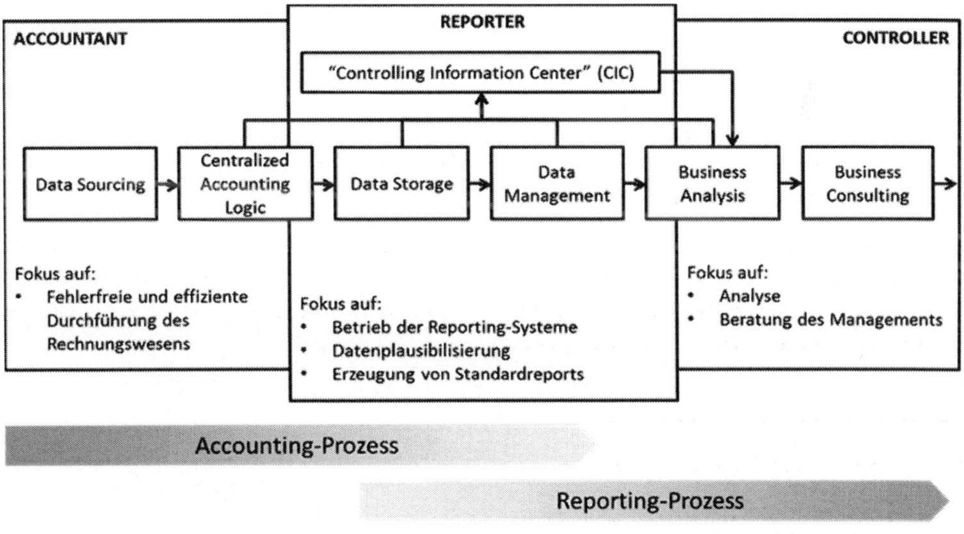

[516] Vgl. dazu ausführlich Keller/Krugmann 2006

In der aus diesen Anforderungen abgeleiteten neuen Organisationform wurden drei verschiedene Rollen unterschieden:

- Der **Accountant** erstellt und überwacht das finanzielle Rechnungswesen. Accountants haben den Fokus auf einer fehlerfreien und effizienten Durchführung des (strengen gesetzlichen Regeln unterworfenen) Rechnungswesens.
- Der **Reporter** betreibt die Reporting-Systeme, prüft und plausibilisiert die enthaltenen Daten und erstellt mit ihrer Hilfe Standardreports.
- Der **Controller** ist die Schnittstelle zu den operativen Einheiten und zum Management. Sein Fokus liegt auf dem Dialog mit den internen Kunden und deren Beratung durch Analyse, Interpretation und Entscheidungsunterstützung.

Der Accounting-Prozess und der Reporting-Prozess wurden durch die Rolle des „Reporters“ also direkt miteinander verknüpft. Durch diese Spezialisierung und Abtrennung von den Analyse- und Beratungstätigkeiten konnten die transaktionsorientierten Standardtätigkeiten im Reporting effizienter und ressourcenschonender realisiert werden. Die frei werdenden Kapazitäten kamen den unmittelbar kundenorientierten Aufgaben zugute.

Für die internen Kunden bleibt diese Arbeitsteilung unsichtbar. Dazu wurde ein sogenannten „Controlling Information Center“ (CIC) implementiert, welches wie ein „Controlling Help Desk“ aufgebaut ist und den Mitarbeitern aus den operativen Bereichen als zentrale Anlaufstelle bei Fragen und Problemen zu Methoden, Daten oder Inhalten einzelner Berichte dient.

9 Fazit und Ausblick

Was bringt eine intensive Beschäftigung mit dem Thema "Management Reporting"? Zunächst einmal die Einsicht, dass man im internen Berichtswesen sehr vieles falsch machen kann und dass sich auch kaum alle Fehler immer vermeiden lassen. Menschen sind nicht perfekt, deshalb können es auch nicht die von ihnen gemachten Berichte sein.

Instrumente müssen aber auch nicht perfekt sein, um Nutzen stiften zu können. Gut gemachte Berichte stiften eindeutig Nutzen. Das sind jene Berichte, die den Informationsbedarf ihrer Nutzer adäquat abdecken, zur richtigen Zeit im richtigen Umfang verfügbar sind und auch noch so gestaltet wurden, dass die Nutzer die Information problemadäquat verarbeiten können. Das bedeutet nicht, dass diese Berichte perfekt sind. Wie anfangs gezeigt, bleibt das optimale Berichtswesen eine Utopie: Der Adressatenkreis ist zu unterschiedlich, die Rahmenbedingungen sind zu rasch veränderlich, die Informationsverarbeitungsfähigkeit der Nutzer ist zu beschränkt, als dass sich ein perfektes Berichtswesen „erzwingen" ließe.

Allerdings sind viele Fehler auch relativ einfach vermeidbar. Dazu gehört zunächst, dass man Fehlerquellen erkennen und benennen kann. Darüber hinaus sollte man auch eine Vorstellung davon entwickeln können, wie es besser zu machen wäre. Zu beidem will dieses Buch beitragen: Was ist im Management Reporting wichtig? Was kann schief gehen? Und warum geht es schief? Welche Verbesserungsmöglichkeiten stehen zur Verfügung? Der Versuch, Antworten auf diese Fragen zu geben, stand hier im Mittelpunkt. Dabei wurde sowohl auf empirische Ergebnisse verwiesen (Was machen die anderen?) als auch auf theoretische Erkenntnisse. Eine Beschäftigung mit Fragen des Management Reporting lohnt nicht nur für „Vollzeit-Controller", sondern für alle, die mit Berichten als Inputlieferanten, Unterstützer, Ersteller oder Nutzer in irgendeiner Form in Berührung kommen - also für beinahe jeden...

In der Praxis wird das Berichtswesen allzu oft als ein „ungeliebtes Kind" behandelt. Berichte zu erstellen gilt als langweilig und wenig kreativ, als eine „Pflichtübung", derer man sich mit möglichst wenig Aufwand und möglichst rasch entledigen möchte, um sich „den wirklich wichtigen Dingen" widmen zu können. Dabei wird übersehen, welche essentielle Bedeutung Management Reports in einem Unternehmen haben: Als zentrale Informationsquelle haben sie wesentlichen Einfluss auf das Führungshandeln der Entscheider über alle Hierarchieebenen hinweg. Schlecht gemachte Berichte führen häufig zu falschen Entscheidungen. Es ist purer Zufall, mit einer falschen Karte den richtigen Weg zu finden! Zwar führen gut gemachte Berichte nicht zwangsläufig immer zu richtigen Entscheidungen (auch mit der passenden Karte kann man sich verirren), aber die Wahrscheinlichkeit wird deutlich größer. Mehr – aber auch nicht weniger – sollte man vom Management Reporting nicht erwarten.

Literaturverzeichnis

Abernethy, M. / Bouwens, J. / van Lent, L.: Leadership and control system design, in: Management Accounting Research, 21. Jg. (2010), S. 2-16

Anthony, R. / Hawkins, D. / Merchant, K.: Accounting - Text and Cases, 13. Aufl., New York 2011

Asser, G.: Das Berichtswesen (Analyse - Aufbau - Kontrolle), in: Bobsin, R. (Hrsg.): Handbuch der Kostenrechnung, 2. Aufl., München 1974, S. 653-678

Axson, D.: Best practices in Planning and performance management, 2. Aufl., Hoboken 2007

Bassler, A. / Kirchhoff, O.: Konzernreporting für ein integriertes Geschäftsmodell, in: Controlling, Heft 11 (2006), S. 589-596

Baumöl, U.: Datenquellen des Informationsmanagements, in: bilanz&buchhaltung, 42. Jg. (1996), S. 11-14

Becker, J. / Köster, C. / Sandmann, D.: Konsolidierung des Berichtswesens, in: Controlling, 18. Jg. (2006), Nr. 10, S. 501-507

Benz, C. / Buchner, H. / Burgarth, H.-J.: Aufbau eines Führungsberichtswesens im internationalisierten, mittelständischen Unternehmen, in: Controller Magazin, 24. Jg. (1999), Heft 3, S. 197-204

Berekoven, L. / Eckert, W. / Ellenrieder, P.: Marktforschung : Methodische Grundlagen und praktische Anwendung, 12. Aufl., Wiesbaden 2009

Bergmann, R. / Garrecht, M.: Organisation und Projektmanagement, Heidelberg 2008

Berthel, J.: Information, in: Grochla, E. / Wittmann, W. (Hrsg.): Handwörterbuch der Betriebswirtschaft, 4. Aufl., Stuttgart 1975, Sp.1865-1873

Birk, S.: Berichtssysteme - operative Berichterstattung in Konzernen, München 1991

Bissantz, N. / Mertens, P. / Butterwegge, G. / Christ, V.: Visualisierung betriebswirtschaftlicher Daten, in: Chamoni, P. / Gluchowski, P. (Hrsg.): Analytische Informationssysteme, 4. Aufl., Berlin 2010, S. 439-462

Bloech, J.: Berichte in der strategischen Planung, in: Bloech, J / Götze, U. / Burkhard, H. / Lücke, W. / Rudolph, F. (Hrsg.): Strategische Planung: Instrumente, Vorgehensweisen und Informationssysteme, Heidelberg, 1994, S. 194-208

Blohm, H.: Berichtssysteme, in: Grochla, E. (Hrsg.): Enzyklopädie der Betriebswirtschaftslehre, Band 2, 2. Aufl., Stuttgart 1980, Sp. 315-320

Blohm, H.: Betriebliches Berichtswesen, in: Management-Enzyklopädie, Band 1, 2. Aufl., München 1982

Blohm, H. / Heinrich, L.: Schwachstellen der betrieblichen Berichterstattung, Baden-Baden 1965

Böhm, C. / Müller, J.: Führungskräfteinformation, in: Eschenbach, R. (Hrsg.): Controlling, Stuttgart 1995, S. 459-476

Böhmann, T. / Krcmar, H.: Werkzeuge für das Wissensmanagement, in: Bellmann, M. / Krcmar, H. / Sommerlatte, T. (Hrsg.): Praxishandbuch Wissensmanagement, Düsseldorf 2002

Bruns, W. / Mc Kinnon, S. M.: Information and Manager: A Field Study, in: Journal of Management Accounting Research, 5. Jg. (1993), S. 84-104

Chenhall, R. H.: Theorizing Contingencies in Management Control Systems Research, in: Chapman, C.et al. (Hrsg.): Handbook of Management Accounting Research, Oxford 2007, S. 163-205

Chenhall, R.H. & Morris, D.: The impact of structure, environment, and interdependence on the perceived usefulness of management accounting systems, in: The Accounting Review, 61. Jg. (1986), S. 16-35

Chwolka, A.: Informationsbedarf, in: Küpper, H.U. / Wagenhofer, A. (Hrsg.): Handwörterbuch Unternehmensrechnung und Controlling, 4. Aufl., Stuttgart 2002, Sp. 723-731

Deal, T.E. / Kennedy, A.A.: Corporate culture, Reading 1982

Deloitte & Touche GmbH: Management Reporting: Innovations for Improved Accuracy, Quality, and Adaptability, 2007

Dellmann, Klaus: Eine Systematisierung der Grundlagen des Controlling, in: Spreemann, Klaus / Zur, Eberhard (Hrsg.): Controlling – Grundlagen, Informationssysteme, Anwendungen, Wiesbaden 1992, S. 113-140

Drews, H.: Gestaltung eines Berichtssystems für das Management von Unternehmenskooperationen, in: Zeitschrift für Planung, 12. Jg. (2001), s. 89-100

Drucker, P.: The Information Executives Truly Need, in: Harvard Business Review, Jan-Feb 1995, S. 54-62

Dyckhoff, Harald / Ahn, Heinz: Sicherstellung der Effektivität und Effizienz der Führung als Kernfunktion des Controlling, in: Kostenrechnungspraxis, 45. Jg. (2001), Heft 2, S. 111-121.

Ederer, F.: Das interne Berichtswesen - die Berichterstattung im Unternehmen, in: Betrieb und Wirtschaft, 49. Jg. (1995), Heft 20, S. 701-709

Eggemann, G. / Petry, M.: Fast Close – Verkürzung von Aufstellungs- und Veröffentlichungszeiten für Jahres- und Konzernabschlüsse, in: Betriebs-Berater, 57. Jg. (2002), Heft 32, S. 1635-1639

Erbslöh, D. / Heyd, R.: Berichtswesen und Informationsmanagement einschließlich angewandter Datenverarbeitung, in: Steinmüller, P. (Hrsg.): Die neue Schule des Controllers, Band 3, Stuttgart, 2000, S. 237-436

Fisk, J.: Conjunction fallacy, in: Pohl, R. (Hrsg.): Cognitive Illusions – A Handbook on Fallacies and Biases in thinking, Judgment and Memory, Hove 2004, S. 23-42

Flacke, K.: Controlling in mittelständischen Unternehmen, Dissertation Universität Münster 2007

Franke, R. / Gotta, A. / Böckmann, D.: neue Entwicklungslinien im Berichtswesen des deutschen Mittelstandes, in: Controlling, 12. Jg. (2000), S 577-583

Gabler Wirtschaftslexikon in 4 Bänden, 16. Aufl., Wiesbaden 2004

Garbe, H.: Informationsbedarf, in: Grochla, E. / Wittmann, W. (Hrsg.): Handwörterbuch der Betriebswirtschaft, 4. Aufl., Stuttgart 1975, Sp. 1873-1882

Gemünden, H.G.: Informationsverhalten, in: Frese, H. (Hrsg.): Handwörterbuch der Organisation, 3. Aufl., Stuttgart 1992, Sp. 1010-1029

Gladen, w.: Performance Measurement – Controlling mit Kennzahlen, 4. Aufl., Wiesbaden 2008

Gleich, R.: Performance Measurement, 2. Aufl., München 2011

Gleich, R. / Horvath, P. / Michel, U.: Management Reporting: Grundlagen, Praxis und Perspektiven, München 2008

Gleich, R. / Sasse, A. / Gräf, J.: Corporate Performance Reporting: empirische Erkenntnisse und Aktionsfelder zur Steigerung der Performance des Reporting, in: Der Controlling-Berater, Januar 2003, Heft 1, S. 115-133

Gleich, R. / Sasse, A. / Gräf, J. / Kogler, S.: Corporate Reporting: Empirische Erkenntnisse und Impulse zur Performancesteigerung, in: Controlling, 14. Jg. (2002), Nr. 6, S. 337-345

Gleich, R. / Temmel, P.: Die Rolle und Organisation des Controllings im Management Reporting, in: Gleich, R. / Horvath, P. / Michel, U.: Management Reporting: Grundlagen, Praxis und Perspektiven, München 2008, S. 63-91

Gluchowski, P. / Gabriel, R. / Dittmar, C.: Management Support Systeme und Business Intelligence, 2. Aufl., Berlin 2008

Göpfert, I.: Berichtswesen, in: Küpper, H.U. / Wagenhofer, A. (Hrsg.): Handwörterbuch Unternehmensrechnung und Controlling, 4. Aufl., Stuttgart 2002, Sp. 143-156

Gräf, J. / Nase, D.: Objekte des Management Reportings im Überblick, in: Gleich, R. / Horvath, P. / Uwe, M.: Management Reporting: Grundlagen, Praxis und Perspektiven, München 2008, S. 43-61

Grob, Heinz Lothar / Austrup, Sascha: Controllingkonzeptionen, Arbeitsbericht Nr. 30 des Instituts für Wirtschaftsinformatik der Westfälischen Wilhelms-Universität Münster, 2008.

Grob, Heinz Lothar / Bensberg, Frank: Controllingsysteme. Entscheidungstheoretische und informationstechnische Grundlagen, München 2009.

Haberstroh M. / Papperitz, W.: Internes Berichtswesen, Schnelligkeit als wesentliche Anforderung des Controlling, in: Controlling, 4. Jg. (1992), Heft 1, S. 12-19

Hackett Renner, C.: Validity effect, in: Pohl, R. (Hrsg.): Cognitive Illusions – A Handbook on Fallacies and Biases in thinking, Judgment and Memory, Hove 2004, S. 201-213

Heinrich, L.J. / Lehner, F.: Informationsmanagement, 8. Aufl., München 2006

Heinzelmann, M: IT-Lösungen für das Management Reporting, in: Gleich, R. / Horvath, P. / Michel, U.: Management Reporting: Grundlagen, Praxis und Perspektiven, München 2008, S. 93-113

Heyd, R.: Instrumente des Informationsversorgungsprozesses, in: Steinmüller, P.H. (Hrsg.): Die neue Schule des Controllers, Band 3, Stuttgart, 2000, S. 305-399

Hichert, R.: Managementberichte verständlich gestalten, in: Hannig, U. (Hrsg.): Vom Data Warehouse zum Corporate Performance Management, Ludwigshafen/Rhein 2008, S. 148-155

Hirsch, B.: Controlling und Entscheidungen. Zur verhaltenswissenschaftlichen Fundierung des Controllings, Tübingen 2007a

Hirsch, B.: Behavioral Controlling - Warum und wie Controller zu besseren Managerentscheidungen beitragen, in: CFO aktuell, Februar 2007b, S. 14-17

Hirsch, B.: Zur Integration psychologischen Wissens in betriebswirtschaftliche Controlling-Konzeptionen – Stand der Literatur und Forschungsbedarf, in: ZfCM, Sonderheft 1 (2008), S. 40-49

Hirsch, B. / Paefgen, A. / Schaier, S.: Gestaltung von Monatsberichten in deutschen Großunternehmen, in: ZfCM, 52. Jg. (2008), S. 326-332

Hirsch, B. / Volnhals, M.: Information Overload im betrieblichen Berichtswesen – ein unterschätztes Phänomen, in: Die Betriebswirtschaft, 72. Jg. (2012), S. 23-55

Hoffjan, Andreas: Internationales Controlling, Stuttgart 2009

Hoffmann, Olaf: Performance Management – Systeme und Implementierungsansätze, 3. Aufl., Bern 2002

Hoffrage, U.: Overconfidence, in: Pohl, R. (Hrsg.): Cognitive Illusions – A Handbook on Fallacies and Biases in thinking, Judgment and Memory, Hove 2004, S. 235-254

Holland-Letz, S.: Controlling im Mittelstand, Dissertation Universität Mannheim 2008

Homburg, C. / Krohmer, H.: Grundlagen des Marketingmanagements - Einführung in Strategie, Instrumente, Umsetzung und Unternehmensführung, 2. Aufl., Wiesbaden 2009

Horvath, P.: Controlling, 11. Aufl., München 2009

Huch, B.: Informationssysteme im operativen Controlling - Rechnungswesen und Berichtswesen, in: Kostenrechnungspraxis, 28. Jg. (1984), S. 103-109

Hübner, H.: Informationsmanagement und strategische Unternehmensführung, München 1996

International Group of Controlling: Controlling-Prozessmodell – Ein Leitfaden für die Beschreibung und Gestaltung von Controlling-Prozessen, Landsberg/Lech 2011

Ittner, C.D. / Larcker, D.F.: Quality strategy, strategic control systems, and organizational performance, in: Accounting, Organizations and Society, 22. Jg. (1997), S. 293-314

Janis, I.L.: Groupthink. Psychological studies of policy decisions and fiascoes, 2. Aufl., Boston 1982

Jungermann, H. / Pfister, H.-R. / Fischer, K.: Die Psychologie der Entscheidung – Eine Einführung, Heidelberg 1998

Kahnemann, D. /Tversky, A.: Choices, Values and Frames, in: American Psychologist, 39. Jg. (1984), S. 341-350

Kammer, K.: Reporting internationaler Unternehmen. Auswirkungen der Harmonisierung und der Konvergenz des Rechnungswesens in Europa, Wiesbaden 2005

Keller, M. / Krugmann, B.: Controlling Information Center - Beyond Traditional Reporting by UBS, in: Horvath & Partners (Hrsg.): Performance Management in der Praxis, Zürich 2006, S. 217-240

Kemper, H.-G. / Baars, H. / Mehanna, W.: Business Intelligence - Grundlagen und praktische Anwendungen, 3. Aufl., Wiesbaden 2010

Keuper, F. / von Glahn, C.: Shared-Controlling-Services. Eine Standortbestimmung unter Berücksichtigung der IT, in: ZfCM, Sonderheft 2 (2006), S. 84-93

Kieninger, M.: Gestaltung internationaler Berichtssysteme, München 1993

Kieser, A.: Organisationstheorien, 5. Aufl., Stuttgart 2006

Kieser, A. / Walgenbach, P.: Organisation, 5. Aufl., Stuttgart 2007

Klinken, M. / Pualußen, H. / Woitalla, T.: MIS - Allheilmittel für das Berichtswesen?, in: Controlling, 11. Jg. (1999), Heft 10, S. 455-462

Knobel, C. / Mayer, S.: Managementorientiertes Reporting der Henkel KgaA, in: Controlling, März 2008, S. 125-130

Koch, R.: Betriebliches Berichtswesen als Informations- und Steuerungsinstrument, Frankfurt 1994

Koreimann, D.S.: Methoden der Informationsbedarfsanalyse, Berlin 1975

Kotchetova, N. / Salterio, S.: Judgment and Decision-making Accounting Research: A quest to Improve the Production, Certification, and Use of Accounting Information, in: Koehler, D. / Harvey, N. (Hrsg.): Blackwell Handbook of Judgment and Decision Making, Malden 2004, S. 547-566

Kroeber-Riel, W.: Weniger Informationsüberlastung durch Bildkommunikation, in: Wirtschaftswissenschaftliches Studium, 16. Jg. (1987), S. 485-489

Krüger, W. / Danner, M.: Einsatz von Shared Service Centern für Finanzfunktionen, in: Controller Magazin, 29. Jg. (2004a), S. 215-220

Krüger, W. / Danner, M.: Bündelung von Controllingfunktionen in Shared Service Centern, in: Controlling & Management, 48. Jg. (2004b), Sonderheft 2, S. 110-118

Küpper, H.-U.: Controlling. Konzeption, Aufgaben, Instrumente, 4. Aufl., Stuttgart 2005

Landsberg, G.v.: Control Reporting - Informationsverdichtung und Abweichungserklärung, in: kostenrechnungspraxis, 32. Jg. (1988), Heft 3, S. 101-106

Lang, M.: Normative Entscheidungstheorie, in: Schwaiger, M. / Meyer, A. (Hrsg.): Theorien und Methoden der Betriebswirtschaft, München 2004, S. 161-176

Langer, A. / Rogowski.: Deskriptive Entscheidungstheorie, in: Schwaiger, M. / Meyer, A. (Hrsg.): Theorien und Methoden der Betriebswirtschaft, München 2004, S. 177-191

Larrick, R.: Debiasing, in: Koehler, D. / Harvey, N. (Hrsg.): Blackwell Handbook of Judgment and Decision Making, Malden 2004, S. 316-337

Laux, H.: Entscheidungstheorie, 7. Aufl., Berlin 2007

Lehner, F.: Wissensmanagement. Grundlagen, Methoden und technische Unterstützung, 3. Auflage, München 2009

Liessmann, K. (Hrsg.): Gabler-Lexikon Controlling und Kostenrechnung, Wiesbaden 1997

Lingnau, V. / Jonen, A.: Das real existierende Phänomen Controlling und seine Instrumente – Eine kognitionsorientierte Analyse, Beiträge zur Controllingforschung, Nr. 13, Lehrstuhl für Unternehmensrechnung und Controlling an der TU Kaiserslautern, 2007

Lux, W.: Aufbau eines Cockpits und deren Unterstützung durch Software, in: KMU-Magazin, Heft 6, 2006, S. 28-32.

Macharzina, K.: Strategische Fehlentscheidungen in der internationalen Unternehmung als Folge von Informationspathologien, in: Macharzina, K. (Hrsg.): Diskontinuitätenmanagement: Strategische Bewältigung von Strukturbrüchen bei internationaler Unternehmenstätigkeit, Berlin 1984

Mag, W.: Informationsbeschaffung, in: Grochla, E. / Wittmann, W. (Hrsg.): Handwörterbuch der Betriebswirtschaft, 4. Aufl., Stuttgart 1975, Sp. 1882-1894

Mayer, J.H. / Winter, R.: Anforderungsanalyse für ein One-Page-Reporting - Funktionsbestimmung, Gestaltungsziele und Entwicklungsstand, in: ZfCM, Sonderheft 2, 2008, S. 28-41

Meier, M.C.: Situierte und individualisierte Informationsmodelle als Mittel gegen Informationsüberflutung im Management, in: ZfCM, Sonderheft 2, 2006, S. 66-73

Michel, U.: Shared Services als Organisationsform für das Controlling, in: Gleich, R. / Michel, U. (Hrsg.): Organisation des Controlling, Freiburg 2007, S. 269-294

Michel, U. / Kirchberg, A.: Reporting Factory – Gestaltung, Aufbau und Einordnung in den Finanzbereich, in: Gleich, R. / Horvath, P. / Michel, U.: Management Reporting: Grundlagen, Praxis und Perspektiven, München 2008, S. 311-332

Müller, M.: „Single source of truth" – welche Chancen ergeben sich aus den Compliance-Anforderungen für das Management Reporting?, in: Gleich, R. / Horvath, P. / Michel, U.: Management Reporting: Grundlagen, Praxis und Perspektiven, München 2008, S. 333-347

Mussweiler, T. / Englich, B. / Strack, F.: Anchoring effect, in: Pohl, R. (Hrsg.): Cognitive Illusions – A Handbook on Fallacies and Biases in thinking, Judgment and Memory, Hove 2004, S. 183-200

Nelles, S.: Excel 2010 im Controlling, Bonn 2011

Nerdinger, F.: Interaktion und Kommunikation, in: Nerdinger, F. / Blickle, G. / Schaper, N. (Hrsg.): Arbeits- und Organisationspsychologie, 2. Aufl., Berlin 2011, S. 55-68

Nonaka, I. / Takeuchi, H.: The knowledge-creating company: How Japanese companies create the dynamics of innovation, Oxford 1995

North, K. / Probst, G. / Romhardt, K.: Wissen messen: Ansätze, Erfahrungen und kritische Fragen, in: Zeitschrift Führung und Organisation, Heft 3, 1998, S. 158-166

Oehler, K. / Simon, C.: Neuorientierung des Reporting in der Energiewirtschaft, in: Controlling, 15. Jg. (2003), Nr. 3, S. 251-255

Oswald, M. / Grosjean, S.: Confirmation bias, in: Pohl, R. (Hrsg.): Cognitive Illusions – A Handbook on Fallacies and Biases in Thinking, Judgment and Memory, Hove 2004, S. 79-96

Peters, P.: Standardisierung im Rechnungswesen – Leistungssprung durch Shared Services, in: ZfCM, Sonderheft 2, 2006, S. 94-100

Peters, T.: Thriving on Chaos, Now York 1991

Petersohn, H.: Data Mining: Verfahren, Prozesse, Anwendungsarchitektur, München 2005

Picot, A. / Franck, E.: Die Planung der Unternehmensressource Information, Teil I, in: WISU, 17. Jg. (1988a), S. 544-550

Picot, A. / Franck, E.: Die Planung der Unternehmensressource Information, Teil II, in: WISU, 17. Jg. (1988b), S. 608-614

Picot, A. / Franck, E.: Informationsmanagement, in: Frese, E. (Hrsg.): Handwörterbuch der Organisation, 3. Aufl., Stuttgart 1992, Sp.886-900

Pohl, R.: Effects of labelling, in: Pohl, R. (Hrsg.): Cognitive Illusions – A Handbook on Fallacies and Biases in Thinking, Judgment and Memory, Hove 2004a, S. 327-344

Pohl, R.: Hindsight bias, in: Pohl, R. (Hrsg.): Cognitive Illusions – A Handbook on Fallacies and Biases in Thinking, Judgment and Memory, Hove 2004b, S. 363-378

Pollmann, R. / Rühm, P.: Controlling-Berichte professionell gestalten, Freiburg 2007

Price Waterhouse Coopers (Hrsg.): Global Best Practices: Reporting, 2005

Probst, G. / Raub, S. / Romhardt, K.: Wissen managen: Wie Unternehmen ihre wertvollste Ressource optimal nutzen, 3. Auflage, Wiesbaden 1999

Probst, J.: Berichtswesen - Zahlen richtig aufbereiten und präsentieren, Kissing bei Augsburg 2006

Reber, R.: Availability, in: Pohl, R. (Hrsg.): Cognitive Illusions – A Handbook on Fallacies and Biases in Thinking, Judgment and Memory, Hove 2004, S. 147-163

Reichmann, T.: Controlling mit Kennzahlen, 8. Aufl., München 2011

Riedwyl, H.: Graphische Gestaltung von Zahlenmaterial, 3. Aufl., Bern 1987

Riempp, G.: Integrierte Wissensmanagementsysteme, Berlin 2004

Schäffer, U.: ZP-Stichwort: Kontrolle, in: Zeitschrift für Planung, 12. Jg. (2001), S. 223-227

Schäffer, U. / Weber, J.: Zukunftsthemen des Controlling, in: Controlling, 24. Jg. (2012), Heft 2, S. 78-84

Scheffler, E.: Das konzerninterne Berichtswesen als Grundlage für ein effizientes Konzern-Controlling, in: Küting, K. / Weber, C.P. (Hrsg.): Konzernmanagement: Rechnungswesen und Controlling, Stuttgart 1993, S. 303-317

Schmidt, H.: Organisation des Berichtswesens, in: Grochla, E. (Hrsg.): Handwörterbuch der Organisation, 2. Aufl., Stuttgart 1980, Sp. 320-330

Scholl, W.: Informationspathologien, in: Frese, E. (Hrsg.): Handwörterbuch der Organisation, 3. Aufl., Stuttgart 1992, S. 900-912

Schreyögg, G.: Organisation - Grundlagen moderner Organisationsgestaltung, 5. Aufl., Wiesbaden 2008

Schulte, C. (Hrsg.): Lexikon des Controlling, München 1996

Sorg, S.: Informationspathologien und Erkenntnisfortschritt in Organisationen, München 1982

Spatz, Almuth (2008): Controllership - Messung, Wirkung und Determinanten, Wiesbaden, 2008

Stadler, S. / Weißenberger, B.E.: Benchmarking des Berichtswesens. Mehr Effizienz und Kundenorientierung im Controlling, in: Controlling, 11. Jg. (1999), Heft 1, S. 5-11

Städtler, T.: Lexikon der Psychologie, Stuttgart 2003

Stefani, U.: Verhaltensorientiertes Controlling – Ergebnisse wirtschaftswissenschaftlicher Laborexperimente, in: Zeitschrift für Controlling und Management, Sonderheft 1, 2008, S. 12-17

Steinbichler, G.: Das Berichtswesen im internationalen Unternehmen, in: Controlling, 2. Jg. (1990), Heft 3, S. 144-147

Szyperski, N.: Informationsbedarf, in: Grochla, E. (Hrsg.): Handwörterbuch der Organisation, 2. Aufl., Stuttgart 1980, S. 904-913

Szyperski, N.: Informationssysteme, in: Grochla, E. / Wittmann, W. (Hrsg.): Handwörterbuch der Betriebswirtschaft, 4. Aufl., Stuttgart 1975, Sp. 1900-1910

Taschner, A.: Umsetzungsoptionen eines KMU-spezifischen Kennzahlen-Managements, in: Zeitschrift für KMU und Entrepreneurship, 60. Jg. (2012), Nr. 2, S. 111-136

Teichmann, H.: Informationsbewertung, in: Grochla, E. / Wittmann, W. (Hrsg.): Handwörterbuch der Betriebswirtschaft, 4. Aufl., Stuttgart 1975, Sp.1894-1900

Temmel, Philipp: Organisation des Controllings als Managementfunktion, Wiesbaden 2011

Thompson, S.C.: Illusions of control, in: Pohl, R. (Hrsg.): Cognitive Illusions – A Handbook on Fallacies and Biases in Thinking, Judgment and Memory, Hove 2004, S. 115-126

Töpfer, A.: Informationstheorie, in: Management-Enzyklopädie, Band 4, 2. Aufl., München 1983

Tversky, A.; Kahneman, D.: Availability: A heuristic for judging frequency and probability, in: Cognitive Psychology, 5. Jg. (1973), S. 207-232

Tversky, A.; Kahneman, D.: Judgment under uncertainty: Heuristics and biases, in: Science, 185. Jg. Heft 4157 (1974), S. 1124–1131

Volnhals, M. / Hirsch, B.: Informations Overload und Controlling, in: ZfCM, Sonderheft 1, 2008, S. 50-56

Von Rosenstiel, L.: Führung, in: Schuler, H. (Hrsg.): Lehrbuch der Personalpsychologie, 2. Aufl. (2006), S. 353-384

Wall, F.: Informationsmanagement - Eine ökonomische Integration von Controlling und Wirtschaftsinformatik, München 2006

Wall, Friederike (2008): Controlling zwischen Entscheidungs- und Verhaltenssteuerungsfunktion, in: DBW, 68. Jg. (2008), S. 463-482.

Waniczek, M.: Berichtswesen optimieren. So steigern Sie die Effizienz in Reporting und Controlling, Frankfurt 2002

Waniczek, M.: Richtig berichten – Managementreports wirksam gestalten, Wien 2009

Weber, J.: Aktuelle Controllingpraxis in Deutschland, Advanced Controlling Band 59, Weinheim 2007

Weber, J. / Bramsemann, U. / Heineke, C. / Hirsch, B.: Wertorientierte Unternehmenssteuerung, Wiesbaden 2004

Weber, J. / Hirsch, B. / Rambusch, R. / Schlüter, H. / Soll, F. / Spatz, A.: Controlling 2006 - Stand und Perspektiven, Vallendar 2006

Weber, J. / Malz, R. / Lührmann, T.: Exzellenz im Management Reporting - Transparenz für die Unternehmenssteuerung, Advanced Controlling Band 62, Weinheim 2008

Weber, J. / Rehring, J. / Voußem, L.: Managementberichte erfolgreich gestalten - Benchmarks aus dem WHU-Controllerpanel, in: ZfCM, 55. Jg. (2011), S. 81-86

Weber, J. / Riesenhuber, M.: Controlling & Psychologie, Reihe Advanced Controlling, Band 29, Vallendar 2002

Weber, J. / Schäffer, U.: Auf dem Weg zu einem aktiven Kennzahlenmanagement, in: Die Unternehmung, 53. Jg. (1999), S. 333-350

Weber, J. / Schäffer, U.: Einführung in das Controlling, 13. Aufl., Stuttgart 2011

Weber, J. / Schaier, S. / Strangfeld, D.: Berichte für das Top Management, Advanced Controlling Band 43, Weinheim 2005

Weide, G.: Gestaltung und Erfolg des Management Reporting, Hamburg 2009a

Weide, G.: Management Reporting . Bedeutung, aktuelle Herausforderungen und Optimierungsmöglichkeiten, in: Controlling, 21. Jg. (2009b), S. 5-12

Weißenberger, B.: IFRS für Controller, Planegg 2007

WHU: WHU Controllerpanel 2007, Vallendar 2007

WHU: WHU Controllerpanel 2008, Vallendar 2008

WHU: WHU Controllerpanel 2009, Vallendar 2009

Wilensky, H.L.: Organizational Intelligence, New York 1967

Wippel, J. / Mayer, J. H. / Reinshagen, F.: Umsetzung eines One-Page-Reportings - Executive Dashboards als Leitstände für Unternehmenssteuerungssysteme, in: ZfCM, Sonderheft 2, 2008, S. 42-53

Wirth, T.: Leseorientierte Gestaltung von Managementberichten, in: Kostenrechnungspraxis, 44. Jg. (2000), S. 79-85

Witte, E.: Informationsverhalten, in: Grochla, E. / Wittmann, W. (Hrsg.): Handwörterbuch der Betriebswirtschaft, 4. Aufl., Stuttgart 1975, Sp. 1915-1924

Wittmann, W.: Information, in: Grochla, E. (Hrsg.): Handwörterbuch der Organisation, 2. Aufl., Stuttgart 1980, S. 894-904

Wurl, H.-J. / Mayer, J.H.: Ansätze zur Gestaltung effizienter Führungsinformationssysteme für die internationale Management-Holding, in: Controlling, 11. Jg. (1999), S. 13-21

Zelazny, G.: Wie aus Zahlen Bilder werden, Wiesbaden 2009

Zimmermann, C.: Controlling in international tätigen mittelständischen Unternehmen, Wiesbaden 2001

Zirkler, B. / Nobach, K.: Implikationen der IFRS für ein integriertes Management Reporting, in: Gleich, R. / Horvath, P. / Michel, U.: Management Reporting: Grundlagen, Praxis und Perspektiven, München 2008, S. 367-387